［美］ 罗宾·威廉姆斯　约翰·托列特　著

房小然　杨飏　冯慧林　译

人 民 邮 电 出 版 社

北 京

内容提要

本书作者是国际知名的教育专家，她系统全面地介绍了苹果公司的 Mac OS X 操作系统的功能与使用技巧。全书分为 20 课，内容包括：Max OS X 操作系统的桌面和基础操作技巧，文本编辑程序、Mail 程序、地址簿程序、Safari 程序、iCal 程序、iChat 程序、iTunes 程序、预览程序和其他一些日常工作学习中实用小程序的使用方法，“个性化你的电脑”部分将介绍如何根据个人需要设置自己的 Finder、Dashboard、打印机、账户和搜索功能，最后还与读者分享了保证数据安全的时间机器功能的相关知识。此外，在线免费提供的补充章节还为读者提供了实用的技术支持。

本书适合苹果电脑初学者、苹果电脑爱好者阅读，也可作为苹果电脑软件培训班的教材使用。

目　录

Mac OS X 操作系统基础知识

Mac OS X操作系统中的应用程序

个性化你的电脑

在线免费技术支持

登录www.ptpress.com.cn，进行免费注册后，可获得本书相关的免费资源。

1

课程目标

- 熟悉桌面及 Finder
- 了解什么是 Finder 窗口及其使用方法
- 创建个人文件夹
- 了解什么是 Dock
- 学会使用废纸篓
- 掌握键盘快捷方式的使用方法及时机
- 学会查看工具提示等类似的屏幕提示
- 知道如何寻找更多的帮助信息

第1课

Mac OS X 操作系统的桌面

如果你的苹果电脑上运行的是“雪豹”操作系统（即 Mac OS X 10.6 Snow Leopard），通过学习本课内容，你可以熟悉并掌握苹果电脑的基本特性，以及桌面和 Finder 的基本操作方法。

本书假定你已经了解鼠标的使用方法，如何选取菜单命令，区分不同项目的图标，如何移动文件、文件夹和窗口，清楚为什么要保存创建的文件及如何保存等最基本的常识。如果你完全没有接触过电脑，那么强烈建议在阅读本书前，先浏览《苹果 Mac OS X 10.6 Snow Leopard 入门必读》（由人民邮电出版社出版）的相关内容。该书详细介绍了苹果电脑使用中的基础知识，更加适用于对电脑一窍不通的读者。

1.1 了解桌面和 Finder

如图 1.1 所示，当你打开电脑时，在屏幕上所看到的即是桌面，也称作 Finder，虽然从技术角度上来说，Finder 其实是运行桌面的程序，但在通常的电脑操作中，当提示“回到电脑桌面”或“回到 Finder”时，即是指回到如图 1.1 所示的界面中。

图 1.1

提示——由于苹果电脑的运行机制，即使当你在屏幕上看见桌面时，当前程序也未必是 Finder 程序，所以建议你养成随时查看程序菜单名称的习惯。如果当前你处在桌面，即当前使用的是 Finder 程序时，当前程序菜单的名称应该显示为“Finder”。

提示——在“雪豹”操作系统中，为了让桌面看起来更加的整洁，系统默认桌面上不显示硬盘的图标（通常显示在桌面的右上角）。

在需要时，随时返回桌面（或 Finder）

在日常使用中，你通常需要同时打开多个程序进行工作，但经常都需要回到桌面中，桌面相当于电脑使用时的一个初始平台。屏幕上的前台程序，即当前所使用的程序（包括 Finder）的名称显示在程序菜单中，要时刻注意查看程序菜单名称的变化。

随时回到桌面的方法

- 单击桌面任意空白区域。
- 单击任意 Finder 窗口（如图 1.2 所示的 Finder）。
- 在 Dock 上，单击 Finder 图标。

如图 1.2 红圈中所示，程序菜单显示为“Finder”时，才表明当前已经回到用户的桌面。

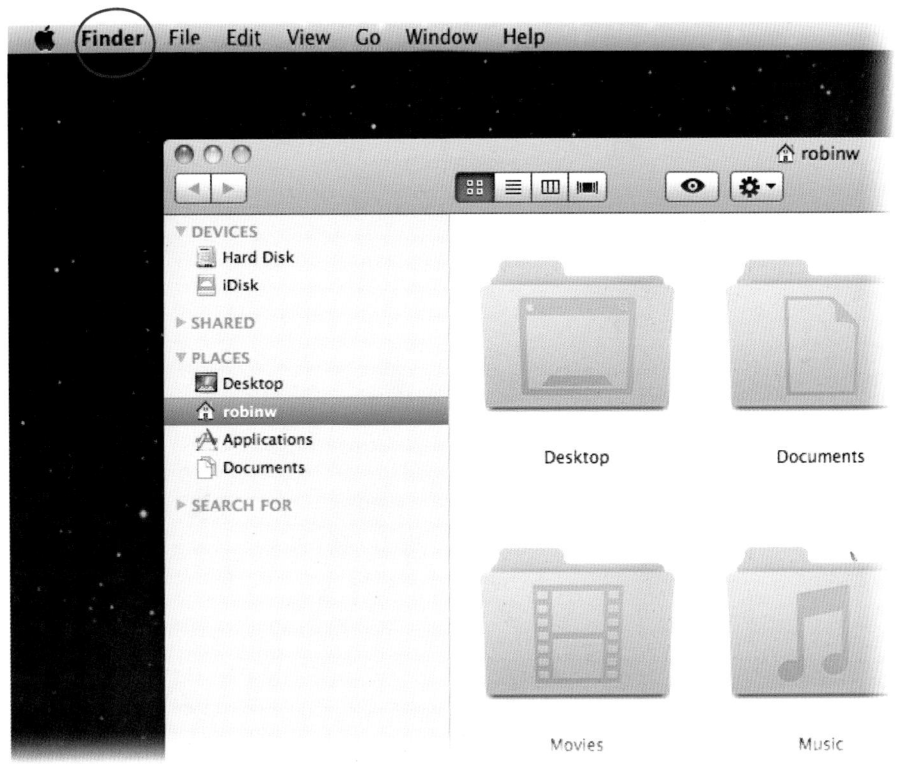

图 1.2

1.2 了解用户主文件夹及其文件夹内的各个文件夹

打开一个 Finder 窗口时，系统默认打开的是你的主文件夹（如图 1.3 所示），打开主文件夹时，窗口的标题栏上显示的是一个小房子图标及使用者的名称，注意，其显示的是在电脑第一次开机时所设置的用户名称。如图 1.3 所示，其主文件夹的名称是“robin”。

- 打开一个 Finder 窗口：在 Dock 上单击左侧的 Finder 图标（Dock 指的是电脑屏幕下方所显示的长条工具栏，其上显示的是各种程序的图标）。

如果打开的 Finder 窗口显示的不是你的主文件夹的内容，可以如图 1.3 所示，在 Finder 窗口左侧的侧边栏上，单击你的主文件夹的图标。

主文件夹中存储的是特定的文件夹，除非有特殊要求，否则请不要随意更改这些文件夹的名称或是将其删除。目前，不要对这些文件夹进行任何的更改。

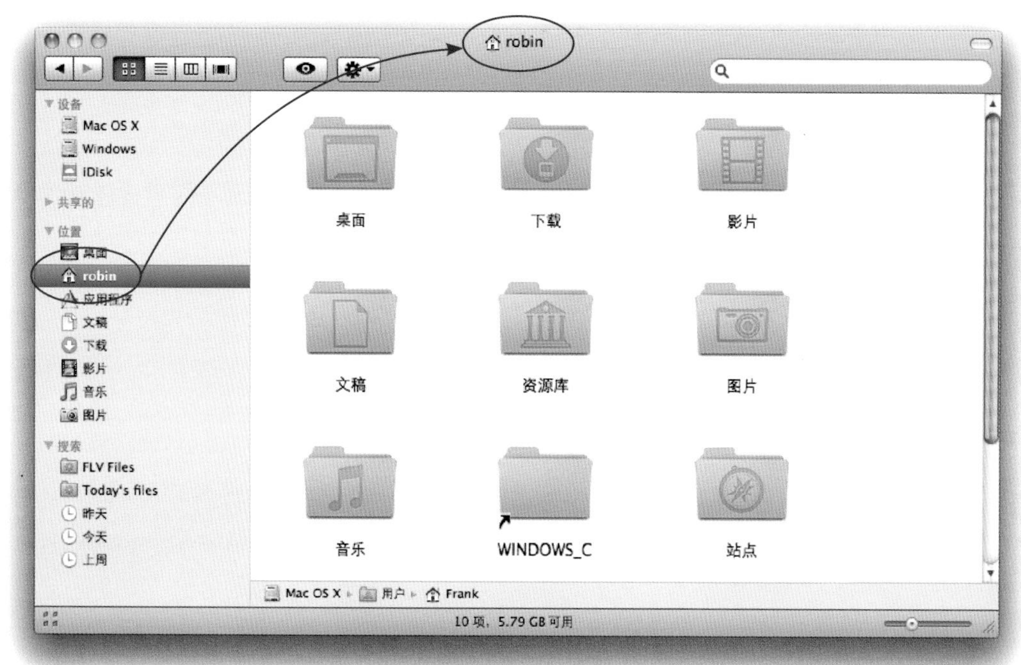

图 1.3

提示——当多人共用同一台电脑或当客人想临时使用你的电脑时，可以为每个使用者创建单独的用户主文件夹，每个使用者仅能访问自己文件夹内的文件。更多信息请参见第 18 课的内容。

主文件夹下的特定文件夹

桌面　该文件夹中存放的是用户桌面上的文件。将文件存储在桌面上就好比将文件放在办公桌上一样。通过该文件夹，即便当前不在桌面中或在程序中打开文件时，也可随时访问桌面上的文件。

文稿　系统默认情况下会将你创建的文档储存在该文件夹下，但你也可以选择将文档存储在自己创建的文件夹中。

下载　系统默认将你从 Bonjour 网络、iChat 或因特网下载的文件保存在该文件夹中。另外，如果在收到的邮件中单击“保存”按钮，系统会自动将邮件附件保存在该文件夹中。通过单击 Dock 上“下载”文件夹的图标，可以快速访问其中的文件。

资源库　此文件夹为操作系统正常运行时所需文件夹，请不要对该文件夹做任何修改，比如修改文件夹的名称，删除文件夹或从该文件夹中删除任何文件。除非特殊要求，也不要向该文件夹中添加任何文件。

影片　使用苹果公司出品的 iMovie 程序时，该软件将自动创建影片所需的文件储存在该文件夹中。

音乐　苹果操作系统的音乐播放程序 iTunes 自动将你所购买的音乐及播放列表储存在该文件夹中。

图片　苹果操作系统的图片管理程序 iPhoto 自动将你的图片和图片专集保存在该文件夹中。

公共　通过该文件夹，可以同电脑的其他用户（或访问此电脑的其他电脑的使用者）共享文件。

站点　将创建的网站存储在该文件夹中，即可以与因特网上的其他用户分享该网站。

提示——在苹果操作系统中，可以随意打开任意多个 Finder 窗口，从而方便地在不同的窗口中移动所需文件。如需打开一个 Finder 窗口，请确认当前处在 Finder 中，然后在 Finder 的菜单栏上选择“文件→新建 Finder 窗口”。

1.3　Finder 窗口的详细图解

图 1.4 所示的是一个典型的 Finder 窗口。将该窗口称为“Finder 窗口”是为了与类似的（不同）程序窗口进行区分，如图 1.4 所示。下面将详细介绍该重要窗口的相关内容。

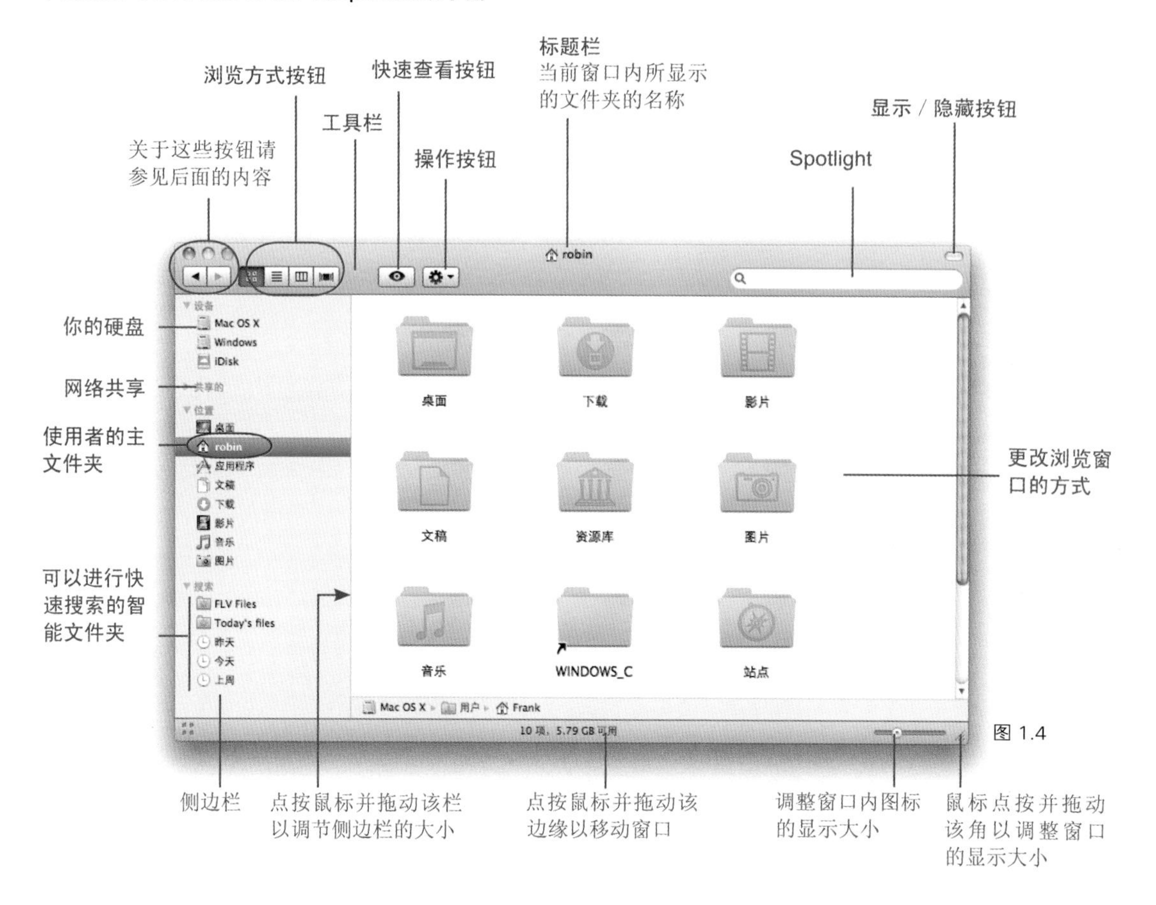

图 1.4

1.3.1 Finder 窗口上的按钮

每个 Finder 窗口上的工具栏都显示有一些功能按钮。

红色、黄色和绿色按钮

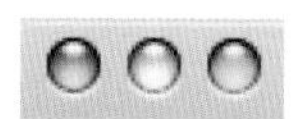

- 单击红色按钮关闭窗口。
- 单击黄色按钮将窗口最小化到 Dock 上，最小化的窗口以缩略图显示。在 Dock 上单击最小化窗口的缩略图可以重新打开该窗口。
- 单击绿色按钮调整窗口的大小。

1.3.2 前进和后退按钮

通过单击 Finder 窗口上的前进和后退按钮，可以重复浏览窗口内所查看过的内容（其功能类似因特网浏览器上的前进和后退按钮）。当打开一个新窗口时，系统会重新记录窗口内所浏览过的内容。

1.3.3 显示 / 隐藏工具栏和侧边栏

每个 Finder 窗口的右上角上都有一个灰色按钮。如图 1.5 所示，单击该按钮隐藏窗口的工具栏和侧边栏。当 Finder 窗口的工具栏和侧边栏隐藏时，双击窗口内的文件夹，系统打开一个新 Finder 窗口以显示该文件夹中的文件。再次单击显示 / 隐藏按钮将重新显示 Finder 窗口的工具栏和侧边栏。

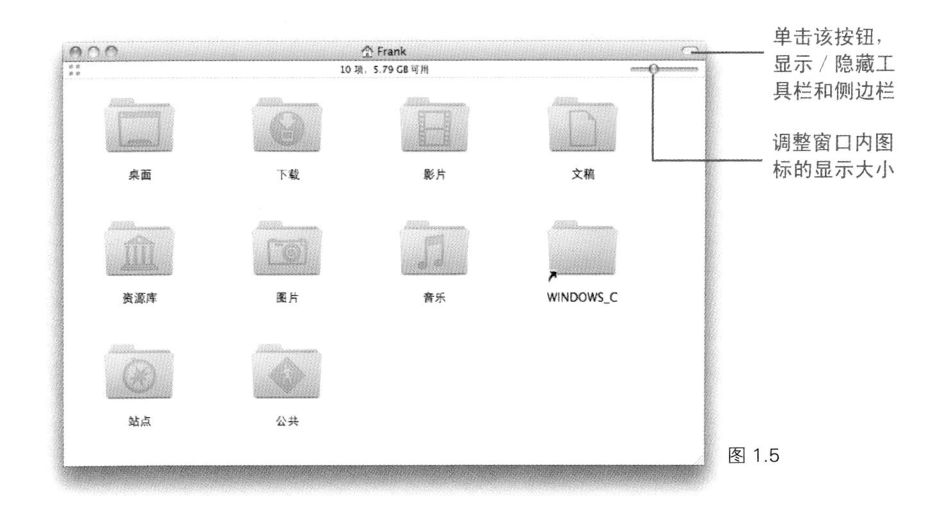

图 1.5

提示——在 Finder 的偏好设置中，可以设定当打开一个文件夹时，系统总是在新打开的 Finder 窗口中显示该文件夹的内容。

1.4 创建个人文件夹

任何时候，你都可以创建个人文件夹以方便储存和管理自己的文件。例如，可以创建不同的文件夹，然后将各种文件，如财务信息、时事通讯和写作中的文本等文件分门别类地存储在不同的文件夹中。可以将所有创建的文件夹存储在“文稿”文件夹下，就好比将整个办公室的文件都放在了一个大的文件夹中。

类似于现实中文件柜中的文件夹一样，苹果电脑中的数字化文件夹的使用方法也大同小异。

- 创建一个新文件夹：在 Finder 的菜单栏上选择“文件→新建文件夹”。创建的新文件夹存储在当前 Finder 窗口中显示的文件夹中，在 Finder 窗口的标题栏上可以查看当前窗口中显示的文件夹的名称（如图 1.6 红圈中所示）。例如，如希望在“文稿”文件夹中创建一个新的文件夹，首先打开“文稿”文件夹，然后使用上面介绍的方法创建即可。

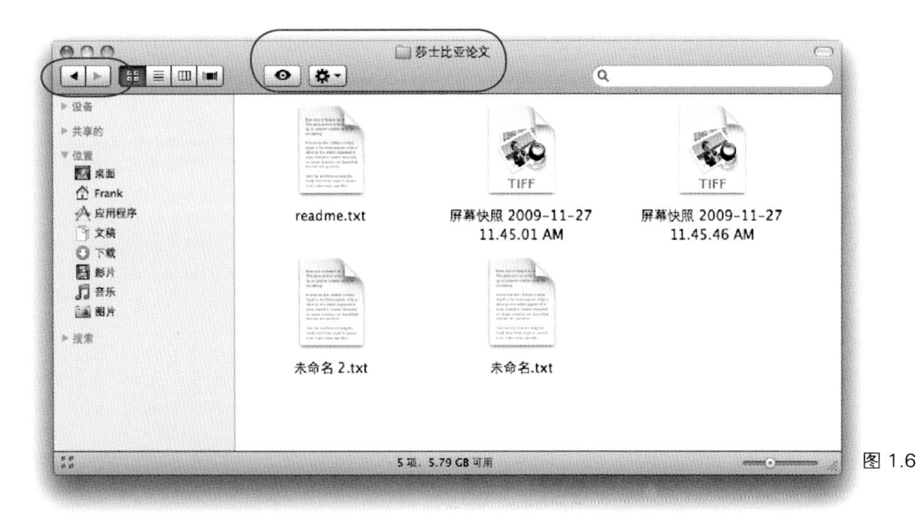

图 1.6

在“文稿”文件夹中，我创建了一个名称为“莎士比亚论文”的新文件夹，在该文件夹下，又创建了 5 份新文件

■ 重新命名文件夹

1 单击选择需重新命名的文件夹。

2 单击文件夹的名称以高亮显示（此时文件夹的名称周围会以蓝色高亮标示出来）。

该文件夹已经准备好被重新命名

3 输入新的文件夹名称以取代旧名称（直接输入即可进行修改，无需先删除旧名称）。

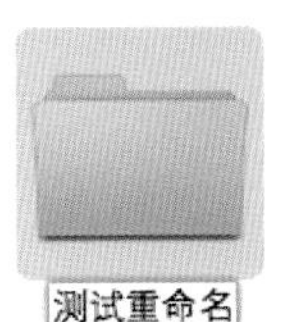

在任何文本中，双击一个单词，系统自动高亮选择整个单词，或按键盘上的删除键（Delete）删除输入的字符

4 按键盘上的回车键完成修改。

在 Finder 窗口中，单击任意空白区域，可取消对文件夹的高亮选择

- **打开文件夹：**双击文件夹图标。
- **重新浏览已查看过的内容：**在 Finder 窗口上单击左向箭头按钮，即后退按钮。
- **移动文件夹：**使用鼠标将文件夹拖到其他窗口或文件夹中即可。

1.5 善用侧边栏

在苹果系统中，你可以根据个人使用习惯，自定义 Finder 窗口的侧边栏，如在侧边栏上添加或删除文件和文件夹。侧边栏上的图标仅是其所代表的项目的一个快捷方式，将其从侧边栏上删除并不会从电脑中删除其所代表的项目本身。

如图 1.7 所示，侧边栏上的图标代表的是使用者硬盘上的文件或文件夹。

由于侧边栏上的文件夹或文档图标是代表硬盘上文件的快捷方式，所以将文件拖放（拖动目标文件到图标上，松开鼠标键）到侧边栏上的文件夹图标上，与将文件拖放到该图标代表的文件夹中的效果是一样的，都是将文件移动到目标文件夹中。例如，将一个文件拖放到侧边栏的“文稿”文件夹图标上后，在主文件夹中，打开“文稿”文件夹，即会看到刚才所拖放的文件已经移动到该文件夹中了。

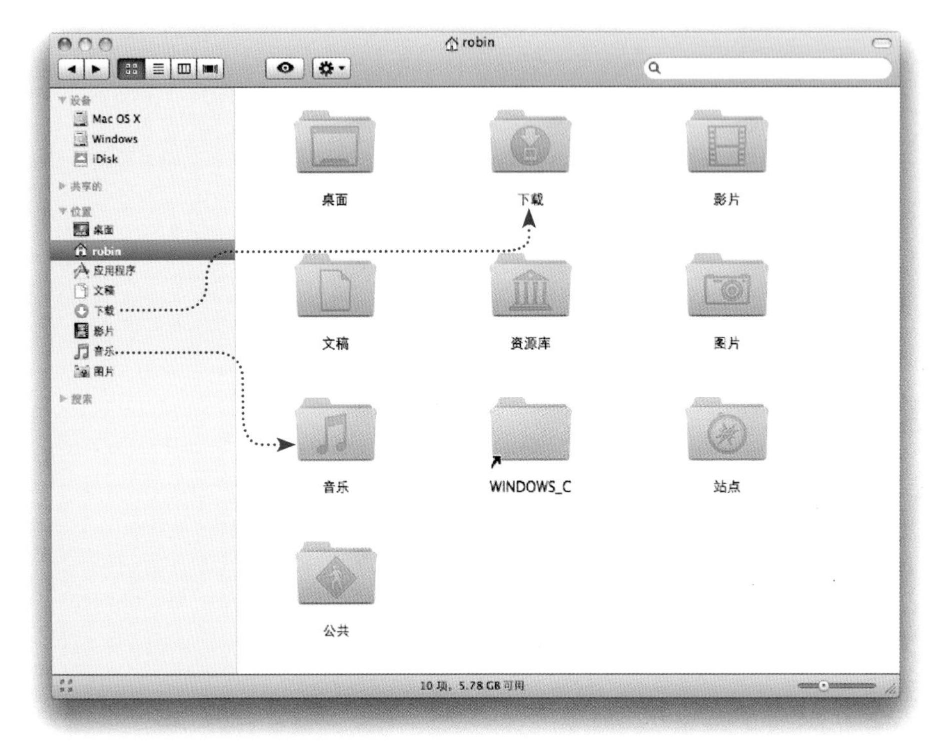

图 1.7

将文件夹或文稿添加到侧边栏上后，可以方便地将文件储存到相应的文件夹中，或是直接单击打开所需的文稿。另外，由于在程序的“打开”和“存储为”对话窗口中会显示添加到侧边栏上的文件夹，所以在程序中存储文件时也会非常方便。

■ 将文件夹或文稿添加到侧边栏上：将任意窗口或桌面上的项目图标拖放到 Finder 窗口的侧边栏上即可。

■ 在 Finder 的偏好设置中设定显示在侧边栏上的项目。

从侧边栏上移除不需要的文件夹或文稿时，移除的仅仅是代表文件的快捷方式，其源文件不受影响。

■ 在侧边栏上单击选择需要删除的项目，按住鼠标键不放，将其拖出侧边栏，当鼠标到达桌面位置时，松开鼠标键，即可以将该项目从侧边栏上删除，如图 1.8 所示，删除时会伴有一个烟雾状的动画效果。从侧边栏上删除了“图片”文件夹后，“图片”文件夹依然保留在硬盘上，不受影响，如图 1.8 所示。

图 1.8

可以根据个人需要自定义侧边栏上所需的项目。单击桌面，以让 Finder 成为当前前台程序，接下来在 Finder 菜单栏上选择“Finder →偏好设置”，在出现的设置界面中单击“边栏”图标（如图 1.8 红圈中所示），在该选项卡中勾选需要显示在侧边栏上的项目。如果某一类项目（如“搜索”）的所有子项目都没有被勾选，则该类项目不会显示在 Finder 窗口的侧边栏上。

1.5.1　更改 Finder 窗口的显示方式

Finder 窗口中的项目可以分别以“图标”、“列表”、“分栏”和类似幻灯片的“Cover Flow”4 种方式显示。你可根据实际情况，随时单击 Finder 窗口上的按钮以切换所需的显示方式。

单击 Finder 窗口上方的 4 个显示按钮以切换显示方式。

从左至右分别为“图标”、“列表”、“分栏”和“Cover Flow”显示按钮。

1.5.2 图标显示方式

该显示方式如其名称所示，窗口中的所有文件都以图标或缩略图形式显示。双击文件的图标即可打开该文件。

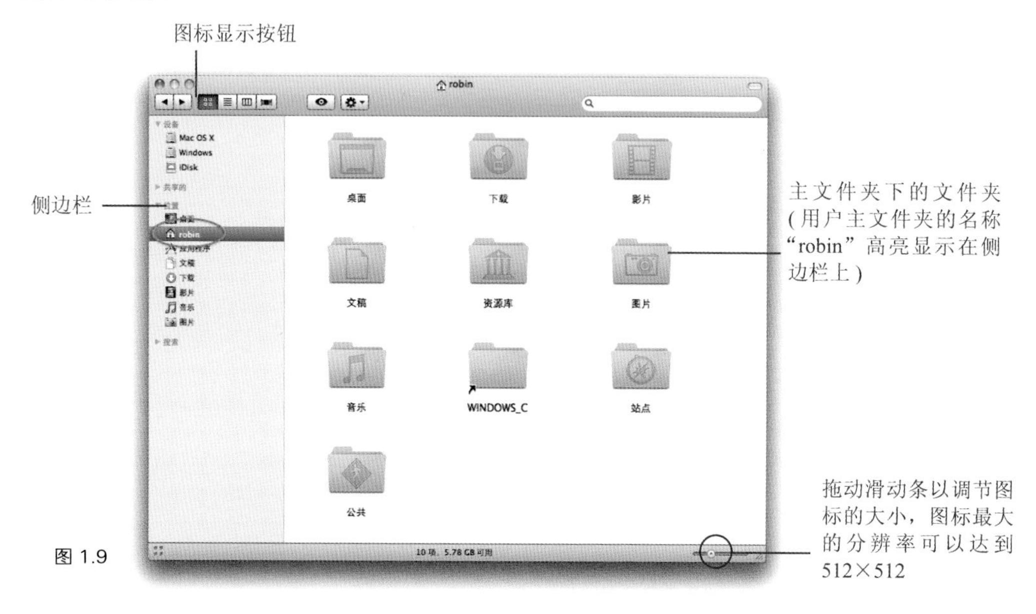

图 1.9

图标显示方式的高级功能：拖动 Finder 窗口下方的滑动条放大图标，以方便查看文件。你可以通过图标直接预览多页面的文档文件和视频文件，如图 1.10 所示。

将鼠标停放在多页面文档的图标上，单击图标下方出现的左右箭头即可浏览文件内容

将鼠标停放到视频文件的图标上，单击图标上出现的播放按钮即可开始播放影片

图 1.10

1.5.3 列表显示方式

在列表显示方式下，可以按照文件名称、文件最后修改日期和文件类型等方式排列文件。在列表显示方式的窗口中，可同时查看多个文件夹的内容，如图 1.11 所示。

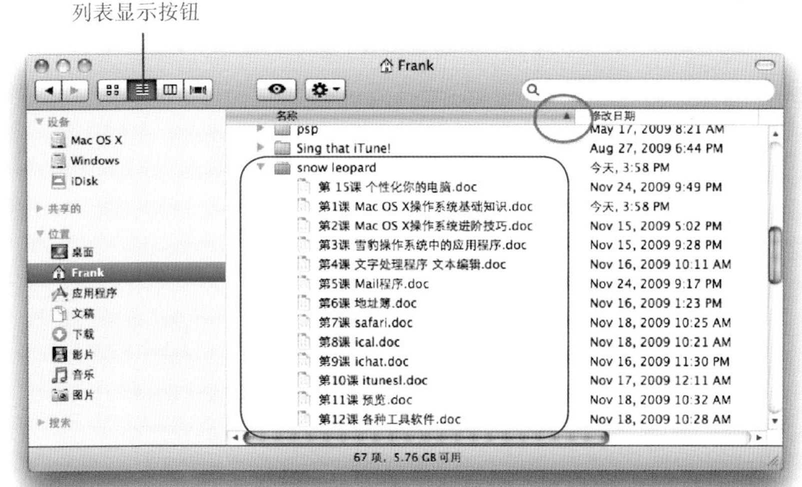

图 1.11

在 Finder 窗口上方，蓝色的分栏表明当前窗口中文件排列的方式，上图所示的窗口中，文件以“名称”方式进行排列，如希望文件以“修改日期”方式进行排列，单击窗口上方的“修改日期”分栏即可（根据窗口的大小，可能需要调整窗口大小或拖动窗口下方的蓝色滚动条才能看到其他的分栏）。

分栏上方的小三角标志（如图 1.11 红圈中所示）表示当前文件排序的顺序，如以名称排序时，该小三角标志代表当前的排序方式为从 A ～ Z 或 Z ～ A 排列，单击该三角标志可以切换排列顺序。

在列表显示方式时，单击 vs. 双击

Rosetta **文件夹图标：** 单击文件夹图标左侧的三角标志显示该文件夹内的文件，文件以子列表的方式显示在窗口中。可以在窗口中同时查看多个文件夹内的文件。

Rosetta 双击**文件夹图标**在当前窗口中打开该文件夹，该文件夹的内容会取代原窗口中的内容。

Mabel.rtf **文稿图标：** 双击文稿图标，系统自动启动创建该文稿的程序，并打开该文稿。

文本编辑.app **程序图标：** 双击一个程序图标启动程序。

1.5.4 分栏显示方式

在分栏显示方式下，不但可以查看所选文件夹或硬盘的内容，还可以清晰地了解每个文件存储在什么位置。该显示方式的优点是，在显示子文件夹内容的同时，保持显示上级文件夹的内容，从而使你可以轻松定位所需的文件。

如果文件夹中包含有图片、视频或PDF格式的文件，则在分栏显示方式的最后一个分栏中可以直接预览此类文件，如图1.12所示。你可以在预览分栏中直接播放视频文件，另外也可以查看部分文稿文件的预览。

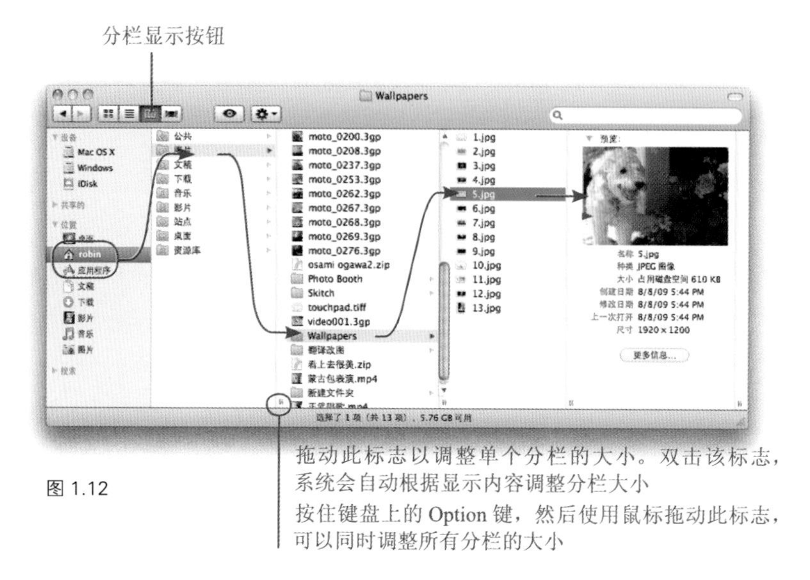

图1.12

只有单击一个文件夹或文件时，在原分栏的右侧才会出现新的分栏以显示所选内容。文件左侧的三角标志表明该文件为一个文件夹，这个文件夹内还存储有其他文件。

如图1.12所示，第一个分栏显示的是使用者“robin”主文件夹的文件。在该文件夹内，单击“图片”文件夹，在接下来出现的分栏中选择“Rosetta”文件夹，然后选择该文件夹中的“Rosetta & Geraniums.jpg”文件，在最后的分栏中即可预览该图片及查看文件的相关信息（这是我养的宠物狗）。

以分栏显示时，单击文件以显示分栏

Documents ▸ **文件夹图标：**单击文件夹，在该文件夹所在分栏右侧的分栏中会显示所选文件夹内的文件。如果此时该文件夹所在分栏的右侧没有分栏，则会出现一个新的分栏。

Mabel.rtf **文稿图标：**单击文稿图标，此文稿所在分栏的右侧分栏中会显示文稿的预览。苹果系统仅支持部分文稿文件的预览，即使系统无法预览所选的文稿，也会显示该文件的一些相关信息。双击文稿图标，系统自动启动创建该文稿文件的程序，并打开该文件。

文本编辑.app **程序图标：**单击程序图标，可以在分栏中查看所选程序的相关信息，如程序的版本和修改日期。双击程序图标启动该程序。

提示——你可以自定义 Finder 窗口的许多特性：如字体、图标的大小和窗口的背景颜色等。或是在以列表显示方式时，根据不同的分栏排列和管理文件。并可以在分栏显示时关闭文件预览功能等。详情请参见本书第 15 课中的相关内容。

提示——无论当前 Finder 窗口以何种方式显示，按住键盘上的 Command 键，双击一个文件夹即可以打开一个新的 Finder 窗口，并在新窗口中浏览所选文件夹内的文件。

1.5.5　Cover Flow 显示方式

当 Finder 窗口中的文件以 Cover Flow 方式显示时，所有文件以图片的形式，如同幻灯片一样排列在窗口的上方。单击窗口中间显示的图片两侧的图片，拖动窗口下方的滚动条或点击滚动条两侧的箭头，或单击文件列表中的文件以浏览窗口中的文件。另外，通过键盘上的左右箭头方向键也可以控制 Cover Flow，进行文件的浏览。

Cover Flow 下方显示的文件列表，与刚才介绍过的“列表显示方式”一样，你可以采用适用于“列表显示方式”的方法对文件进行管理，如图 1.13 所示。

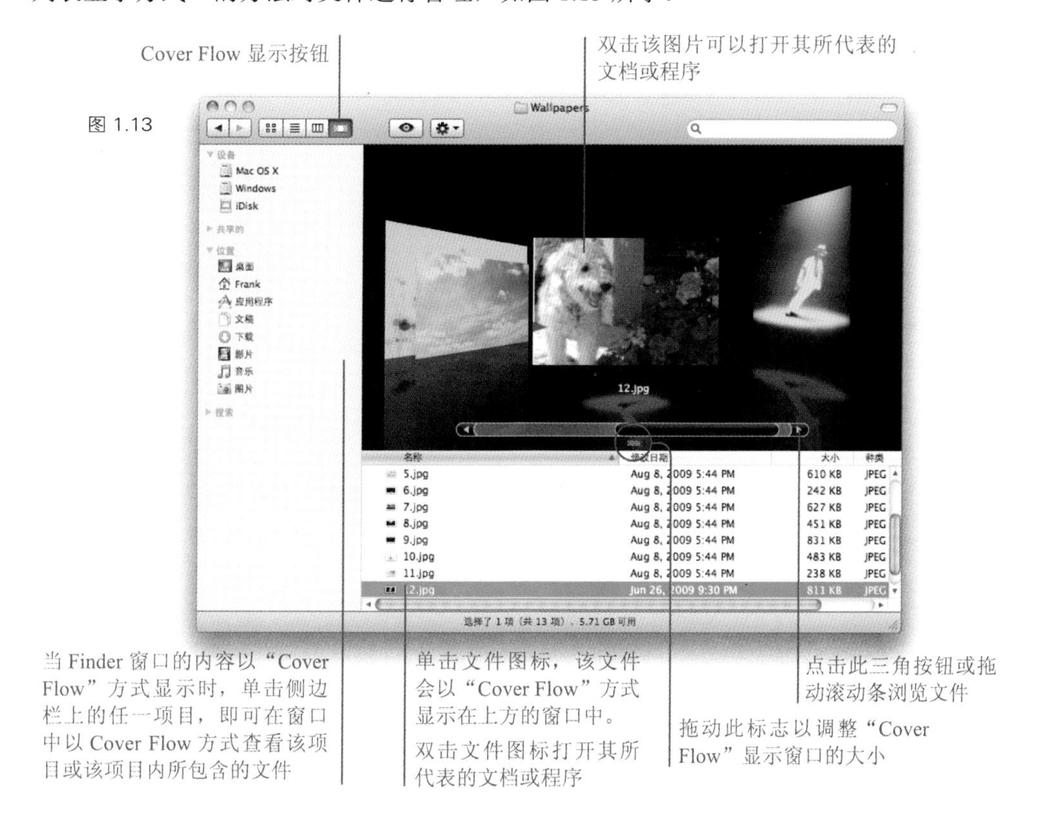

图 1.13

1.6 快速查看 / 幻灯片显示按钮

在 Finder 窗口工具栏上，眼睛图案的按钮为快速查看 / 幻灯片显示按钮，如图 1.14。通过这个特殊功能按钮，你可以在不启动任何程序的情况下，直接预览图片、PDF 文档和照片等类型的文件，轻点鼠标即可关闭预览。

在预览文档时，你可以在预览窗口中通过滚动条来查看该文档的所有内容。如果预览的是 Keynote 演示文件，你可以预览其幻灯片和注释的内容。而预览多页的 PDF 文档时，同样可以通过滚动条查看该文档的全部内容。

当启动快速查看功能预览某一文件时，单击选择其他文件，则预览窗口中的内容会切换为所选文件的预览。

选择多个文件后启用快速查看功能，则系统自动以幻灯片形式预览所选的全部文件，并且预览窗口中会出现“前进”和“后退”按钮方便浏览。

图 1.14

启动快速查看功能的其他 3 种方式

- 选择所需文件后，按一下键盘上的空格键或 Command+Y 键。
- 选择一个或多个文件后，在 Finder 的菜单栏上选择“文件→快速查看[所选文件的名称]”。
- Control+ 单击（或右键单击）所需文件，在弹出的快捷菜单中选择“快速查看［所选文件的名称］”。

取消快速查看功能的方法

- 按一下键盘上的空格键或 Command+Y 键。
- 单击预览窗口左上角的“X”按钮。

■ 在 Finder 菜单栏上选择“文件→关闭快速查看”。

1.7 Dock 工具栏

电脑屏幕下方带有一串图标的工具栏被称作“Dock”，如图 1.15 所示。当启动或退出程序，浏览图片或对 Dock 自定义后，Dock 上的图标会发生变化。将鼠标“停放”在 Dock 的图标上（将鼠标指针移动到图标上，不要点击鼠标键），此时图标下会出现该图标所代表的程序或文件的名称。

■ 单击 Dock 上的图标即可打开图标所代表的程序或文件。

Dock 图标下显示的蓝色小亮点表明该图标所代表的程序已经启动，你可以直接调用已经启动的程序。如果在屏幕上没有看见已经启动程序的界面，可以单击 Dock 上该程序图标以使其成为当前所使用的程序。通过屏幕上方的程序菜单名称，你可以分辨当前处于前台，即当前所使用的程序。

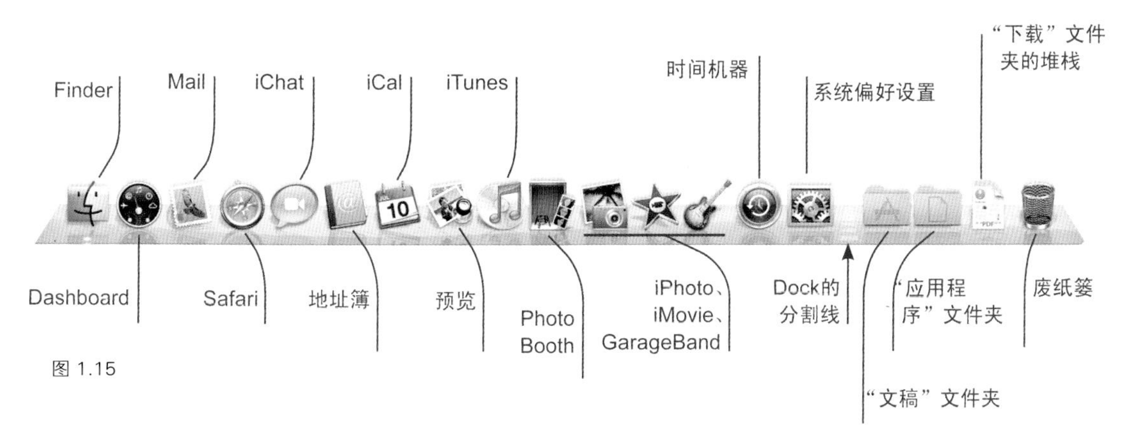

图 1.15

通过鼠标的拖动操作，可以调整 Dock 上图标排列的顺序，在分割线左侧添加和删除程序图标，或在分割线的右侧添加或删除文件夹、文档和网页链接的图标。

■ **调整图标排列顺序**：点按需要移动的图标，按住鼠标键不放，将其向左或向右移动以改变该图标的排列位置。移动图标时，其他图标会自动让出位置。

■ **添加程序图标**：首先在任意 Finder 窗口的侧边栏上单击“应用程序”图标打开“应用程序”文件夹，接下来拖动文件夹内的程序图标，将其放置在 Dock 的分割线左侧。另外，如果在 Finder 窗口中双击任一程序图标，系统会启动该程序，该程序图标会自动出现在 Dock 中。

■ **添加文件夹和文档**：将其拖放到 Dock 分割线的右侧。

- **从 Dock 上移除图标：**将图标拖出 Dock 后，松开鼠标键，即可将图标删除。删除时伴随有烟雾状的动画特效。删除的图标仅是代表硬盘上项目的快捷方式，不会对源文件造成任何影响。此外，还可以按住键盘上的 Control 键，单击（或右键单击）欲删除的图标，在弹出的快捷菜单中，选择“从 Dock 中移去”。
- **添加网页链接的快捷方式：**启动因特网浏览器 Safari（参见第 7 课的内容），打开需要添加到 Dock 上的网页，将网页地址前的小图标（如图 1.16 红圈中所示）拖放到 Dock 分割线的右侧。
- 将网页快捷方式添加到 Dock 上后，任何时候，只要单击该图标，系统会自动启动 Safari 浏览器，并打开该网页，从而免去先手动打开浏览器，再从收藏夹中打开该网页的繁琐操作。

图 1.16

1.7.1 Dock 消失了?

你可以根据需要自定义 Dock 的设置，如让 Dock 显示在屏幕左右两侧，而不是通常的屏幕下方的位置，甚至可以将 Dock 从屏幕上隐藏起来。如果发现 Dock 从屏幕上消失了，可以试着将鼠标移动到屏幕的最左端、最右端或最下方，则消失的 Dock 又会出现在屏幕上。Dock 的详细内容请参考第 15 课。

1.7.2 Dock 上的“文稿”和“下载”文件夹

Dock 的右侧显示有“应用程序”，“文稿”和“下载”文件夹的图标。在你访问 Dock 上没有显示的程序，用户创建的文件和通过 Bonjour 网络、iChat 和因特网下载的文件，以及在用户查看邮件时，单击“保存”按钮后，系统将自动把邮件附件保存在“下载”文件夹中。

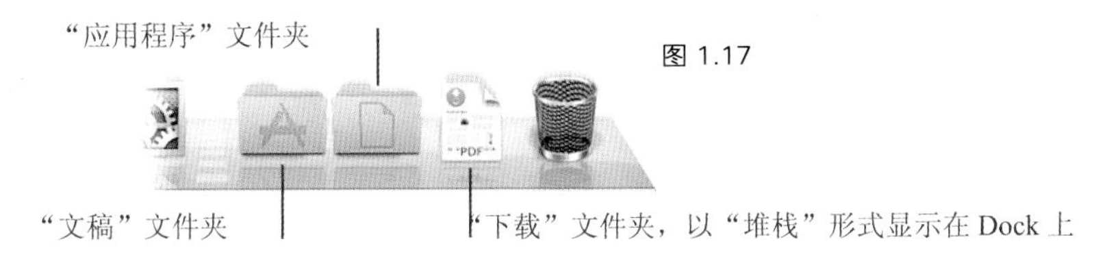

图 1.17

文件夹可以分别以“堆栈”（如图 1.17 所示）或“文件夹”的形式显示在 Dock 上。按住键盘上的 Control 键，单击 Dock 上的文件夹图标，在弹出的快捷菜单的“显示为”选项中，可以选择“文件夹”或“堆栈”两个选项。选择“堆栈”选项时，文件夹的图标会随时更新为最近添加到该文件夹中的文件的图标（如图 1.17 所示），该方式虽然看起来很酷，但是从使用角度来说，我更倾向选择“文件夹”选项，此时文件夹只显示为一个文件夹图标，而不会随着其中所添加文件而变换图标。

按住键盘上的 Control 键，单击 Dock 上的文件夹或项目图标，在弹出的快捷菜单中（如图 1.18 所示）。选择“选项→从 Dock 中移去”即可将图标从 Dock 上移除。或者从 Dock 上将图标拖放到桌面上，也可以将其从 Dock 上移除。

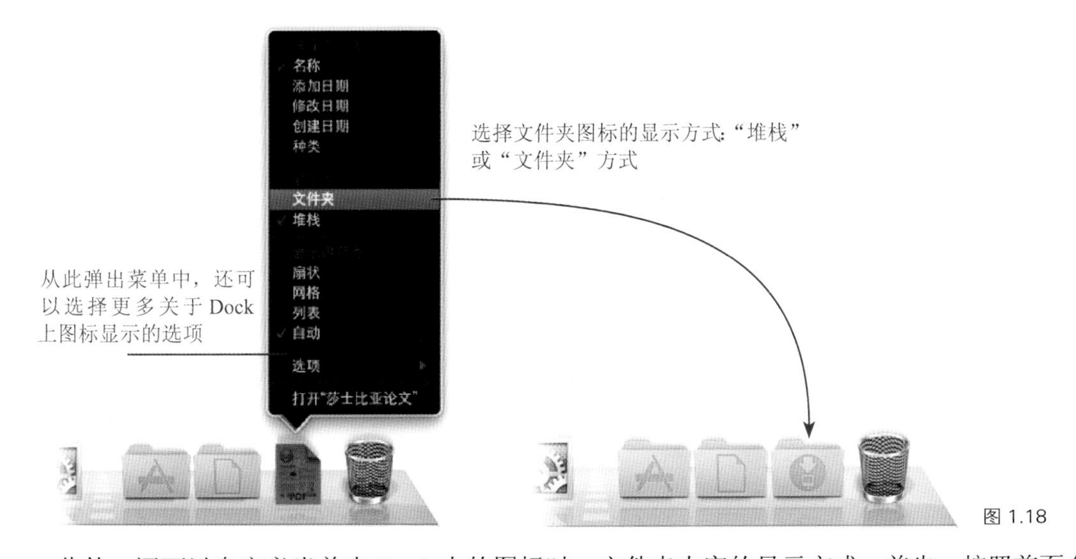

图 1.18

此外，还可以自定义当单击 Dock 上的图标时，文件夹内容的显示方式。首先，按照前面介绍的方法打开选项菜单，接下来在菜单中的“显示内容为”选项中，系统提供了 4 种显示方式：“扇状”、“网格”、“列表”和“自动”。当选择“自动”时，如果文件夹内的项目少于 10 个，则该文件夹内的内容以“扇状”方式显示，而如果文件夹内的项目多于 10 个，则文件夹内的内容以“网格”方式显示。无论选择任何方式显示，其显示界面中都提供了“在 Finder 中打开”的命令选项，而在界面中，单击任一文件或文件夹即可以打开所选项目。

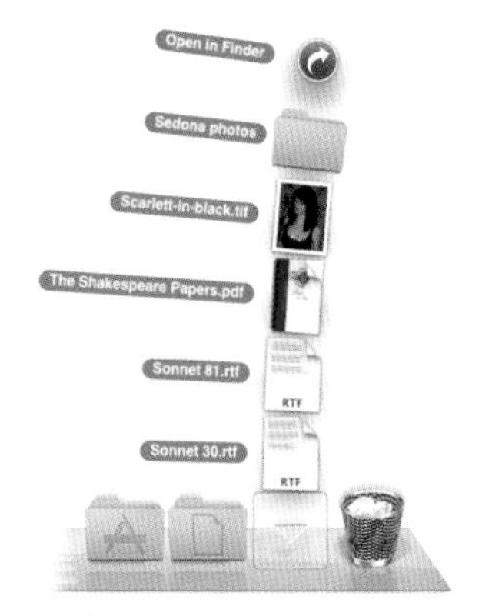

“扇状”显示方式

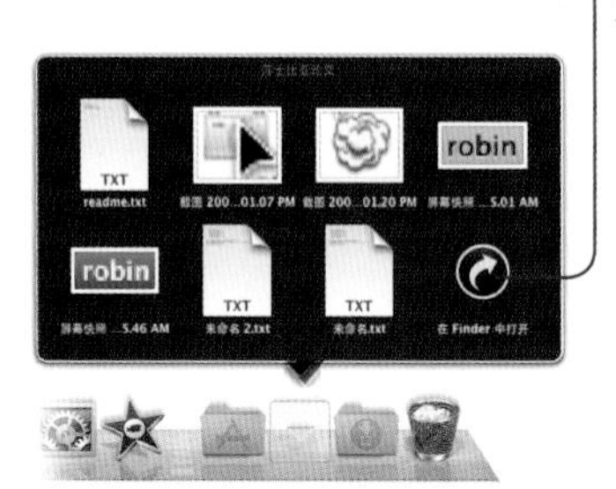

“网格”显示方式

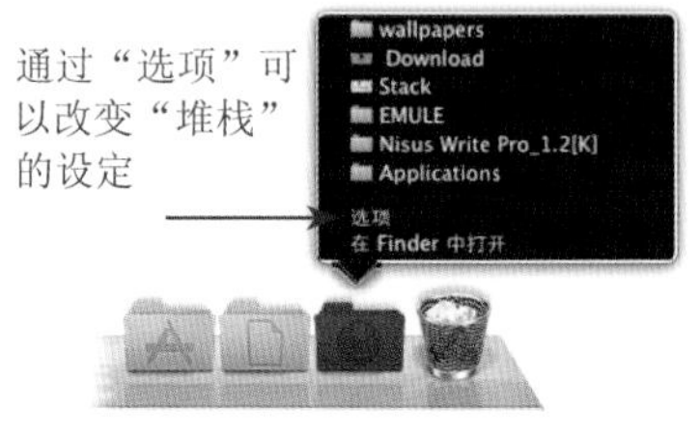

“列表”显示方式

图 1.19

当以“列表”方式显示文件夹的内容时，可以方便地浏览文件夹的内容。在“列表”显示方式中（如图 1.20a 所示），单击界面中的文件夹图标即可在该界面中浏览该文件夹的内容（如图 1.20b 所示）。单击界面左上角的“返回”按钮，查看之前所浏览的文件夹内容。

以“列表”方式显示时，如果文件夹中的内容过多，可以通过界面右侧暗灰色的滚动条浏览文件夹内地所有内容。

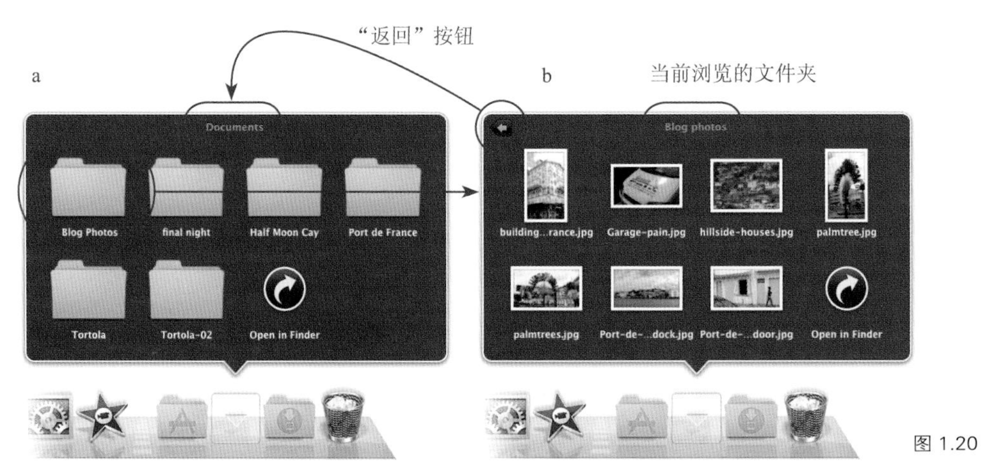

图 1.20

1.8　废纸篓

你所删除的文件都存储在 Dock 上的废纸篓中。

图 1.21

将任意文件拖放到废纸篓图标上即可将文件置于废纸篓中。拖动欲删除的文件，当鼠标指针的尖端部位接触到废纸篓图标，如果废纸篓图标颜色发生改变，说明已经将文件拖动到正确的位置上，此时松开鼠标键，将文件删除到废纸篓中。删除时需要注意的是，正确的做法是鼠标指针的尖端部位接触到废纸篓图标，而不是拖动时，欲删除文件图标接触到废纸篓图标。

- 点按（不是单击）废纸篓图标，在弹出的快捷菜单中选择“清倒废纸篓”，或者在 Finder 的菜单栏中选择“Finder →清倒废纸篓”，可清空废纸篓中已经删除的文件，将其从硬盘中彻底删除。
- 在清倒废纸篓之前，可以打开废纸篓，浏览其中已经被删除的文件，确认后，再单击窗口右上角的“安全清倒”按钮以清空废纸篓。

图 1.22

清倒废纸篓时，系统会弹出提示信息提醒你确认该操作。如不希望在清倒废纸篓时出现该提示，可以按照下面介绍的方法取消系统提示，如图 1.23 所示。

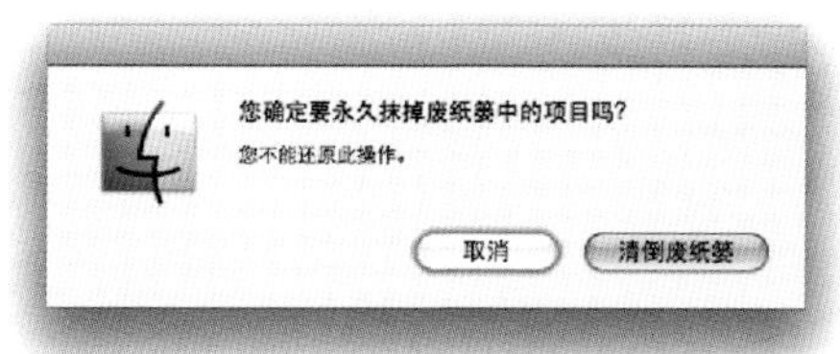

图 1.23

关闭清倒废纸篓的警告信息

1 在 Finder 菜单栏上选择“Finder →偏好设置”。

2 在设置界面中，单击工具栏上的“高级”图标，如图 1.24 所示。

3 取消（或勾选）“清倒废纸篓之前显示警告”选项前的勾选。

4 单击设置界面左上角的红色按钮退出设置界面。

图 1.24

- 恢复已经删除到废纸篓中的文件：在没清倒废纸篓之前，单击 Dock 上的废纸篓图标，打开废纸篓窗口，选择欲恢复的文件，将其拖出废纸篓窗口，放到所需位置，即可恢复该删除的文件。
- 或者在废纸篓窗口中，选择一个或多个已经删除的文件，如图 1.25 所示。在 Finder 菜单栏上选择“文件→放回原处”，另外还可以按住键盘上的 Control 键，在选择的项目上单击，在弹出的快捷菜单中选择“放回原处”，系统自动将文件恢复到删除前的位置。

图 1.25

1.9　善用键盘快捷方式

多数使用鼠标在菜单上选择的操作都可以通过键盘快捷方式来完成，这样操作快捷方便。图 1.26 所示为“编辑”菜单中所标示的键盘快捷方式，都可以通过键盘直接调用，而无需使用鼠标在菜单中选择。

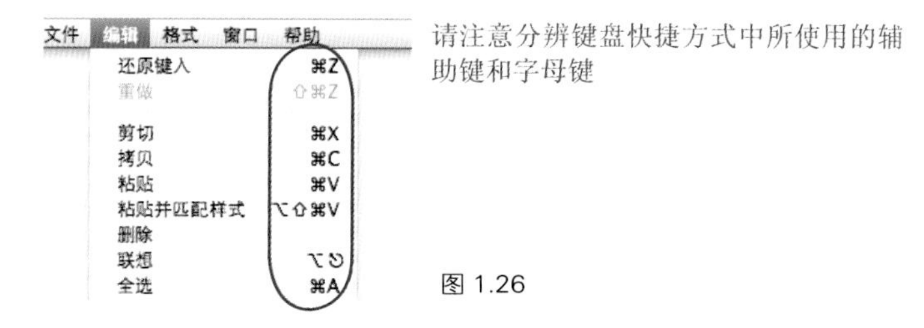

图 1.26

1.9.1　识别常用的辅助键

键盘快捷方式中的辅助键是指当单独使用时，没有任何作用的键。例如，单独按下键盘上的 Shift 键时，没有任何作用，但是当该键和其他键组合使用时却可以实现不同的功能。

以下是在菜单或图表中，代表辅助键的图标

⇧	Shift 键	⎋	Escape 键
⌘	Command 键	⇞ ⇟	PageUp/PageDown（上下翻页）键
⌥	Option 键	⌫	Delete（删除）键
^	Control 键	↑↓←→	方向键
↩	Return（回车）键	⌤	Enter 键

F 功能键为键盘上方印有字母 F 和数字的按键，如 F2 或 F13 键。

fn 功能键与其他键组合使用可以实现更多的功能。

典型的键盘快捷方式是由一个或多个辅助键与一个数字、字母或 F 功能键共同组成，如上图“编辑”菜单所示，该菜单中的“复制”命令为 Command+C 键，或 ⌘+C 键。

1.9.2　使用键盘快捷方式

键盘快捷方式的使用方法：在键盘上同时按下组成键盘快捷方式的所有辅助键，按住不放的同时按一下组成键盘快捷方式的字母、数字或 F 功能键，即可执行该键盘快捷方式对应的操作，可重复此步骤以多次执行其对应的操作。

例如，当通过键盘快捷方式 Command+W 键关闭窗口时，其正确的使用方法是按住键盘上的 Command 键后，按住该键不放的同时按一下字母 W 键。如果屏幕上打开了 3 个窗口，按住键盘上的 Command 键的同时，按字母 W 键 3 次即可关闭所有的窗口。

1.9.3 灰色命令 vs. 黑色命令

如果打开菜单中的操作命令显示为灰色，而不是正常的黑色，这是系统给出的一个重要信息提示。通过以下简短练习即可明白灰色和黑色操作命令之间的区别。

1 在桌面上，单击任意空白区域。

2 现在，在 Finder 的菜单栏上查看各菜单中操作命令的状态，看一下有多少操作命令是灰色显示的。灰色显示的命令表明你当前无法选择该命令执行其所对应的操作，出现该现象的原因通常是因为你在打开菜单前没有先选择一个项目，从而系统无法执行某些命令，所以才出现灰色显示的选项。例如，只有当选择了一个打开的窗口后，才可以执行关闭窗口的命令。

3 如果当前屏幕上没有打开的 Finder 窗口，请先打开一个 Finder 窗口，然后单击选择一个文件夹的图标。

4 再在 Finder 的菜单栏上查看各菜单的选项，看一下有多少原来无法选择的灰色操作命令现在已经显示为黑色，并可以选择了。

5 在 Finder 的菜单栏中打开“文件”菜单，查看“打开”命令的键盘快捷方式，无需选择该命令，只需记住其键盘快捷方式为 Command+O 键。单击菜单以外位置，菜单关闭。

6 确认已经选择了一个文件夹的图标，现在按 Command+O 键打开该文件夹。

1.10 关于 Mac OS X 操作系统的更多内容

在 Mac OS X 操作系统中，你在桌面中可以通过多种方式加深对 Mac OS X 系统及其使用方法的了解。在使用过程中，请牢记下面所介绍的技巧，这些技巧可以帮助你更加顺畅地体验 Mac OS X 操作系统。

1.10.1 使用提示信息

在多数程序或对话框界面中，鼠标停放在某一项目，如按钮或图标上 3 秒钟左右，如果该项目包含有提示信息，则系统会显示关于该项目的信息提示，如图 1.27 所示。

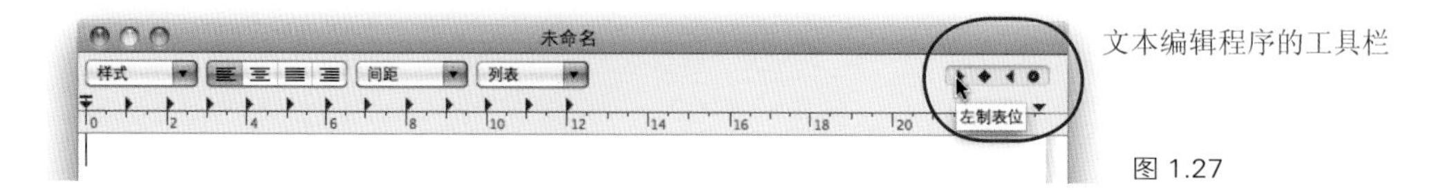

图 1.27

1.10.2　浮动提示信息

上面已经介绍了，在多数程序或对话框界面中，将鼠标停放在某项目上时，会出现相关的提示信息，其实该技巧不仅仅局限于此。基本上，在任何界面中，将鼠标停放在某项目时，都会出现浮动的提示信息，如将鼠标停放在 Dock 的图标上会显示该图标的名称。以下为出现浮动提示信息的几个例子。“停放”指的是将鼠标指针移动到某项目上保持不动，不要进行单击或按下鼠标键的操作，如图 1.28 所示。

在 Mail 程序中，鼠标停放在发件人的姓名上，出现该发件人的电子邮件地址信息

图 1.28

在 iChat 程序中，鼠标停放在好友列表或 Bonjour 列表上的好友名称上，可以查看该好友的其他信息

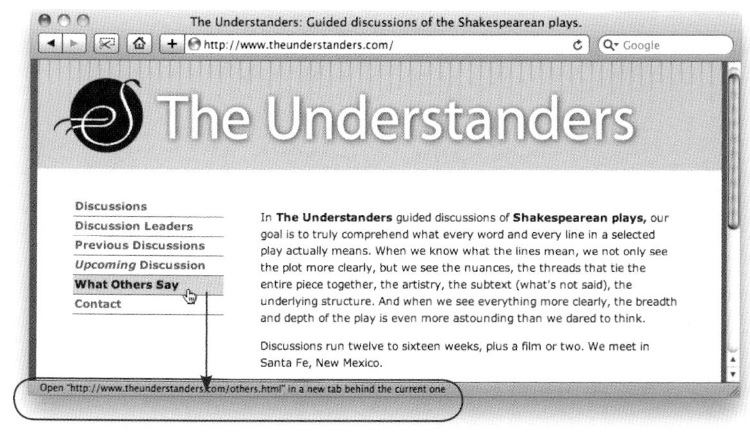

图 1.29

使用 Safari（因特网浏览器）时，鼠标停放在某链接上时，Safari 窗口下方的状态栏上会显示该链接的详细地址（如果 Safari 窗口下方没有显示状态栏，需要在 Safari 的菜单栏上选择“显示→显示状态栏”）

1.10.3 图标提示

在苹果操作系统中，要时刻注意界面中不断出现的图标提示，每个图标都代表一定的意义。如鼠标指针变成一个双向箭头图标，分割线中的小圆点或是到处可见的三角形标志都是一种图标提示。

你可能在使用中已经注意到，网页中代表链接的文字下方会出现一条下划线，而在文字处理程序中，拼写错误的单词下方会显示彩色圆点组成的下划线。以下是几个图标提示的例子。

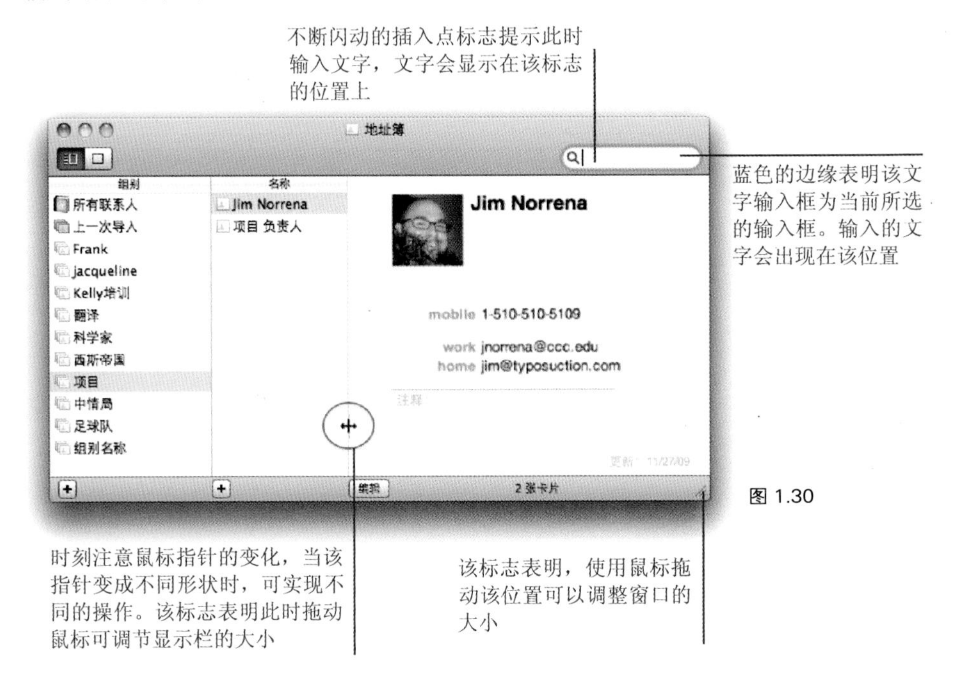

图 1.30

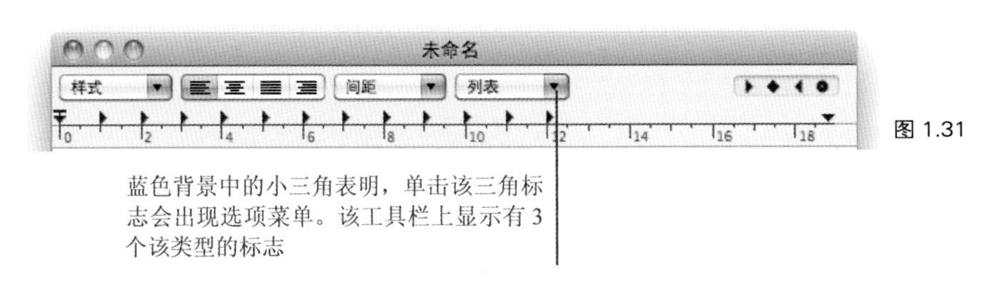

图 1.31

有时电脑屏幕上显示的图标过多，以致于让人眼花缭乱。你只要知道每个图标都代表着特定的操作，在将来的使用中再慢慢熟悉每个图标所代表的意义。

图 1.32 所示的是一个典型的文档文件标题栏。在该标题栏上有两个图标提示：带有黑色圆点的红色圆钮和文件标题旁灰色的文件图标，这两个图标提示都表明你已经修改过该文件，而且还没有对修改进行过保存。一旦保存了该文件的更改后，则红色圆钮中的黑点会消失，文件图标则恢复为彩色图标。

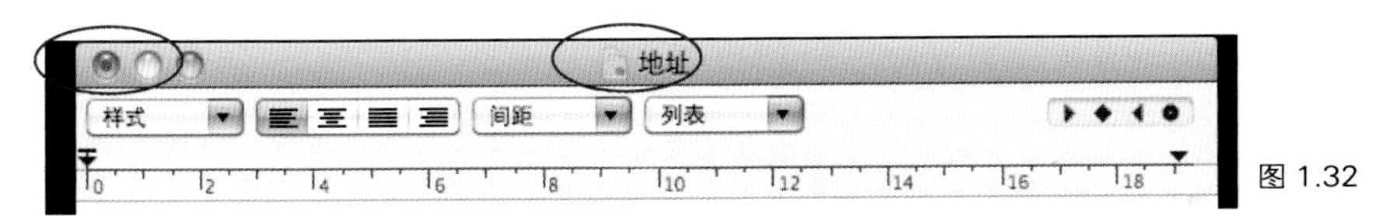

图 1.32

如果在某程序菜单栏上的“窗口”菜单中，文档文件名称前显示有黑点，如图 1.33 所示，说明已经对其进行过修改，但还没有对修改进行过保存。而文件名称前的对勾符号则表明该文件为当前文件，即当前正在使用的文件。

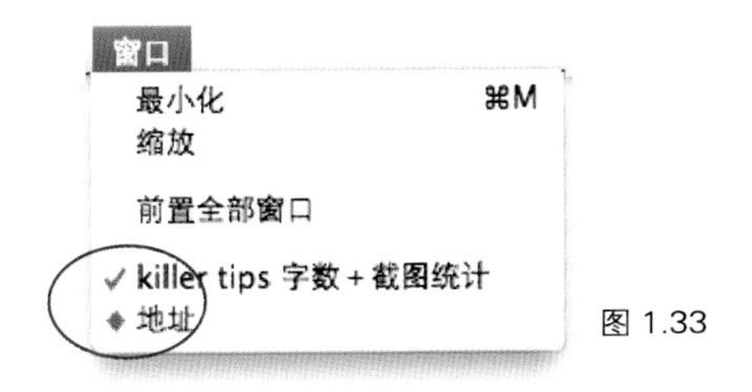

图 1.33

在日常使用过程中，你经常会在保存对话框的窗口上看见“存储”、“不存储”和“取消”3个选项，如图 1.34 所示。其中的某一选项会以蓝色标示出来，表明如果你按回车键即可直接选择该选项，而无需通过鼠标点击来选择。

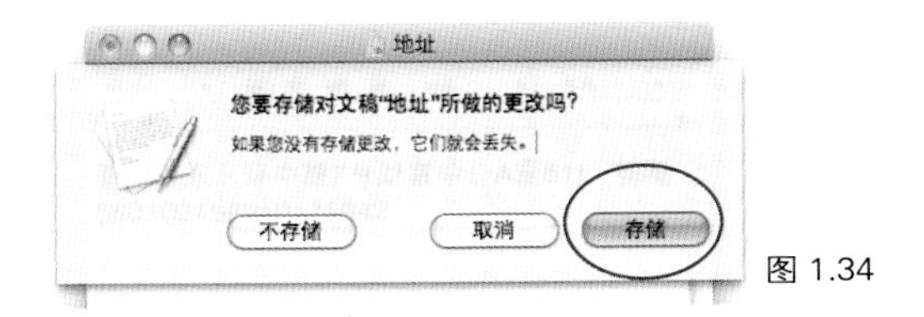

图 1.34

1.10.4 帮助文件

在 Mac OS X 操作系统中，无论当前所处界面或当前使用的何种程序，你都可以在菜单栏上的“帮助”菜单中，选择查看帮助信息。

如下图所示，在任何程序的菜单上，其最右侧显示的菜单为“帮助”菜单。单击该菜单，可以查看关于该程序的帮助信息。此外，在帮助菜单中的文本输入框中输入欲查询的关键字，该菜单下会显示两种不同的分类信息：“菜单项”和“帮助主题”。

菜单项 该分类信息为包含所搜索关键字的菜单选项。选择某一结果，系统自动打开包含该结果的菜单，并以巨大的蓝色箭头标出该选项在菜单中的位置，如图 1.35 所示。

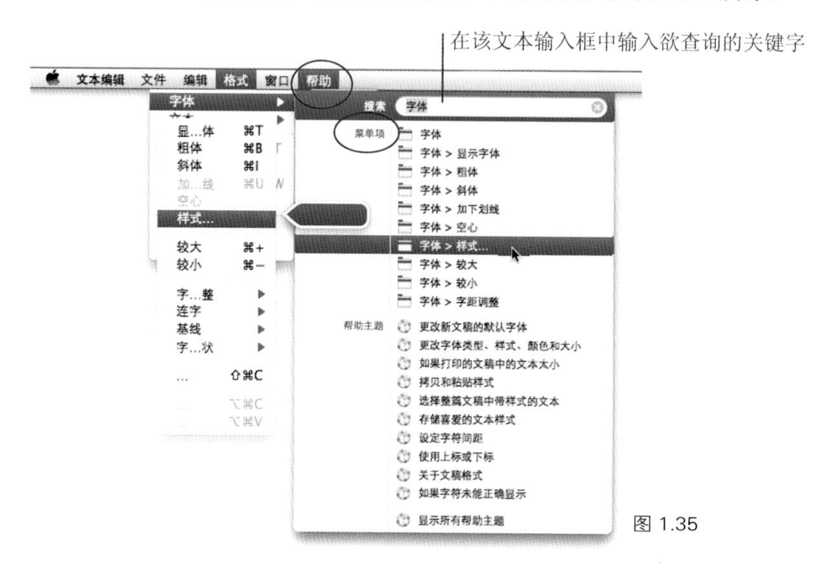

图 1.35

帮助主题 如果系统中包含所搜索关键字的帮助信息，在该分类信息中以列表方式显示搜索到的结果。选择任一搜索结果，系统打开内置的帮助文件，显示选项的帮助信息，如图 1.36 所示。

图 1.36

1.10.5 技术支持页面

苹果公司的官方网站上提供了大量的技术支持信息。在该网站上，你不但可以在线浏览苹果电脑的使用手册，还可以将使用手册下载保存在电脑中，另外网站还提供了用户论坛，便于交流电脑或应用软件的使用经验，答疑解难。详情请登录 http://www.apple.com.cn/support/。

2

课程目标

- Finder 窗口上各种硬盘图标的意义
- “资源库”文件夹
- 在不同的显示方式下，在 Finder 窗口中选择多个项目的操作方法
- 通过 Expose 选择所需窗口
- 快捷菜单
- 在“存储为”和“打开”对话窗口中，巧用键盘快捷方式选择所需项目
- 不用鼠标选择 Finder 菜单命令的技巧

第2课

Mac OS X 操作系统进阶技巧

如果你已经掌握了第1课中的内容，那么在本课中将进一步学习一些在日常操作中经常使用的进阶操作方法。如果在阅读中，感觉理解本课内容有些吃力，那么可以略过本课，待日后对 Mac OS X 系统更加熟悉的时候，再进行翻阅。

2.1 了解 Finder 窗口上各种硬盘图标的意义

在侧边栏上的“设备”区域中，显示的是类似如图 2.1 所示的各种图标，这些图标分别代表电脑硬盘、网络硬盘、CD 或 DVD 光盘，以及 iPod 播放器等存储媒介。根据个人使用的设备不同，侧边栏上所显示的图标会有所差异。

如同侧边栏“位置”区域中的项目一样，单击任意存储媒介的图标，该存储媒介中的内容会显示在 Finder 右侧窗口中，如图 2.1 所示。

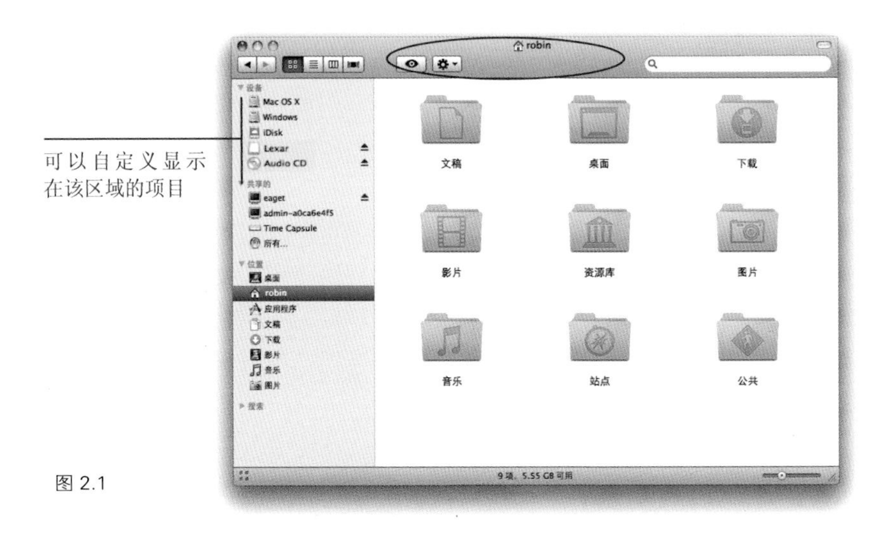

图 2.1

硬盘是存储苹果操作系统和所有文件的地方。如同移除文件夹图标一样，可以将硬盘图标从侧边栏上移除。

注册成为 Mobileme 会员后，可以将文件存储在“iDisk”中。iDisk 为个人网络存储空间，存储在 iDisk 中的文件实际是通过因特网存储在苹果公司的服务器上。在联网的情况下，单击侧边栏上的“iDisk”图标即可访问存储在苹果公司服务器中的文件。

图例中的“Lexar”代表的是连接在苹果电脑上的 USB 存储设备（即外置硬盘）。“Audio CD”代表的是插入电脑光驱中的音乐光盘。以上所说的连接在电脑上的外置设备，其设备图标名称的右侧都会显示有“推出”按钮。

⏏ 图标右侧的“推出”按钮（三角下方带横杠图案）表明该设备为可移除的存储媒介。可能是 CD、DVD 光盘、iPod 播放器，甚至是通过网络连接的其他电脑设备。单击该按钮，将其所对应的设备从电脑上断开连接。

提示——自定义当设备与电脑连接时，可以设置是否在桌面显示其图标。

2.1.1　共享

如果在侧边栏上显示有“共享”，其区域内显示的是通过局域网连接的其他电脑设备或硬盘。局域网指的是小范围区域内，如家庭或办公室的电脑，通过网线或无线方式连接而成的网络。

2.1.2　位置

“位置”区域内显示的是你电脑内的文件夹或文件项目。拖放文件夹或文件添加到该区域内，可以方便访问所需项目。当不需要时，将文件夹或文件项目图标拖出侧边栏，即可将其移除，移除时伴有烟雾状的电脑特效。而在以后需要时，还可以随时将其再拖放添加到侧边栏上。

2.1.3　搜索

“搜索”区域内的每个项目其实是一个“智能文件夹”，此类文件夹可根据设定的条件，将符合条件的文件自动归类在文件夹中。你可随时单击“搜索”区域内的项目，以查看其中系统自动归类的文件。

2.1.4　通过“硬盘”访问用户主文件夹

下面介绍在分栏显示方式下，访问用户主文件夹内容的另一种操作方法。

如下图所示，通过侧边栏上的蓝色高亮可以分辨出当前选中的是“硬盘”图标。硬盘是存储所有电脑文件的地方（使用者可以自定义硬盘的名称）。单击“硬盘”图标，Finder窗口中显示的是存储在该硬盘上的所有文件。

接下来，单击“用户”文件夹，在右侧的分栏中可以看到主文件夹。如果在电脑中创建了其他电脑账户，则此时还可以看见其他账户名称的文件夹。

然后选择“robin”文件夹。在右侧出现的分栏中显示“robin”主文件夹内的内容。

看到下图中侧边栏上显示的“应用程序”图标了吗？注意，该文件夹的位置是在硬盘的第一个分栏中，即硬盘的根目录中。通过侧边栏上的“应用程序‘图标可以方便地访问该文件夹中的内容。

请尝试使多种方式来访问用户主文件夹，直到能轻松访问苹果电脑中文件存储的位置。

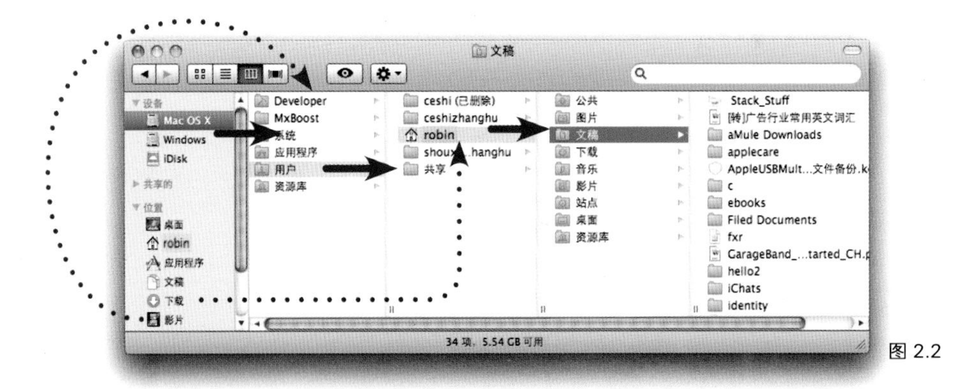

图 2.2

2.2 了解“资源库”文件夹

在电脑的日常使用中，你会遇到多个文件夹同名的情况，比如在电脑中存储有多个名称为“资源库”的文件夹。你看到在下例图中显示的两个资源库文件夹了吗？如果打开“系统”文件夹，还可以看见另一个名称为“资源库”的文件夹，如图 2.3 所示。

图 2.3

资源库文件夹中保存的是系统和程序运行所需的相关文件。除非有特殊要求或清楚操作的后果，否则不要对资源库文件夹进行任何的修改，如添加或删除任何文件。

上图第一个分栏中显示的资源库文件夹位于硬盘的根目录中，该文件夹中存储的是系统正常运行所需的重要文件，使用此电脑的所有用户都需要使用该文件夹中的内容。例如，所有用户使用的字体文件就位于该资源库中的“字体”文件夹中。

而上图最右侧分栏中显示的资源库文件夹则位于“robin”文件夹中。该文件夹中存储的是我的应用程序的相关设置、网页书签和地址簿的联系人信息，以及电子邮件等个人信息。电脑的每个用户都拥有自己的资源库文件夹以存储个人信息。该资源库中也包含一个“字体”文件夹，存储在该文件夹中的字体只有用户自己才可以使用。

关于资源库文件夹，你目前只需要了解以上内容即可。切记不要随意对该文件夹进行修改。

2.3　在 Finder 窗口中，同时选择多个项目

在 Finder 窗口中的某个文件图标上单击即可选择该文件。但有些时候，根据需要，可以通过以下两种方法同时选择多个项目。选择多个项目后，可以同时对所选文件进行移动、删除、打开或更改文件颜色标签等多种操作。

2.3.1　图标方式显示时

当文件以图标方式显示时，按住键盘上的 Command 或 Shift 键，然后单击选择多个文件。这种情况下，只能在一个窗口中进行文件的选择。

或者在 Finder 窗口的空白区域上点击鼠标，按住鼠标键不放的同时移动鼠标，则鼠标拖动区域内的文件图标，无论是被完全覆盖还是仅部分被覆盖都会被选中，如图 2.4 所示。

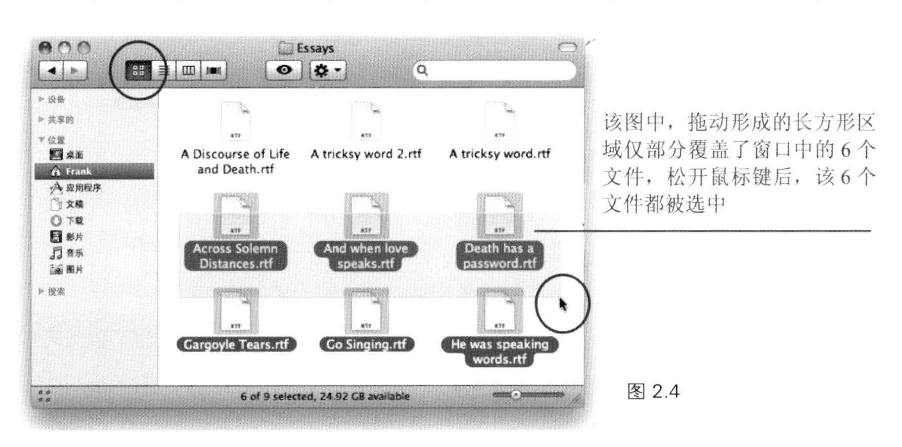

图 2.4

2.3.2　列表或分栏显示时

当文件以列表或分栏显示时，按 Command 和 Shift 键进行选择时，两者效果有所不同。

按住键盘上的 Command 键，多次单击可选择多个文件。

在列表显示方式下，只要在窗口的列表中可以看见不同文件夹中的内容，即可在窗口中选择不同文件夹中的文件。

在分栏显示方式下，可以同时选择同一分栏中的多个文件，如图 2.5 所示。

按住键盘上的 Command 键，单击选择多个不相连的文件

图 2.5

通过 Shift 键可以选择排列位置相连的一组文件。按住键盘上的 Shift 键，在文件列表中点击排列在第一位的文件，然后继续按住键盘上的 Shift 键，再单击排列在列表最末位的所需文件，则系统会自动选择两次单击中包含的所有文件，如图 2.6 所示。

按住键盘上的 Shift 键，单击选择相连的多个文件

图 2.6

在任何显示方式下，按住键盘上的 Command 键，单击已经选择的文件，可以取消对该文件的选择操作。

在任何显示方式下，按住键盘上的 Shift 键，单击窗口中任意空白区域，可以取消对全部文件的选择操作。

2.4 Expose

如果习惯在工作时打开多个窗口（如应用程序窗口、偏好设置窗口和 Finder 窗口等），那么你一定会喜欢 Expose 功能，因为即使在屏幕的桌面上一片凌乱时，通过使用 Expose，依然可以轻松地在多个窗口中快速定位自己所需的窗口。

系统默认开启了 Expose 功能。在电脑上打开多个窗口，接下来按一下键盘上方的 F11 键，则系统会隐藏所有打开的窗口，仅显示电脑的桌面，再按一个 F11 键，恢复显示所有的窗口。

如果你的键盘上包含有 fn 功能键，则可能需要同时按下 fn 功能键和 F11 键以实现该功能。

关于 Expose 的键盘快捷方式如图 2.7 所示。在苹果菜单中，选择“系统偏好设置”，在打开的设置界面中，单击“Expose 与 Spaces”图标即可打开图示中的设置界面，在该界面中可自定义 Expose 功能的键盘快捷方式。

在“系统偏好设置”中，单击该图标，在打开的设置界面中，可以自定义 Expose 功能的键盘快捷方式

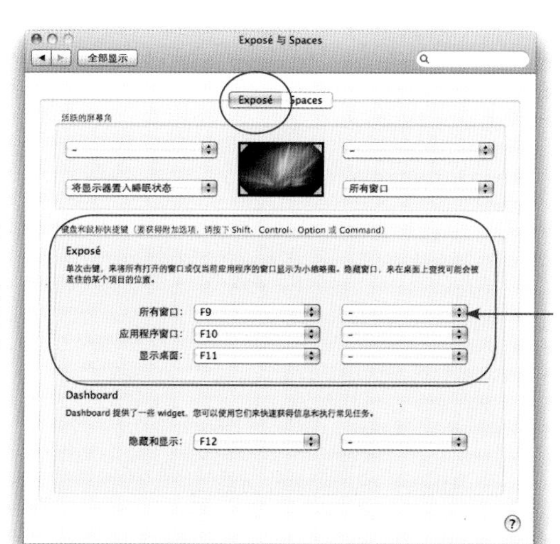

通过右侧的菜单可以设定使用双键鼠标或滚轮鼠标的按键来激活 Expose 功能

图 2.7

- 按下键盘上的 F9 键（在新版本的键盘上，按 F3 键），同时显示屏幕上的所有窗口。根据设定情况，可能需要配合使用 fn 功能键。
- 按下 F10 键，仅显示某一应用程序的所有窗口（不显示 Finder 窗口）。
- 按下 F11 键，隐藏所有的窗口，仅显示桌面。
- 如果希望通过鼠标键来激活 Expose 功能，请如图 2.7 所示进行相关设置。

图 2.8

该图显示的是我电脑上凌乱不堪的桌面。按下键盘上的 F9 键，则所有打开的窗口自动缩小排列显示在桌面上（如图 2.9 所示），不必将窗口移来移去以寻找自己所需的窗口了。鼠标停放在缩小的窗口上时，该窗口的四周会以蓝色高亮显示

蓝色外框表明单击该窗口，该窗口会在前台显示，而其他窗口会按照原来的排列顺序在后台显示

鼠标停放在 iCal 窗口界面上，该窗口的四周以蓝色高亮显示

图 2.9

2.5 Dock 的 Expose 功能

Dock 的 Expose 功能让你轻松地将拥挤的桌面管理得井井有条。在以往的操作系统中，单击窗口左上角的黄色圆钮，系统会将窗口最小化显示到 Dock 上，便于以后再调用该窗口。但该功能的缺点是当最小化的窗口过多时，虽然桌面看起来整洁了，但是 Dock 却变得拥挤不堪。而 Dock 的 Expose 功能则可以隐藏每个程序最小化的窗口，仅以该程序 Dock 上的图标作为代表，完美地解决了该问题。

启用 Dock 的 Expose 功能

1 打开系统偏好设置，在设置界面中单击“Dock”图标。

2 在 Dock 的设置界面中勾选“将窗口最小化为应用程序图标”选项，如图 2.10 所示。

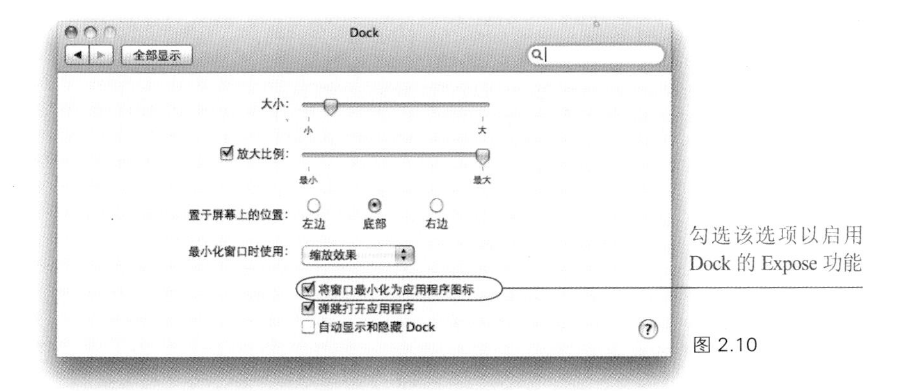

图 2.10

启用 Dock 的 Expose 功能后，单击窗口左上角的黄色按钮，即窗口最小化按钮，窗口将最小化并隐藏在该窗口对应的程序图标中。点按该程序图标，该程序所有最小化并隐藏起来的窗口会以缩略图形式显示在屏幕上，便于进行选择，如图 2.11 所示。

点按 Dock 上的某一图标时，除了显示最小化窗口的缩略图以外，程序图标上方还会弹出选项菜单（显示有“退出”、“隐藏”和“选项”）。此时，按住键盘上的 Option 键，选择菜单上的选项变为“强制退出”、“隐藏其他”和“选项”。

在 Dock 上点按某程序图标，该程序所有的窗口，包括当前屏幕上的窗口和最小化的窗口都会以 Expose 形式出现在屏幕上。但如果程序没有启动，则点按该程序图标不会激活 Expose 功能，而只是在程序图标上弹出一个带有选项的菜单而已。

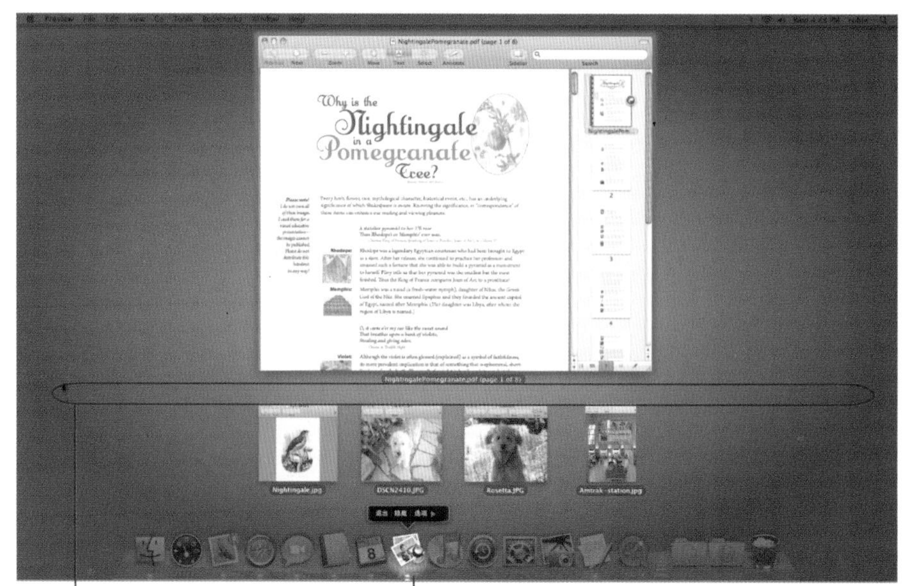

图 2.11

横向分隔线，上方为当前屏幕上打开的窗口，下方为最小化到 Dock 上的窗口

点按某打开程序的图标，该程序所有窗口以 Expose 形式显示在屏幕上。按键盘上的 Tab 键，选择下一个打开程序，并以 Expose 形式显示其程序的窗口

如图 2.11 所示，使用 Dock 的 Expose 功能显示窗口时，窗口按照类型分别显示在横向分割线的上下两侧，分割线上方显示的是当前桌面上打开的窗口（没有最小化的窗口），下方显示的是最小化到 Dock 上的窗口。

鼠标移动到任一窗口上，该窗口会以蓝色边框高亮显示，单击高亮显示的窗口，恢复正常桌面的显示状态，所选窗口显示在屏幕前台。

按键盘上的 F9 键，无论是桌面上打开的窗口，还是最小化到 Dock 上的窗口，都会以 Expose 形式显示在屏幕上。

按住键盘上的 Option 键，单击某程序最小化的窗口，则该程序所有最小化的窗口都会恢复为正常窗口，显示在桌面上。按住键盘上的 Option 键，单击任一程序窗口上的黄色圆钮，最小化该程序打开的所有窗口。在 Dock 的 Expose 显示模式中，单击任一区域，退出 Expose 功能。

如果按键盘上的 F9 键（默认的 Expose 键）没有激活 Expose 功能，那么可能是因为你在键盘设置中，没有选择“将 F1、F2 等键用做标准功能键”的选项。此时可以试着按住键盘上的 fn 功能键（前提是键盘上包含该键），然后再按 F9 键。

2.6　寻找快捷菜单

快捷菜单是非常有用的一个技巧。使用者 Control+ 单击（按住键盘上的 Control 键，注意不是 Command 键，然后点击鼠标）屏幕上的任意位置，在鼠标点击的位置会弹出一个选项菜单，该菜单称为快捷菜单。与在菜单栏和对话框中所见的菜单不同，该菜单的选项不是固定不变的，而是根据鼠标点击的项目而发生变化。

按住键盘上的 Control 键，单击任一图标、桌面空白区域、Finder 窗口内部、标题栏和工具栏等几乎任何位置，都会弹出对应的快捷菜单，如图 2.12 所示。

如果使用的是双键鼠标，则无需按 Control 键，只需右键单击，即可调出快捷菜单，如图 2.12 所示。

关于快捷菜单并没有任何图标来标示，你只能自己不断地总结归纳。在程序界面、网页、工具栏、侧边栏等各个位置都可以使用快捷菜单。

图 2.12

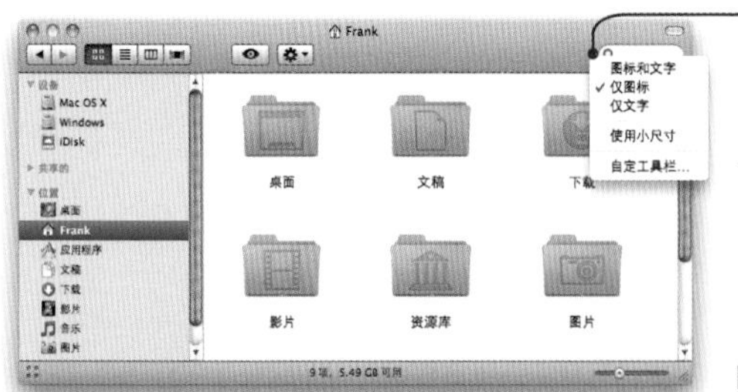

工具栏的快捷菜单

图 2.13

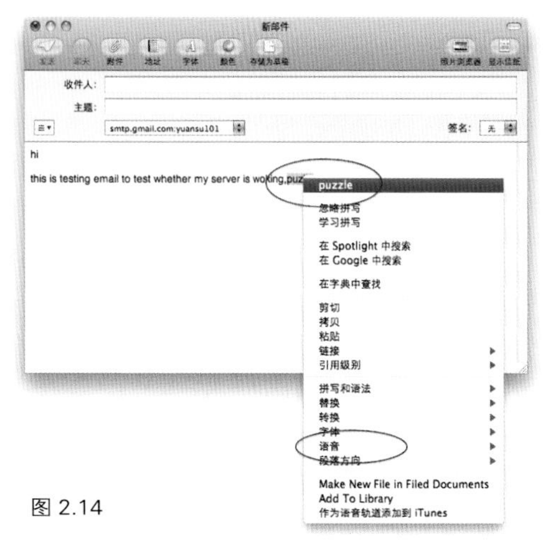

本例中，快捷菜单出现在程序界面中

在编写新邮件的窗口中，Control+单击拼写错误的单词，在弹出的快捷菜单中，系统提供了可能的正确拼写

在该快捷菜单中，单击正错拼写的单词，松开鼠标键，系统自动用选择的单词替换拼写错误的单词

通过“语音”选项，系统可以朗读所选的文本内容

图 2.14

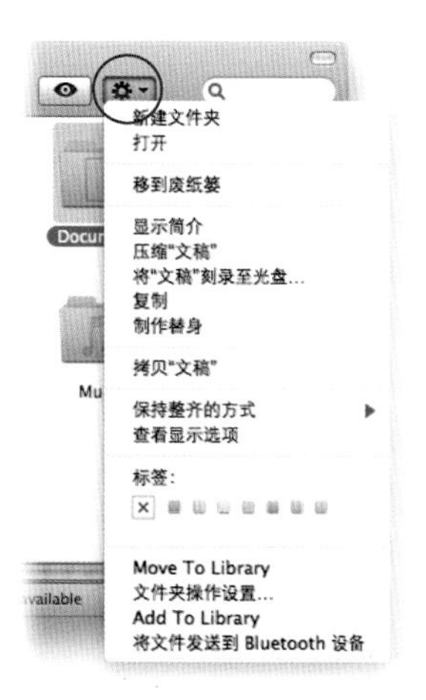

提示——在 Finder 窗口中，“操作”按钮中提供的选项与快捷菜单基本相同或稍多。

试一试：单击选择一个文件夹或文件，然后单击“操作”按钮，看看其提供的操作选项

2.7　适用于对话窗口的键盘快捷方式

创建和编辑文档时，在“存储为”和“打开”文件的对话窗口中，通过键盘快捷方式即可进行相关的操作。如按键盘上的 Tab 键，切换选择对话窗口中的不同区域。在分栏中，按键盘上的箭头方向键选择所需文件。存储文档时，在出现的“存储”对话窗口中，无需鼠标操作即可更改文档的名称、选择存储文档的文件夹，然后存储文档，如图 2.15 所示。

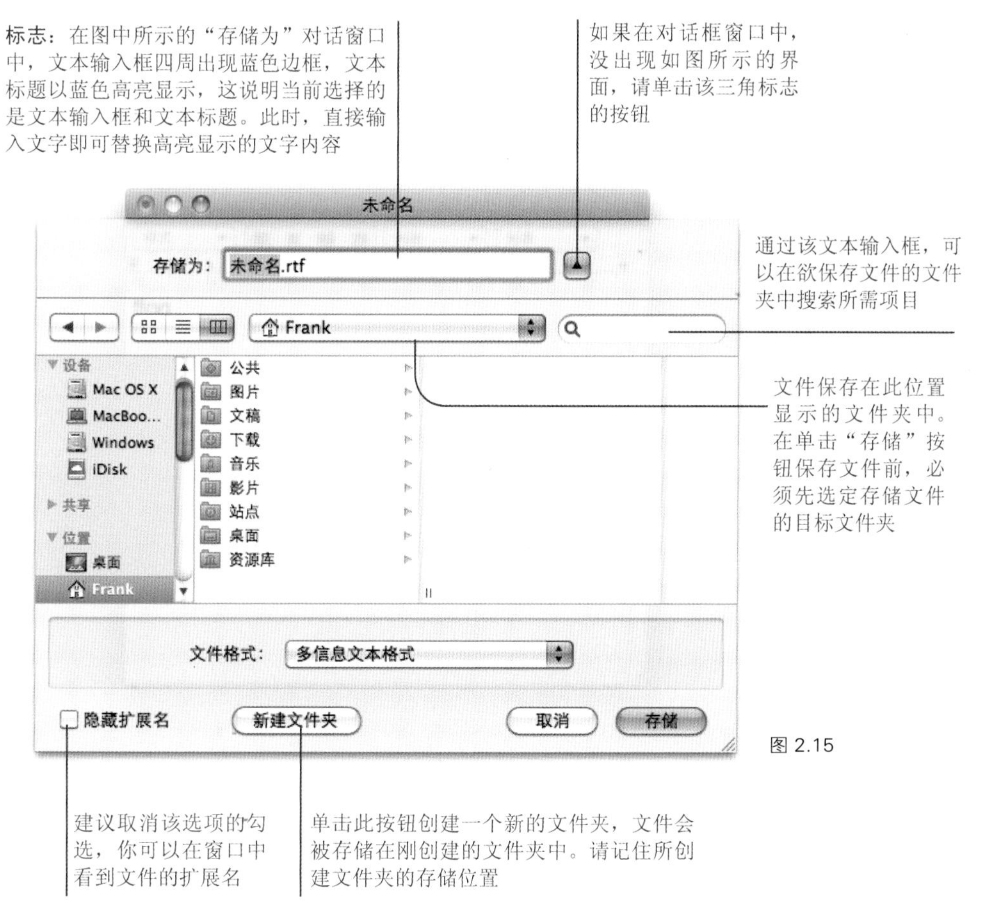

图 2.15

提示——扩展名指的是文件名称后面三位或四位字母缩写，电脑需要根据扩展名来分辨文件的类型。你可以根据需要，设定隐藏文件的扩展名，但建议保留显示文件的扩展名，这样可帮助你记忆所创建文件的类型。

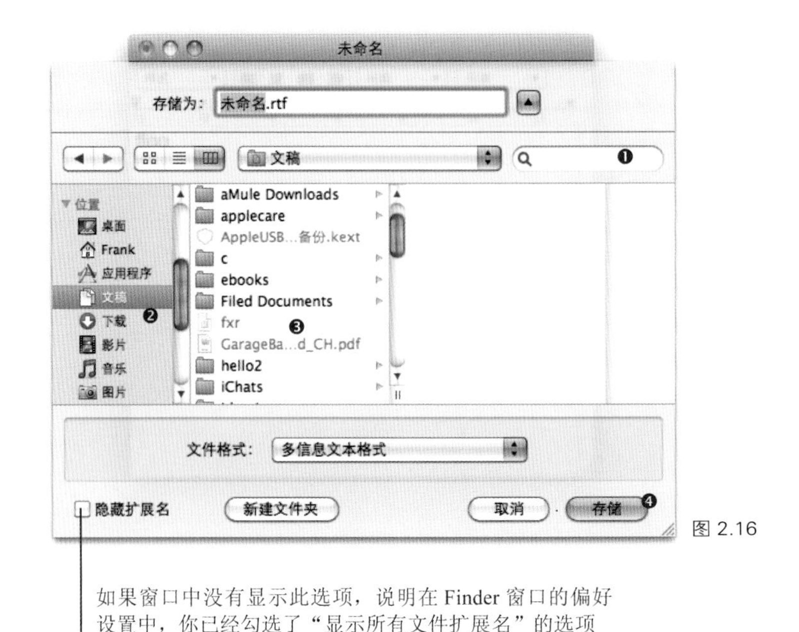

图 2.16

在“存储为”或“打开”文件的对话窗口中，通过 Tab 键切换选择不同区域。

1 如果在打开的窗口中，鼠标插入点标志位于文件名称的输入框中，按一下 Tab 键，系统自动选择窗口上的搜索框。

2 再按一下 Tab 键，系统自动切换选择侧边栏区域。按键盘上的上或下箭头方向键高亮选择所需的文件夹和磁盘。

3 继续按 Tab 键，系统自动选择窗口中的第一个分栏，通过向上和向下的箭头方向键高亮选择所需的文件，按向右的箭头方向键选择下一个分栏的内容。

4 选择所需的文件夹后，按回车键直接保存文件。

2.8 桌面和 Finder 窗口操作的键盘快捷方式

你在桌面和 Finder 窗口中的操作都可以通过键盘快捷方式来完成，无需鼠标即可打开屏幕上方的菜单，选择所需的菜单命令。

调用桌面或任意程序菜单栏上的菜单

1 按 Control+F12 键选择屏幕上方的菜单栏（在笔记本电脑上，可能需要同时按 fn 功能键

+Control+F12 键）。

2 通过箭头方向键或输入菜单的首字母[1]选择菜单栏上的菜单，被选择的菜单会高亮显示。

3 当高亮选择菜单栏上的菜单后，按回车键打开该菜单。

4 在打开的菜单中，通过向上和向下箭头键或输入菜单命令的首字母或前两、三位字母（如果菜单中有多个命令的首字母相同，则需要输入前两、三位字母以快速定位所需命令）选择列表上的菜单命令。

5 按回车键执行所选的菜单命令。

6 按 Command+ 句号键可在不选择任何菜单命令的情况下，退出菜单选择界面。

Finder 窗口操作的键盘快捷方式

- 输入文件名称的首字母或前两、三位字母，可以快速定位所需文件。
- 在列表和分栏显示方式下，使用箭头方向键选择左右分栏，按字母键选定分栏中文件名称以该字母为首字母的文件。
- 选择一个文件后，按 Command+O 键打开该文件。

如果对使用键盘快捷方式感兴趣，可以打开系统偏好设置的“键盘”选项卡。该选项卡中提供了详尽的系统默认键盘快捷方式的列表，由于此原因，所以本书中没有列出更多的键盘快捷方式。

1 该方法仅适用于菜单或文件名称为英文的情况。

3

课程目标

- 苹果应用程序的共性

第3课

Mac OS X 操作系统应用程序简介

苹果操作系统中的各种应用程序间具有互通性，在一个程序中学到的操作方法几乎同样适用于其他的程序，这使得学习和使用苹果操作系统的程序更加轻松。

在本课中，将对电脑“应用程序”文件夹中和 Dock 上的一些重要程序进行简明的概述。苹果公司出品的所有程序之间是紧密相连的，具有共同的特性和通用工具。

3.1 熟悉“应用程序”文件夹

任意 Finder 窗口的侧边栏上都显示有一个名称为“应用程序”的图标，单击该图标，在 Finder 窗口中显示存储在“应用程序”文件夹中的所有程序，通过这些程序就可以在电脑中完成相应的工作。

你可以随时在“应用程序”文件夹中单击选择常用的程序，然后将其拖放添加到 Dock 上，便于今后工作时方便地启动该程序。如果不小心移除了 Dock 上的程序，可随时打开“应用程序”文件夹，再将其重新添加到 Dock 上。

启动一个程序后，程序的图标自动显示在 Dock 上，当关闭程序后，程序图标自动从 Dock 上移除。如果想在 Dock 上永久保留某程序图标，可以在 Dock 上点按该程序图标，在弹出的快捷菜单中选择“选项→在 Dock 中保留”即可，如图 3.1 所示。

图 3.1

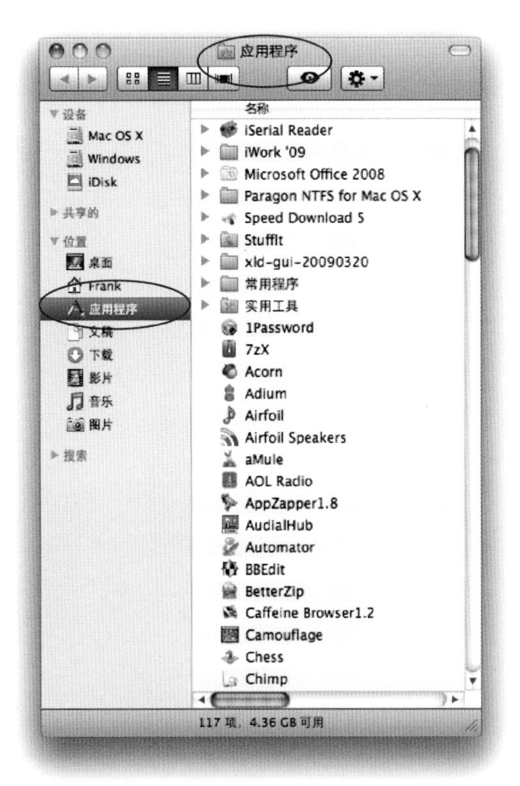

程序安装完毕后，在“应用程序”文件夹中，显示的是一个文件夹，而不是一个程序图标

出现这种情况时，需要打开该程序的文件夹，在文件夹中找到真正的程序图标，然后选择是否需要将程序添加到 Dock 上

图 3.2

3.2　程序的整合性

苹果操作系统中的应用程序都包含有通用的工具，如拼写和语法检查工具、字体库、颜色调板和特殊字符表等。所有这些通用工具将在第 13 课中进行详细介绍。

另外要记住，苹果系统的程序是紧密相连，并协同工作的。比如可以将一个程序中的文本或图像直接拖进其他程序中使用，以不同格式存储文件，将 Mail 中的代办事项添加到 iCal 程序中，通过文本编辑程序创建 PDF 格式文件，使用预览程序浏览 PDF 文件并对其进行标注等。

3.3　本书中没有涉及的内容

在本书的第 10 课中，详细介绍了 iTunes 程序的使用方法，但是本书中没有涉及苹果公司 iLife 系列软件中的 iPhoto、iWeb、iMovie 和 iDVD 等程序的内容，因为它们都不是苹果操作系统内置的程序。如需学习 iLife 系列软件的相关知识，可以选择《苹果 Mac OS X10.5 Leopard 终极技巧》（人民邮电出版社出版）。

另外，本书中也没有涉及 Pages、Numbers 或 Keynote 软件的内容，因为这些软件为苹果公司出品的 iWork 系列软件，你需要单独购买。

3.4　认识苹果系统程序的共性

大多数的苹果系统程序具有共同的特性。

窗口和窗口的控制操作

启动一个程序后，你实际上是在该程序的窗口中进行工作。如果你阅读过第 1 课的内容，那么你已经基本了解关于窗口的全部知识了，即使那些从没见过的窗口，当你看到窗口上的红色、黄色和绿色圆形按钮，就知道这些按钮可以用来关闭窗口，最小化窗口和调整窗口的大小，而文档的名称和代表文档的小图标会显示在窗口的标题栏上，拖动窗口的标题栏或边缘可以移动窗口。

程序菜单

文本编辑

通过菜单栏上的程序菜单（位于苹果菜单的右侧），可以分辨当前处于屏幕前台的程序，即当前工作所使用的程序（屏幕上可能没有显示该程序所打开的任何窗口）。程序菜单中的最后一个菜单命令都是关闭该程序的“退出”命令。

“文件”和“编辑”菜单

在程序菜单的右侧，两个菜单总是“文件”和“编辑”菜单。

尽管每个程序都会有一些特定的菜单命令，但在“文件”菜单中，通常都包含用来打开电脑中已经存储文件的“打开”命令；创建新文件的“新建”命令；保存文件的“存储”命令和可以用自定名称来保存文件的“存储为”命令；关闭当前窗口的“关闭”命令和打印当前窗口的内容的“打印”命令。

在“编辑”菜单中，包含有固定的“还原”、“重做”、“ 剪切”、“拷贝”、“粘贴”、“删除”、“全选”、“ 拼写和语法”和“特殊字符”菜单命令，如图 3.3 所示。

图 3.3

偏好设置　每个应用程序都有自己的“偏好设置”，可以通过该设置中的选项对程序进行自定义设置，以适合个人的使用需要。在程序的菜单栏上打开“程序菜单”，在该菜单中选择“偏好设置”即可打开程序设置窗口。典型的设置窗口中，其窗口上方的工具栏上显示有一系列的图标，每个图标代表一个选项卡，单击图标打开对应的选项卡，如图 3.4 所示。

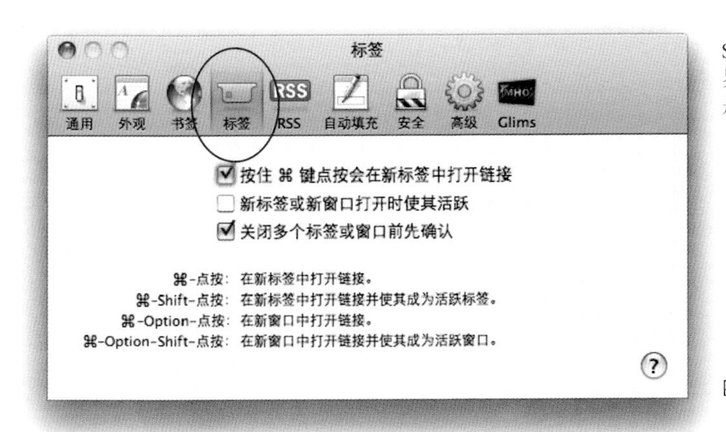

Safari 的偏好设置界面。当前选择的是“标签”选项卡

图 3.4

工具栏 多数程序窗口的上方显示有工具栏。若要自定义工具栏，一般情况下，在程序菜单栏上选择“显示→自定工具栏”，或是直接 Control+ 单击（或鼠标右键单击）工具栏，在弹出的快捷菜单中选择“自定工具栏”，即可对工具栏进行设置，如图 3.5 所示。

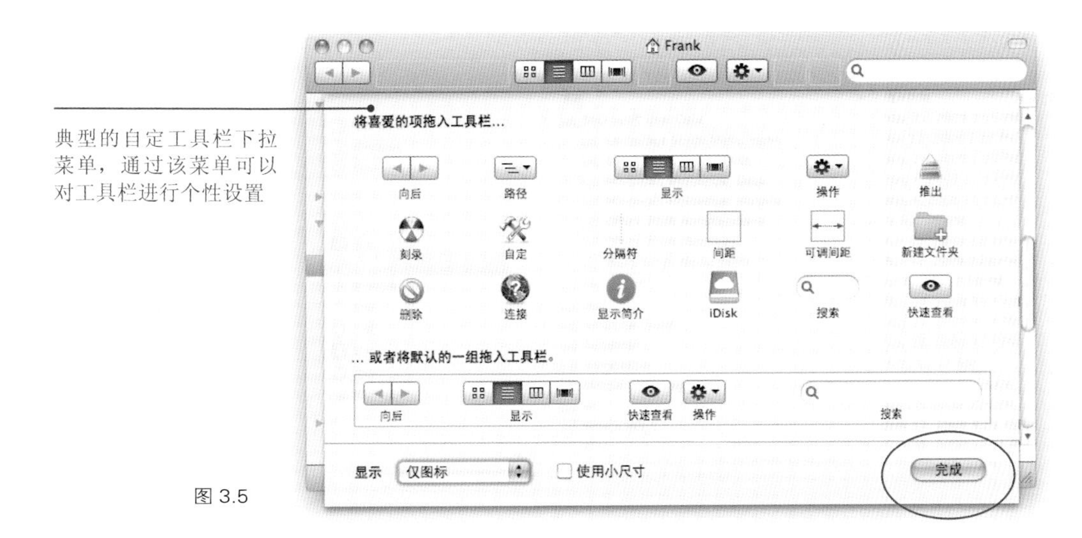

典型的自定工具栏下拉菜单，通过该菜单可以对工具栏进行个性设置

图 3.5

侧边栏或抽拉式窗口

在多数程序的窗口中，其侧面都会有一个侧边栏、抽拉式窗口或其他类似形式的边栏。单击类似边栏上的图标，窗口中会显示该图标中的特定内容，如图 3.6 所示。

在 iTunes 程序的侧边栏上单击选择“iTunes Store”

图 3.6

特殊的文件集合

有些程序中使用了特定的名称以代表一组文件，如 iPhoto 中的“相册”，iTunes 中的“播放列表”，Safari 中的“书签”，Mail 中的“邮箱”和地址簿程序中的“联系人”。系统通过这些特定的文件集合来对文件进行分类和管理。

“打开”和“存储为”对话窗口

在苹果操作系统中，通过“打开”命令打开电脑中存储的文件或是使用“存储为”命令保存文件时，出现的“打开”和“存储为”对话窗口看起来非常相似。

帮助文件

在每个程序菜单栏上名为“帮助”的菜单中，你可以查看针对该程序的帮助文件。单击菜单栏上的“帮助”菜单或按 Command+ 问号键即可打开“帮助”菜单。在帮助菜单上的搜索框中输入关键字后，按回车键，系统会在帮助文件中搜索相关问题的答案，并将搜索结果显示在“帮助”菜单中。

操作按钮和菜单

在多数的程序界面中，单击左侧图中的“操作”按钮可以调出“操作菜单”。根据不同的程序，操作菜单中的内容也各不相同。建议经常单击该按钮以查看可以使用的操作命令。

打印前预览文件

打印文件前，单击打印对话窗口下方的“预览”按钮，启动“预览”程序预览当前打印的文件，以保证文件的打印效果。

搜索功能

几乎任何一个程序都具备搜索功能。搜索框通常显示在程序窗口的右上角，如 iTunes 窗口和如图 3.7 所示的地址簿窗口中的搜索框。根据程序的功能，各个程序所能搜索的内容并不相同。

智能文件夹

多数程序都包含不同版本的“智能文件夹”。智能文件夹可以根据你设定的条件自动更新文件夹内的内容。

即使没有智能文件夹的其他程序也具备与“智能文件夹”相类似的文件夹，如地址簿程序中的“智能组别”可根据条件自动添加符合的联系人信息。iTunes 程序中的智能播放列表可自动更新歌曲以及 Mail 程序中的“智能邮箱”等。

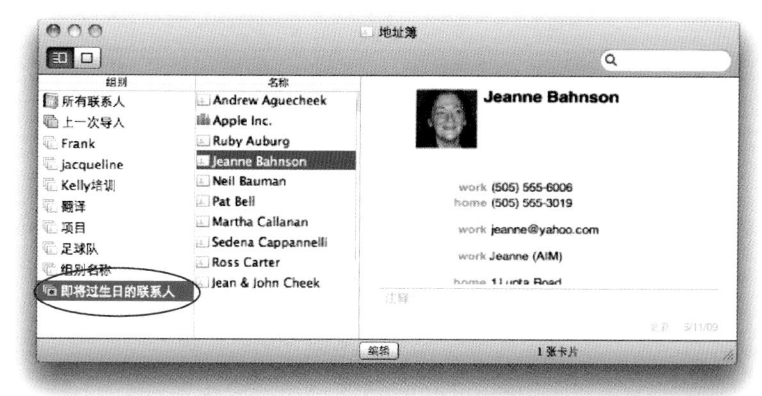

图 3.7

此“智能组别”自动列出地址簿中即将过生日的联系人。iCal 程序可以自动将联系人的生日信息添加到日历中

4

课程目标

- 学会打开微软的 Word 文档及将文本文件保存为 Word 文档
- 查找和替换字词的方法
- 创建自定格式以快速格式化文档
- 善用单词联想输入功能
- 启用智能引号（中文引号）
- 熟悉制表位和段落缩进
- 创建列表和简单的表格
- 创建网页或电子邮件的活链接
- 选择不相连的文本
- 打印页面编号

第4课

文本编辑程序
——文字处理工作的好帮手

虽然文本编辑程序仅是苹果操作系统中的一个小程序，但其文字处理的功能相当强大，可用来进行各种的文字编辑工作，如记备忘录、撰写信件、创作小说，或用来写日记，记录购物清单等其他类型的文字处理工作。通过文本编辑程序，你可以创建图表和自动编号的项目符号和编号列表，为文本加入阴影，插入图片，寻找和替换文本等。当然这个小程序还无法与苹果公司出品的 Pages 程序或 MarinerWrite 程序以及新推出的 Pagehand 程序相提并论，无法实现这些强大文字处理工具可实现的某些功能，但却完全可以满足大多数文字工作的需要。

文本编辑程序保存在“应用程序”文件夹中，如需要经常使用该程序，可将其图标添加到 Dock 上。

如果你从没使用过任何文字处理工具，不知道该如何输入文本、选择、格式化文本，如何对文字进行剪切，粘贴和复制等操作，建议先阅读《苹果 Mac OS X 10.6 Snow Leopard 入门必读》（由人民邮电出版社出版）中的相关内容。本课假定你已经掌握了文字处理程序的基础知识。

4.1 阅读微软公司的 Word 格式文档

工作中收到其他人发送过来的 Word 格式文档，但你却不想在苹果电脑中安装任何微软公司的软件？其实苹果电脑中的文本编辑程序不但能够打开 Word 格式的文档（以下简称“Word 文档”），还可以将文本文件保存为 Word 文档，虽然在打开或保存的过程中，Word 文档的一些高级功能可能无法正常显示，但完全可以应付基本的文本浏览需求，包括正常显示文档中的简单图表或带项目符号和编号的列表。

如果电脑中没有安装微软的 Word 软件，双击打开一个 Word 文档时（Word 文档的文件扩展名通常为 .doc），系统会默认使用文本编辑程序打开该文档。

如果系统默认不是使用文本编辑程序打开 Word 文档，你可以将 Word 文档拖放在文本编辑程序的图标上，手动使用文本编辑程序打开 Word 文档。

如果文本编辑程序的图标没有显示在 Dock 上，可以在电脑的“应用程序”文件夹中找到该程序。如果需要经常使用该程序，可以将其图标添加到 Dock 上。

4.1.1 设定默认打开 Word 文档的程序

如果苹果电脑中已经安装了微软公司出品的苹果版本的 Word 程序，并希望将 Word 程序，而不是文本编辑程序设定为打开 Word 文档的默认程序，可以按照以下方法更改打开文件的默认程序。

1 Control+ 单击（或右键单击）Word 文档图标，弹出快捷菜单。

2 按住键盘上的 Option 键，此时快捷菜单上“打开方式”命令变为“总是以此方式打开”。

3 选择“总是以此方式打开”命令，如果电脑中已经安装了 Word 软件，Word 程序名称会显示在弹出的菜单列表中。或是在菜单列表中，选择“其他”，然后选择默认用来打开 Word 文档的应用程序，如图 4.1 所示。

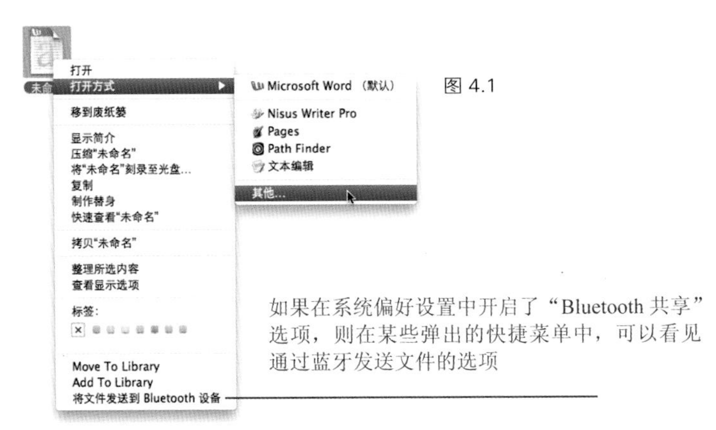

图 4.1

如果在系统偏好设置中开启了“Bluetooth 共享”选项，则在某些弹出的快捷菜单中，可以看见通过蓝牙发送文件的选项。

4.1.2　将文本文件保存为 Word 文档

在苹果系统中，通过文本编辑程序可以将任何文本保存为 Word 文档，以方便与其他人进行分享。

将文本文件保存为 Word 文档

1　在文本编辑程序的菜单栏上选择“文件→存储为”。

2　在打开的“存储为”窗口中，从窗口下方“文件格式”的下拉菜单中选择“Word 2007 格式（.docx）”，将文件存储为 Word 文档，系统自动为该文件添加代表 Word 格式的扩展名 .docx，如图 4.2 所示。

此外，在文件格式的下拉菜单中，可以选择将文件存储为其他格式的文档。请记住这些可以存储的格式，以便将来使用。

如果看不到文件名称后的扩展名，则可以通过设置显示文件的扩展名。如果在对话窗口中已经勾选了“隐藏扩展名”的选项，可以单击该选项前的复选框取消选择以在窗口中重新显示文件的扩展名。

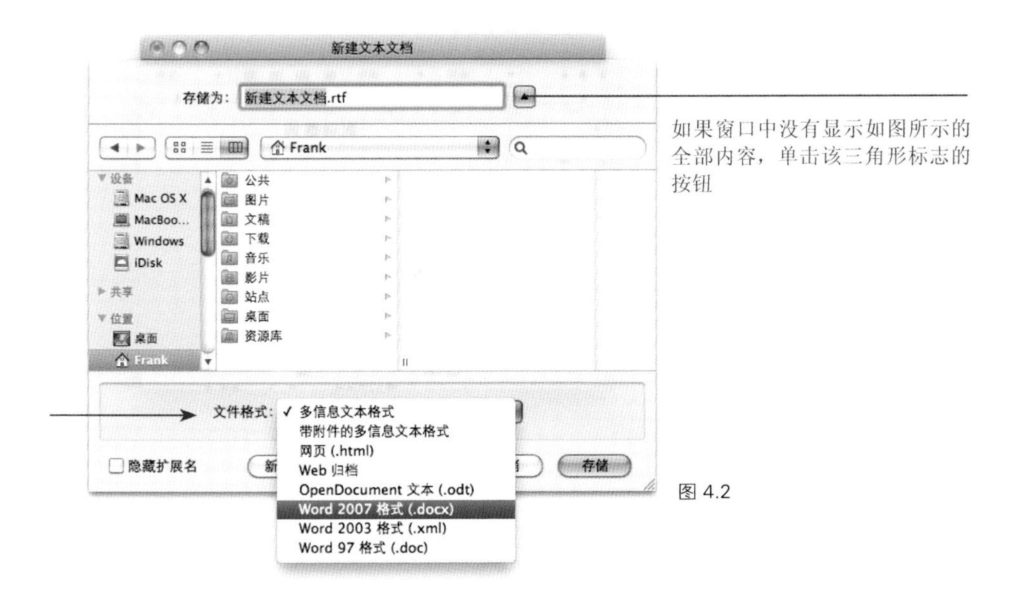

图 4.2

4.1.3 将文本文件保存为 PDF 文档

在文本编辑程序的菜单栏上选择“文件→打印”，然后单击“PDF”按钮，在弹出的菜单中，选择“存储为 PDF”。

4.2 查找和替换字词

你是否曾创作了一部小说，并用你热恋男友的名字——Peter 作为小说男主角的名字？但是 Peter 现在离你而去，你希望将男主角的名字改为 Heathcliff？没有问题。

1 在文本编辑程序的菜单栏上选择“编辑→查找”或按 Command+F 键。

2 “查找”“Peter”，然后将其都“替换”成“Heathcliff”，如图 4.3 所示。

图 4.3

如果打开的文本中包含有大量的文字内容，那么你最好花些时间了解一下以下介绍的“查找”窗口中选项的用法。

替换操作

单击“替换”按钮，仅替换当前所选的文字内容。单击“全部替换”按钮，将替换整个文本中需要替换的内容。按住键盘上的 Option 键，单击“所选内容”按钮（仅当按下 Option 键时，才会出现该按钮），仅替换当前所选文本段落中需要替换的内容。

同时选择的操作（仅选择需要替换的文字，而不进行替换操作）

按住键盘上的 Control 键，则“全部替换”按钮变为“全选”按钮，单击该按钮以选择文本中所有需要替换的文字内容。

同时按住键盘上的 Control+Option 键，则“全部替换”按钮变为“所选内容”按钮，单击该按钮，在当前所选文本段落中选择所有需要替换的文字内容。

4.3 粘贴并匹配样式

这是我最喜爱的一项技巧。假设你在写论文时，从网页上复制了一段文字（当然是指合法引用）粘贴到你的论文中，通常粘贴的内容会保持复制时文字的原有格式，如字体、字号和文字颜色等。而当你将复制的文字粘贴到论文时，则希望粘贴的内容能与当前论文的格式保持一致，此时可以通过“粘贴并匹配样式”命令达到这个目的。

在文本编辑程序菜单栏上，选择“编辑→粘贴并匹配样式”，或者按 Shift+Option+ Command+V 键。

粘贴的文字会自动根据鼠标插入点左侧的文字格式而改变，以适合整个文档。该方法同样适用于 Mail 程序。

4.4　轻松应用个人喜爱的文本样式

与其他大型文字处理工具程序不同，文本编辑程序没有提供大量的文本样式，但你可以创建个人喜爱的文本格式样板，通过样板快速格式化文本，让文字编辑工作变得轻松。一个文本格式样板中包含了文本的各种格式，如字体、字号、文字颜色和文字缩进等内容。通过该样板，只需点几下鼠标即可将所选的文本快速格式化为所需的文本格式。

文本格式样板保存在文本编辑程序中，而不是在单个文档中，所以可以在多个文档中采用同一个文本格式样板。

创建个人喜爱的文本样式

1　在文本编辑程序中，任意输入一些文字，然后按照个人喜好，设置文本的字体、字号、文字颜色、行距和缩进等文本格式。

2　设置完成后，单击该段文本中任意位置。

3　在当前窗口的工具栏上单击“样式”，在其下拉菜单中，选择“其他”。

4　单击“添加到喜爱的样式”按钮。

5　为该文本样式命名，设定其他选项后，单击“添加”按钮。

选择需要更改样式的文本，然后在窗口的工具栏上单击“样式”，在其下拉菜单中，选择需要调用的文本样式，则所选文本的样式会自动替换为所选文本样式的格式。

4.5　单词联想输入功能

如下图所示，在输入英文单词时，只需输入单词的前几个字母，然后在文本编辑程序的菜单栏上选择“编辑→联想”，系统会自动给出可能的单词列表。另外，系统会自动记忆你曾经输入过的单词，在下次输入时，系统会将记忆的单词列在列表中供你选择。经常输入的单词显示在列表的最上方。

1 如果不确定单词的拼写或输入的单词过长，只需输入单词开始的字母。

2 在菜单栏上选择“编辑→联想”，或按 Option+Esc 键（Esc 键位于键盘的左上角），弹出如图 4.4 所示的列表。

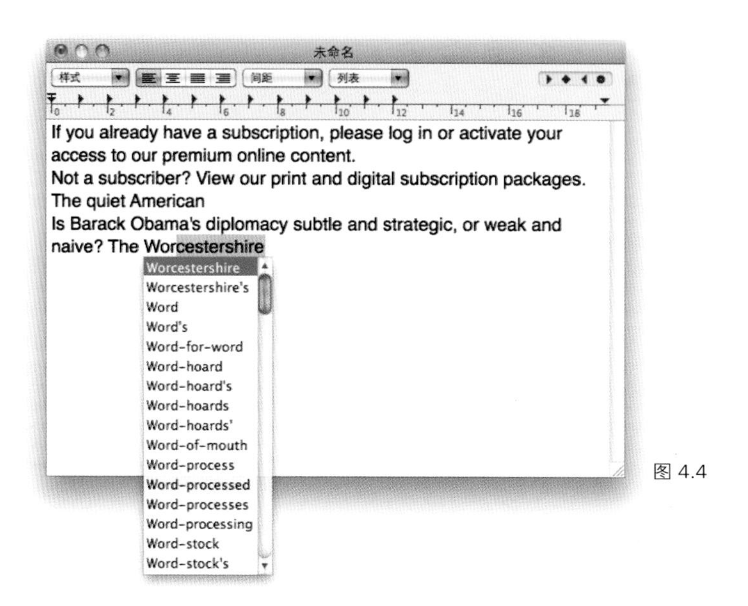

图 4.4

3 如果列表中第一位高亮显示的正是所需的单词，按回车键即可。如果高亮显示的不是所需单词，按向下的箭头键（或拖动滚动条）选择所需的单词，然后按回车键或点击所需单词即可。

4.6 智能引号

文本编辑程序可以自动输入智能引号，即中文格式的双引号，而非英文格式的双引号。

打字机效果的引号	智能引号
It's "Baby Doll."	It’s “Baby Doll.”

在 3 个位置中可以启用或关闭“智能引号”输入功能：在文本编辑程序的偏好设置中，通过以下介绍的方法启用或关闭程序的“智能引号”输入功能，或无论当前程序是否启用了该功能，在编辑文档时，都可以通过“编辑”菜单或快捷菜单中的命令启用该功能。

启用文本编辑程序的智能引号输入功能，适用于该程序创建的所有新文档

1　在文本编辑程序的菜单栏上选择“文本编辑→偏好设置”。

2　如果窗口中的“新建文稿”标签没有蓝色高亮显示，先单击选择“新建文稿”标签。

3　在该标签中，勾选“智能引号”选项。

仅在编辑文本需要时，启用或关闭“智能引号”输入功能

1　在文本编辑程序的菜单栏上选择“编辑→替换”。

2　在“替换”命令的子菜单中，单击“智能引号”。选项前的勾选表明该选项处于启用状态，若没有勾选，表明该选项已经关闭。

3　或者在文档中，Control+ 单击（或右键单击）任意区域，在弹出的快捷菜单中选择“替换→智能引号”。

为什么还需要关闭“智能引号”输入功能呢？因为在输入某些文本时不需要使用智能引号，如在输入身高时，我的身高是 5'8", 而不应该写成 5’8”。

4.7　制表位和段落缩进

文本编辑程序中的制表位和段落缩进图标的功能与其他的文字处理程序中的一样。将制表位图标从制表位选择框中拖放到标尺上以使用该制表位，将其从标尺上拖出，取消该制表位。拖动图 4.5 所示的缩进图标设定段落首行缩进和文本左右边缘的缩进。

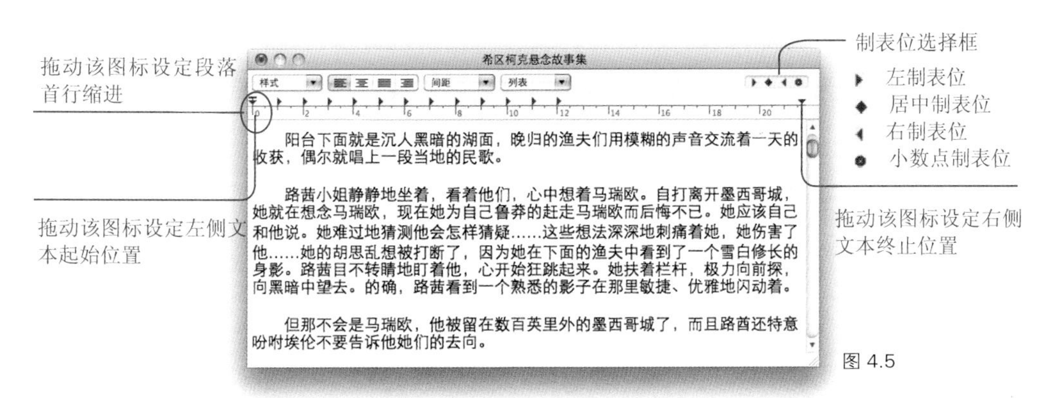

图 4.5

制表位和段落缩进使用示例

以下是通过制表位和段落缩进创建某种格式文本的举例说明。注意，设置制表位时，首先将选择的制表位拖放到标尺上，按键盘上的 Tab 键后再输入文字。设定制表位后，拖动制表位则文本会随之移动。移动制表位前务必先选择需要移动的文本！

请参看图 4.6 中的文字和图中红圈所示的设置即可创建图中的文本格式。制表位仅适用于选定的段落。在苹果操作系统中，仅需单击某段落中的任一位置即可选择整个段落。按住鼠标左键，拖动覆盖多个段落的文本选择多个段落，如图 4.6 所示。

该图显示的是常用的设置。乍看起来感觉有点复杂，但如果你看到这样规范的文本格式，一定想知道如何设置才可以创建这样的文本格式

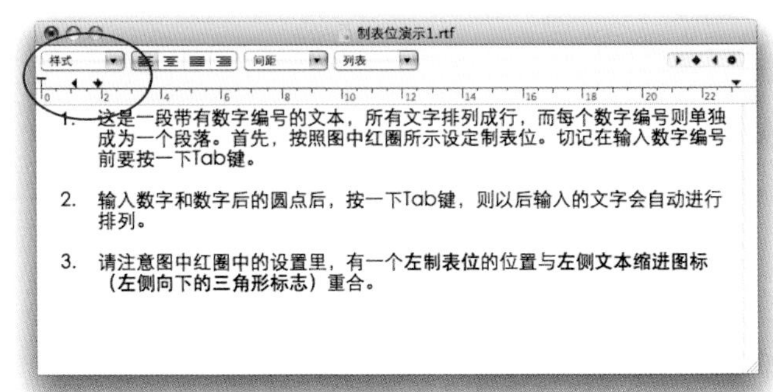

该图中一个段落的左右两侧都设置了单独的缩进

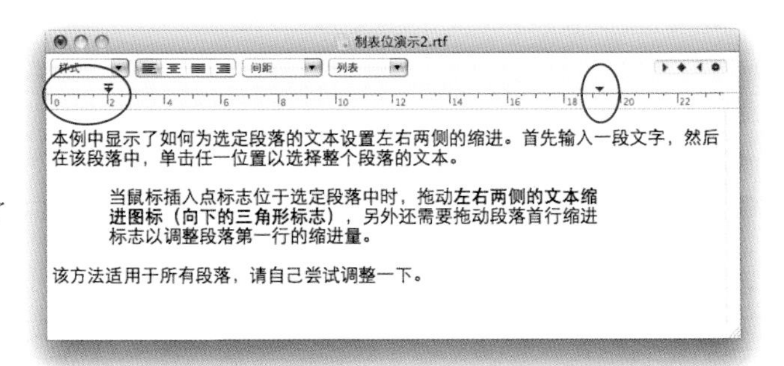

该段落的首行向前缩进

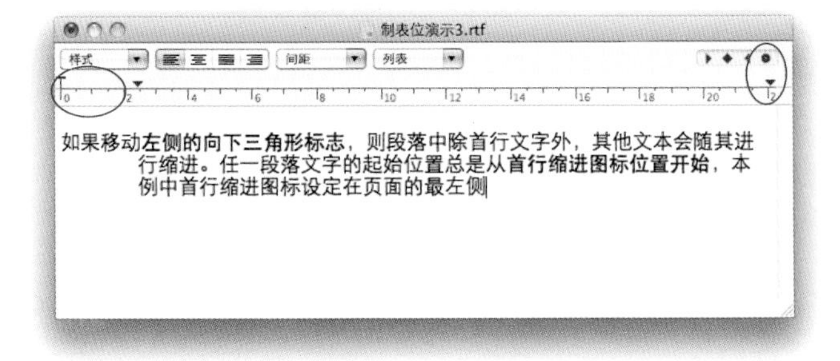

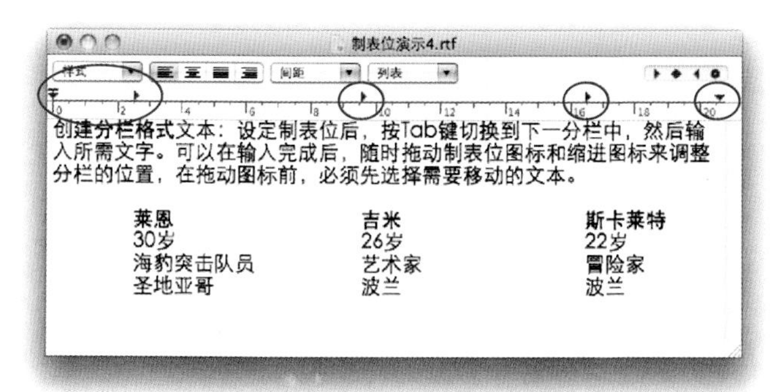

图 4.6

轻松创建分栏格式文本。注意每次需按一下 Tab 键以切换到下一分栏位置进行输入

4.8　创建项目编号列表

如果需要创建项目清单，文本编辑程序可以自动为项目添加数字编号、大写字母或小写字母等其他格式的项目符号，而且当删除列表中的某项目时，文本编辑程序还会自动更新其他项目的编号。

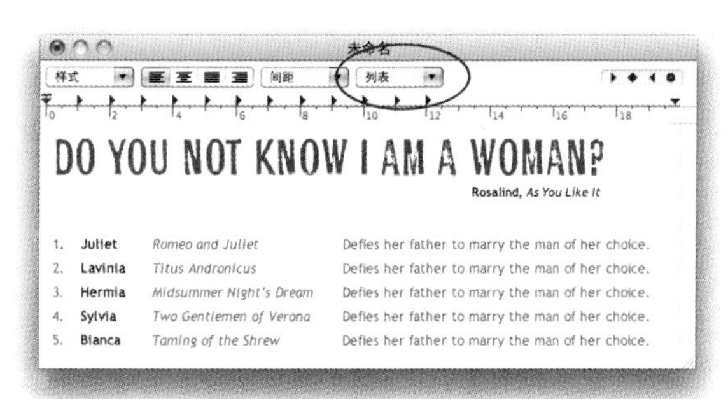

图 4.7

单击图 4.7 中红圈所示的“列表”选项，在其下拉菜单中，选择数字编号形式，则文本编辑程序会自动为以下所列项目进行编号。

如果在单击“列表”选项前，已经选择了文本，则选择某一编号形式后，系统会自动为所选文本添加项目编号。并且，当继续输入文本时，每按一下回车键，文本编辑程序自动为回车后输入的文本添加一个项目编号。

如果没有选择任何文本，则单击“列表”选项，在其下拉菜单中，选择数字编号形式后，当前鼠标插入点标志的位置既是项目编号开始的位置，此时再输入的文本会自动变成带编号的列表格式。这对于创建一个新的列表来说是非常方便的。只需确定鼠标插入点标志位于所需列表的开始位置，然后在文本编辑程序的工具栏中单击“列表”选项，在其下拉菜单中选择所需的编号形式，直接输入文字即可。

在“列表”的下拉菜单中，选择“其他”可以根据需要设定所需编号形式。

当列表项目输入结束时，按回车键两次停止项目编号，开始输入正常格式的文本。

单击列表项目中的文本，然后在“列表”下拉菜单中选择“无”，删除该项目前的编号。

在列表项目输入时，Control+ 单击（或右键单击）列表中的任意位置，在弹出的快捷菜单中选择“列表”可快速打开列表的设定界面。

4.9 制作表格

文本编辑程序具备制作简单表格的功能，正是因为由于有了该功能，你通过文本编辑程序浏览 Word 文档时，才可以兼容显示 Word 文档中的表格。

制作表格

1 将鼠标插入点标志设定在所需位置。

2 在文本编辑程序的菜单栏上选择“格式→表格”。

3 出现如图 4.8 所示的表格设置菜单，你可根据需要设定表格的行数和栏数，表格中文本的对齐方式（在“对齐”方式选择框中，单击排列方式的图标）等其他相关设置。你可自己试着调整以熟悉各个选项。

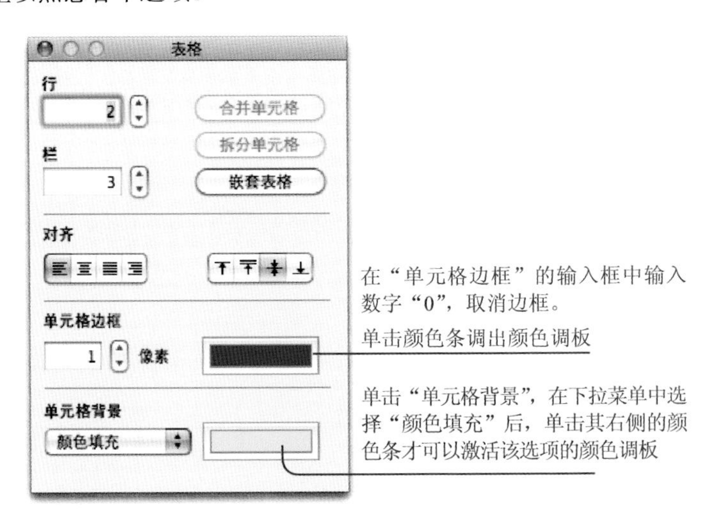

图 4.8

在单元格中输入文字时，单元格会自动向下扩展以适应文字的长度。

更改单元格中文本格式的方法同使用文本编辑程序编辑其他文本的方法一样：先选择文本，接下来从菜单或字体库中选择所需的文本格式。

4 鼠标指针移动到单元格的边缘，待鼠标指针变成双向箭头标志后，拖动鼠标可调整单元格的大小。

4.10 创建网页和电子邮件活链接

文本编辑程序可以轻松创建网页或电子邮件的链接，单击文本中的网页活链接，系统自动启动 Safari 浏览器，并登录该链接所代表的网页。而当单击文本中的电子邮件链接时，系统自动打开电子邮件程序，并添加对应的收件人信息。

即便将文本转换成 PDF 格式文档，活链接依然有效。

输入网页地址自动创建链接

1 在菜单栏上选择“编辑→替换”。

2 在“替换”的子菜单中选择“智能链接”。如果该选项前显示有勾选标志，说明该选项已经启用。或者 Control+ 单击文本，在弹出的快捷菜单中选择“替换→智能链接”。

3 在文本输入栏中输入网页地址，输入时需包含地址前的“www”，如果地址中不包含“www”，则必须要输入“http://”。输入时，文本编辑程序自动识别链接，并在链接下添加下划线作为标识。

此外，文本编辑程序还可以使用文字代替链接，例如可创建如下格式的文本：“请访问 Mary Sidney 的网站”，单击文字“Mary Sidney”就可以直接访问其所代表的网页 MarySidney.com。或者使用“给我发送电子邮件”来代替真正的电子邮件链接。使用文字代替链接需要通过手动方式进行创建。

手动创建文字格式的网页链接

1 输入用来代替链接的任意文字内容。

2 选择刚输入的文字。

3 在菜单栏上选择“编辑→添加链接”。

4 在弹出的“链接目的地址”窗口中输入链接地址，注意，务必输入链接地址开始部分的 http://。

5 单击“好”按钮完成设置。

手动创建文字格式的电子邮件链接

1　输入用来代替电子邮件链接的任意文字内容。

2　选择刚输入的文字。

3　在文本编辑程序的菜单栏上选择“编辑→添加链接”。

4　在弹出的“链接目的地址”窗口中输入“mailto：”（仅输入引号内的内容，注意冒号为半角字符）。

5　接下来紧接冒号输入完整的电子邮件地址，如 mailto:yuansu101@gmail.com。

6　单击“好”按钮完成设置。

4.11　选择不相连的文本

“选择不相连文本”功能允许你选择位置不相邻的多个文本段落，便于你对选择的内容同时进行格式化、复制、粘贴和删除等操作。

选择不相连的文本

1　点按鼠标并拖动选择一段文本。

2　按住键盘上的 Command 键，点按鼠标并继续拖动选择其他不相连的文本，如图 4.9 所示。

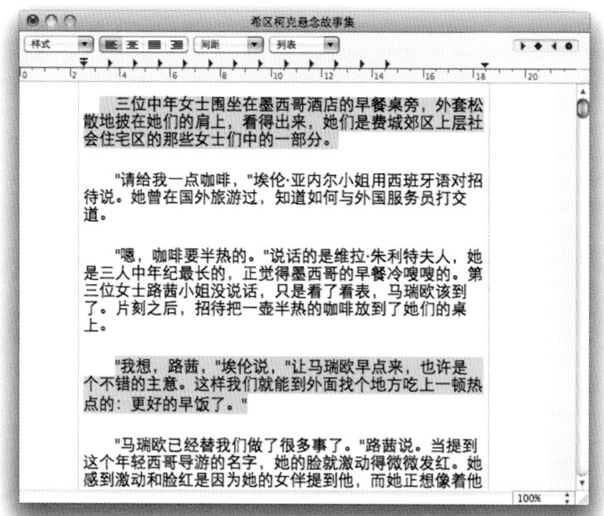

选择多个不相连的文本

图 4.9

4.12　打印自动页面编号

使用文本编辑程序打印文本时，你可以为打印的文本添加页面自动编号（预览时，屏幕上不显示该编号），在页面左上角打印文本名称（包括文件名称的扩展名，如 .rtf）。在页面右上角添加文本打印的日期和时间，以及在右下角上打印“第几页（总页数）”的信息。你只能选择打印以上全部信息或全部不打印，无法选择打印部分信息。

打印自动页面编号等其他信息：在文本编辑程序界面中按 Command+P 键（或在菜单栏上选择“文件→打印”）打开如图 4.10 所示的打印对话窗口，确认当前窗口中选择的程序为“文本编辑”后，勾选“打印页眉和页脚”选项。

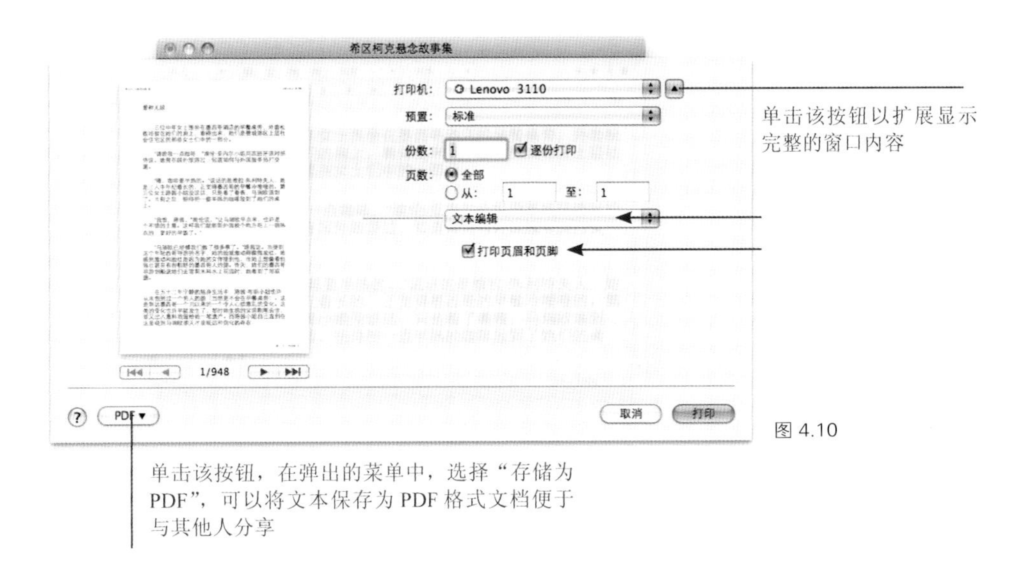

图 4.10

4.13　自动拼写检查功能

启用文本编辑程序的“自动纠正拼写”功能后，程序可以在你输入文本时，自动更正输入错误的单词拼写。打开文本编辑程序的偏好设置界面，选择“新建文稿”标签，在该标签的下方勾选“自动纠正拼写”选项，即可启用该功能。

4.14　数据检测器

在以上内容中，我们已经介绍过文本编辑程序“替换”菜单中包含的多个命令，如智能拷

贝 / 粘贴、智能引号和智能链接。数据检测器也是该菜单中的一个命令，该功能类似智能链接，但是通过该功能，你可以和文本中的特定内容进行互动。将鼠标停放在文本中的街道地址或电话号码等数据上时，鼠标指针自动变成一个数据检测器，相关数据如街道地址（或电话号码等）的四周出现一个选取框，单击选取框末尾的三角按钮，弹出带有多个选项（如创建新的联系人、添加到现有联系人、显示地图（仅适用于美国地址）和放大显示等选项）的快捷菜单，如图 4.11 所示。

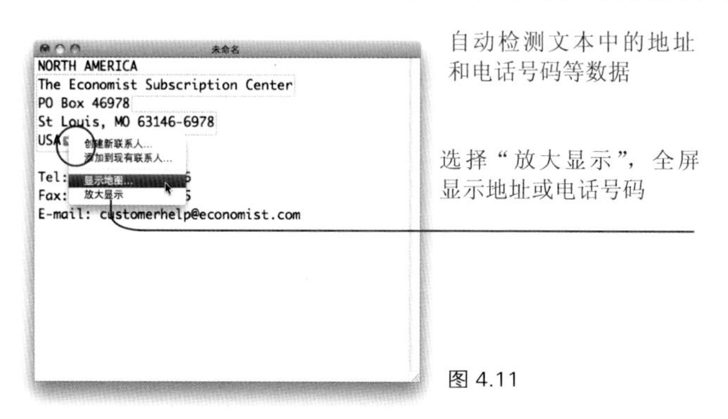

图 4.11

启用数据检测器功能 在菜单栏上选择“编辑→替换”，在弹出的子菜单中查看该菜单中的选项，如果选项前已经有对号勾选，说明该功能已经启动，再次单击该选项取消勾选，关闭该功能。

在文档中，右键单击任意空白区域，弹出如下图所示的快捷菜单。在该菜单中选择“替换→数据检测器”，或者在菜单栏上选择“编辑→替换→数据检测器”，如图 4.12 所示。

该快捷菜单中还显示有“转换”选项。

按住键盘上的 Control 键，单击选定的文本，在弹出的快捷菜单中选择“转换”，然后再在其子菜单中根据情况选择“变为大写”、“变为小写”或“首字母大写”。同样，在菜单栏上的“编辑”菜单中也可以选择同样的选项。

图 4.12

4.15　显示“替换”窗口

在菜单栏上选择“编辑→替换”，或按住键盘上的 Control+ 单击文本，在弹出的快捷菜单中选择同样选项打开“替换”窗口，“替换”窗口浮动显示在屏幕上，方便你进行选择。

“替换”窗口中提供了关于“智能引号”的更多选项，方便为不同语言选择对应的引号形式，如图 4.13 所示。

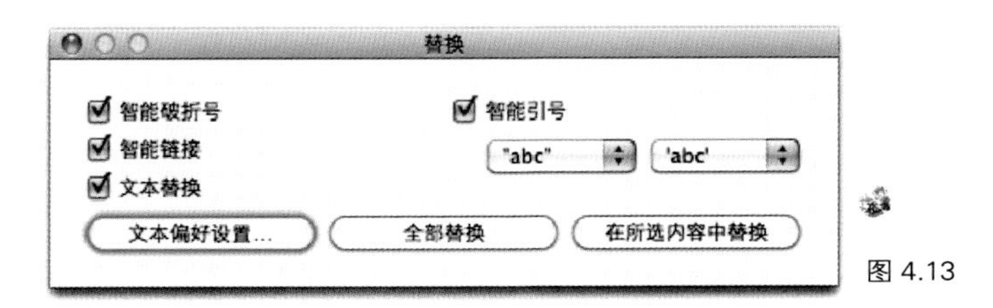

图 4.13

该窗口中同样提供了“文本替换”选项。选择该选项后，你可以很方便地输入印刷用的符号和标识，而不必记忆特殊的键盘输入组合。例如，输入版权标志 (©) 时，只需输入（c），然后按空格键或回车键，系统会自动将其替换成正确的印刷格式。而输入分数时，只需输入 7/8，然后按空格键或回车键即会自动转换为正确格式。

单击上图中的“文本偏好设置”按钮，打开“语言与文本”设置窗口，在“符号和文本替换”列表中，勾选需要替换的项目。拖动列表左侧的滑动条可查看全部列表内容。单击列表下方的“加号（+）”按钮，自定义替换项目：在左侧的文本输入框中输入缩写，接下来在右侧输入该缩写代表的完整字词或句子。设置完成后，以后可以直接输入缩写，然后按空格键，系统自动用设定的内容进行替换。

4.16　更多技巧和注意事项

标尺　如果界面中没有显示标尺，按 Command+R 键以显示标尺。在不显示标尺的情况下，你无法进行制表位、缩进和页面边缘的设置。

格式化　如果无法对文本进行格式设置，需要先在文本编辑程序的菜单栏上选择“格式→制作多信息文本”。

按页面换行　如果不希望文字排满整个文本窗口，可以在菜单栏上，选择“格式→按页面换行”。

如果打印的文本过小　可以在菜单栏上选择“格式”菜单，然后单击“按窗口换行”，将其改成“按页面换行”。

5

课程目标

- 设置 Mail 的邮箱账户
- 阅读和发送电子邮件
- 过滤收件箱中的垃圾邮件
- 通过邮箱和智能邮箱管理电子邮件
- 通过搜索功能和邮箱规则查找和管理电子邮件
- 使用个人签名个性化电子邮件
- 创建代办事项，并将其添加到 iCal 程序中
- 使用备忘录记录个人的想法和灵感

第5课

Mail 程序

——电子邮件、备忘录、待办事项，一个都不能少

苹果操作系统中用来发送和接收电子邮件的程序为“Mail”程序。Mail 程序具备多账户管理功能，如支持同时查收所有邮箱账户的电子邮件，或选择任一邮箱账户来发送电子邮件。

特别值得一提的是，利用 Mail 程序的“信纸”功能可以轻松创建带有特殊字体、图片、设计精美的 HTML 格式电子邮件。

善用 Mail 的备忘录和创建待办事项功能。这些功能可以与 iCal 程序整合使用，从而让其变得更加实用。

由于“Snow Leopard”操作系统已经可以无缝支持 Microsoft Exchange Server 2007，这对于在工作中需要使用 Windows 操作系统的用户来说，通过苹果系统中的程序（Mail、iCal 和地址簿程序）就可以直接访问 Exchange 服务器的内容，如电子邮件、日历和全球地址列表等信息。

5.1 邮件账户设置向导

如果在全新安装操作系统后，第一次进入系统，没有为 Mail 设置电子邮箱账户。那么可以根据以下指导轻松添加账户。如果系统中已经设置了邮箱账户，可以略过以下内容。

1 在 Mail 程序的菜单栏上选择“文件→添加账户”。

2 如下图所示。如果使用的是 Mobileme 账户，只需在该窗口中相应位置上输入 Mobileme 账户名称和密码，系统即会自动完成剩下的设置。设置完成后，添加的账户显示在 Mail 程序的侧边栏上。Mobileme 账户的用户除了需要浏览一下关于 SMTP 设定的内容以外，可以略过以下的其他设置内容。

如果你使用的不是 Mobileme 账户，请在该设置界面中输入所需信息，然后单击“继续”按钮，如图 5.1 所示。

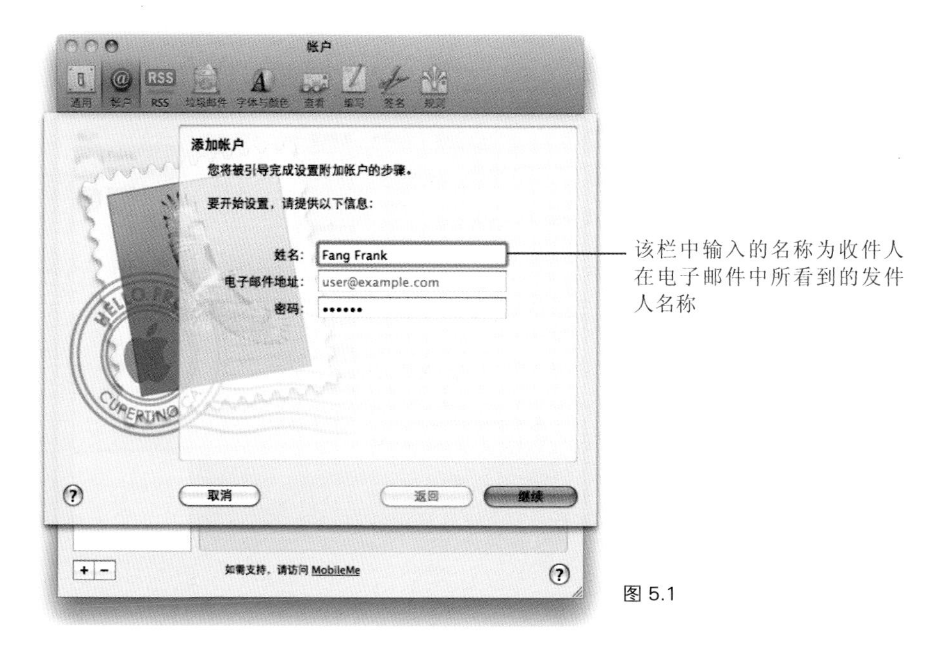

图 5.1

3 在以下的设置界面中，需要填写关于邮箱账户的技术信息，如果不清楚自己账户的类型，请咨询提供邮件服务的网络运营商。关于账户的类型，总的来说有以下 3 种类型。

POP 账户：网络运营商提供的邮箱账户或自己付费购买域名后，该域名提供的邮箱账户（无论该域名是否存在真正的网页内容），此类账户为 POP 类型账户，常见的电子邮件账户都是该类型账户。

IMAP 账户：如果你可以在多个不同电脑中使用该账户并总是可以查看到自己的邮件，则该账户可能为 IMAP 类型的邮箱账户。该类型账户通常为付费账户或在大公司的局域网中使用（但你也可以咨询一下你的网络运营商，因为多数的 POP 类型账户都可以设置成为 IMAP 类型账户）。

Exchange 账户：如果公司使用的是 Microsoft Exchange Server，而且管理员设置为允许 IMAP 账户访问，则此邮箱账户为 Exchange 类型账户，具体设置方法请咨询网络管理员。

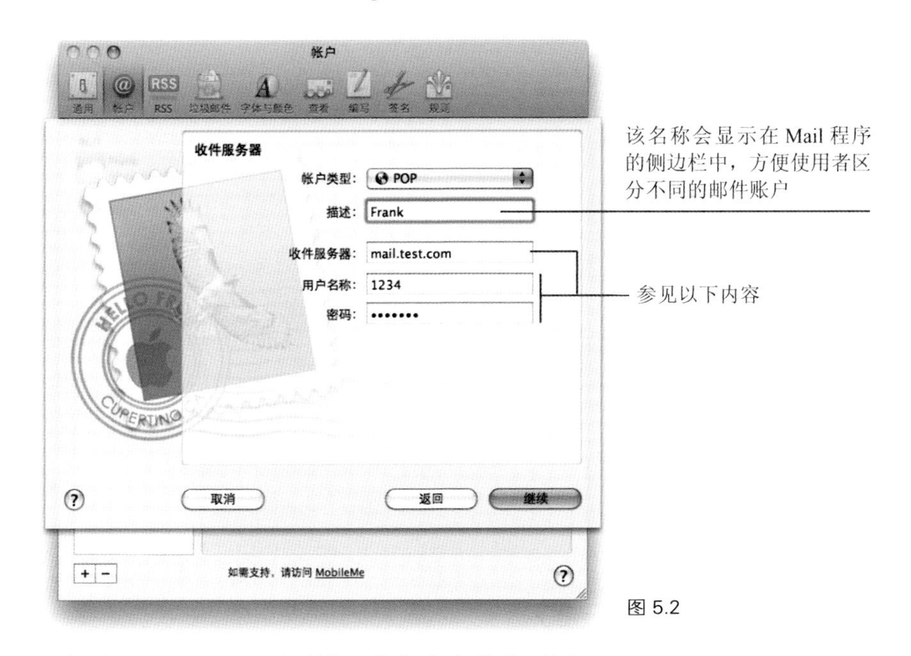

图 5.2

根据账户类型的不同，设置所需填写的信息也稍许不同。

例如，如果邮箱账户为 POP 账户，则需要填写“收件服务器”的信息，该信息的格式通常为“pop.example.com”或“mail.example.com”。其中的 example.com 为举例说明，实际填写时，需填写自己邮箱账户对应的信息。比如，我邮件账户的收件服务器设置中填写的就是“mail.TheShakespearPapers.com”。如果不确定该如何填写，请参考电子邮件服务提供商的网上帮助或直接电话进行咨询。

如果使用的账户是基于网页的电子邮件账户，如 Hotmail、Gmail、AOL 和雅虎等账户，则设置起来要复杂一些，但也不是很难，只需要首先知道一些所需信息。因为该类型账户的设置信息经常会发生一些变化，所以建议登录 http://www.EmailAddressManager.com，单击“Mail server settings”链接查看自己账户的收件、发件服务器和接收端口的设置信息。

POP 类型账户的用户名称可能与电子邮件的名称不同。通常情况下，POP 类型账户的用户名称是一个完整的电子邮件地址，但也可能是完全不相同的一个名称。如果系统提示你的电子邮件地址出现错误，请咨询提供服务的运营商。

输入邮件服务商提供的密码，或是自己选择账户时设置的密码，然后单击“继续”按钮，如图 5.3 所示。

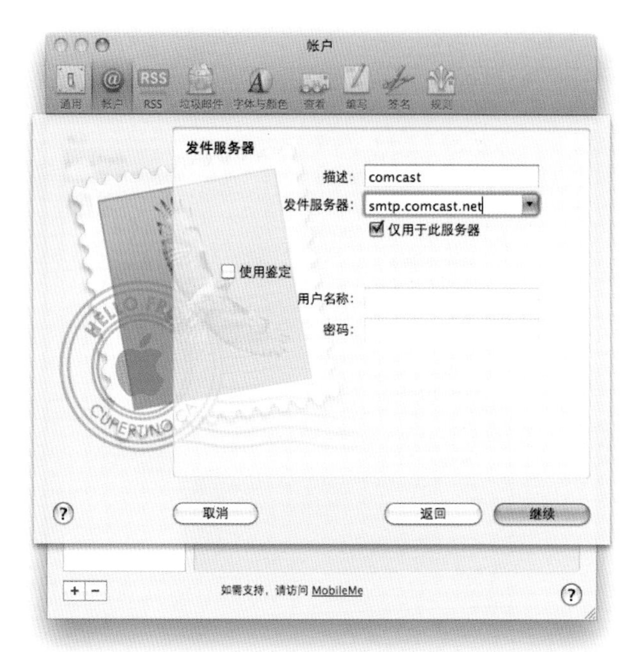

图 5.3

4 接下来是填写发件服务器（SMTP）的设置信息。如果你使用的是 Mobileme 账户，系统会自动填写 Mobileme 账户的 SMTP 信息。然而，我发现使用中最稳定的发件服务器是提供因特网服务的运营商，即你交付上网费用公司的服务器。比如，如果你使用的是 Comcast 公司的网络，那么你最好在发件服务器中，填写该公司的发件服务器地址“smtp.comcast.net”。

在“描述”文本框中，输入用来代表该发件服务器的名称，以便将来可以在菜单中选择该发件服务器。注意输入自己能清楚分辨的名称。

除非你的运营商有特殊的要求，否则无需勾选“使用鉴定”选项和输入用户名称和密码。

5 最后在出现的账户摘要窗口中勾选“使账户在线”选项，然后单击“创建”按钮完成设置。新设置的账户名称会出现在 Mail 程序侧边栏上的“收件箱”列表中。

添加新账户或编辑已有账户

在 Mail 程序的偏好设置中，你可以随时添加新的邮箱账户或对已有账户进行修改。

1　在 Mail 程序的菜单栏上选择“Mail → 偏好设置”。

2　在设置界面中单击工具栏上的“账户”图标。

3　添加新账户：单击账户选项卡下方的“加号”（+）按钮，然后填写新账户的相关信息。

　编辑已有账户：在窗口列表中选择需要修改的账户名称，然后在右侧窗口中修改相关信息。

4　设置完成后，关闭设置界面或在工具栏选择其他图标，系统会弹出提示信息询问是否保存所做修改。

5.2　查看 Dock 上的 Mail 图标

在 Dock 上，当 Mail 程序收到邮件时，Mail 程序图标右上角会显示未读邮件数目。

使用 Mail 工作结束后，无须关闭程序。在 Dock 上单击 Mail 程序图标即可以前台显示 Mail 窗口。

在 Dock 上右键单击（或 Control + 单击）Mail 程序图标，弹出如图 5.4 所示的快捷菜单。可以在该菜单中选择如“编写新邮件”等常用的操作选项。另外，在 Mail 菜单栏上的“文件”菜单中也可以选择同样的选项。

在 Dock 上点按（在项目上按住鼠标左键不放）Mail 程序图标，弹出如图 5.5 所示的快捷菜单，该菜单中包含有“退出”、“隐藏”和“在 Dock 中保留”等选项。

根据程序是否启动，其菜单的形状和选项会发生变化。如果程序处于启动状态，则 Dock Expose 功能处于激活状态

图 5.4

图 5.5

5.3 查看和发送邮件

默认情况下，Mail 程序每 5 分钟自动查收电子邮件。当然，前提是你的网络连接时刻保持在线状态。如果你使用的是拨号网络，请打开 Mail 程序的偏好设置（在菜单栏上的“Mail”菜单中），在“通用”选项卡中将“检查新邮件”设置为“手动”。

前面曾经介绍过，当 Mail 接收到新的电子邮件时，Dock 上的 Mail 程序图标上会以红色数字显示未读邮件的数目，方便你了解当前邮件的情况。

查看收到的电子邮件

1 如果你设置了多个邮箱账户，那么在 Mail 程序窗口的侧边栏上可以看见“收件箱”右侧显示有一个三角形标志，单击该标志查看所有的邮箱账户名称，如下图所示。

2 在左侧的侧边栏上单击选择所需的邮箱账户，右侧窗口中会显示该账户所接收到的电子邮件。未读邮件前以蓝色圆点标示。

3 阅读邮件：单击需要查看的电子邮件，邮件的内容显示在右侧窗口的下方。或双击邮件，邮件内容显示在单独的窗口中，如图 5.6 所示。

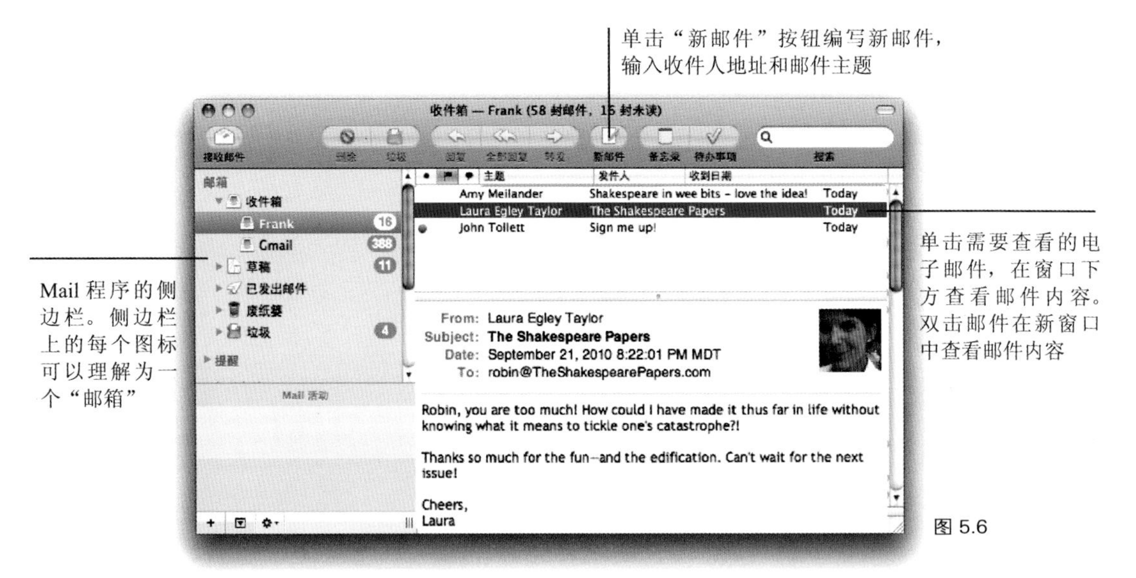

图 5.6

发送电子邮件

1 在 Mail 程序的工具栏上单击“新邮件”按钮，或按 Command+N 键。

2 在“收件人”的文本输入框中，输入收件人的电子邮件地址。

如果地址簿程序中包含收件人的电子邮件地址或曾经给该收件人发送过邮件，则在输入收件人邮件地址时，随着使用者输入地址的前几个字母，系统自动完成地址的输入。如果多个邮件地址有相同的开始字母，则系统自动给出所有可能的地址列表，通过键盘上的方向键选择所需地址后，按回车键，系统自动将该地址填写在收件人位置。

或者在编写新邮件窗口的工具栏上单击“地址”按钮，启动简易版本的地址簿面板。在该面板中，双击联系人的名称，系统自动将该联系人的电子邮件地址填写在收件人位置上。而选择一个联系人名称后，在地址簿面板的工具栏上单击“抄送”或“密送”按钮，将该联系人的电子邮件地址自动填写在“抄送”或“密送”收件人位置上。

3 在“主题”文本框中输入邮件的主题（注意主题内容尽量要明确，不要输入容易让收件人误认为是垃圾邮件的内容，如“Hi”、“你可能想知道的”、“关于昨晚”、“好机会”等）。主题内容尽量要清楚，否则收件人很可能根本不会查看邮件，而直接将邮件当作垃圾邮件删除。

4 在邮件正文输入框中输入邮件内容。Mail 程序会在你输入时自动检查单词拼写，以红色下划线标示拼写错误的单词，并提供正确的拼写建议。通过菜单栏上的“格式”菜单，可以更改邮件文本中的字体、字号和颜色，以及文本对齐方式等。另外，可以使用字体库、颜色调板和拼写检查工具等其他苹果操作系统的通用工具。

5 将需要发送的文件拖放到编写邮件窗口中，即可将该文件添加为邮件附件。

6 邮件编写完成后，在工具栏上单击“发送”按钮开始发送邮件。或者单击“存储为草稿”按钮，将邮件保存在“草稿箱”，留待以后发送。在 Mail 程序的侧边栏上单击“草稿箱”，可查看保存在该邮箱中的邮件。

提示——如果无法对邮件中的文本进行格式化，如改变字体颜色或将字体改为粗体，请先在 Mail 程序菜单栏上的“格式”菜单中，选择“制作多信息文本”。但如果该菜单中的选项是“制作纯文本”，而非“制作多信息文本”，则说明当前文本已经为多信息文本格式，此时如果依然无法使用粗体或斜体字样，可能当前文本所采用的字体中不包含这两种字样，按 Command+T 键打开字体库查看当前字体所包含的字样。

5.4 自定义新邮件编写窗口

在 Mail 程序中，你可轻松自定义新邮件的信头、工具栏或添加和删除各种分栏信息。

添加和删除分栏信息

1 确定 Mail 程序的主界面显示在屏幕前台。

2 在 Mail 程序的菜单栏上选择“显示→栏”，在其子菜单的列表中选择所需的分栏信息。

自定义工具栏

1 在 Mail 程序的菜单栏上选择“显示→自定工具栏”。

2 当自定工具栏窗口打开后，将窗口中所需的按钮拖放添加到工具栏上，或将工具栏上不需要的按钮拖出工具栏以删除该按钮，左右拖动工具栏上的按钮以调整按钮排列顺序。

按住键盘上的 Command 键，可在不打开自定工具栏的情况下，直接拖动调整工具栏上按钮的排列顺序，或将按钮拖出工具栏以删除按钮。

自定义邮件信头

1 打开编写新邮件窗口（在 Mail 程序的工具栏上单击“新邮件”按钮）。

2 单击图 5.7 红圈中所示的“操作”按钮，在弹出的菜单中选择“自定”，出现如图 5.8 所示界面。

3 勾选希望在邮件中显示的项目。单击“好”按钮完成设置。

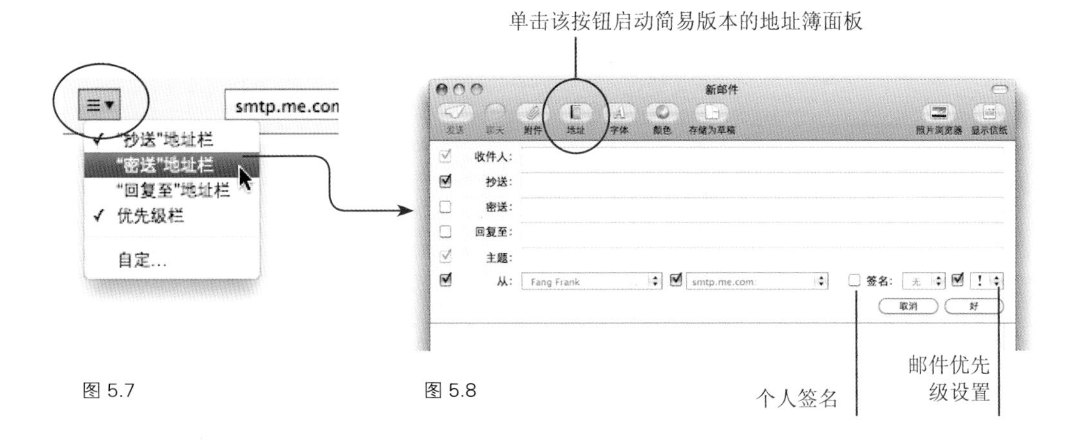

图 5.7　　图 5.8

5.5 屏蔽垃圾邮件

当你打开部分垃圾邮件时，垃圾邮件会自动向发件人发送隐秘邮件，从而这些卑鄙无耻的发件人可以得知你的电子邮件地址。为防止这种情况发生，你隐藏邮件内容查看窗口，则再单击垃圾邮件时，系统不会自动打开垃圾邮件，将其内容显示在查看窗口中。在隐藏邮件内容查看窗口的情况下，如需查看邮件内容，可双击任一邮件，系统会以单独窗口显示邮件的内容。

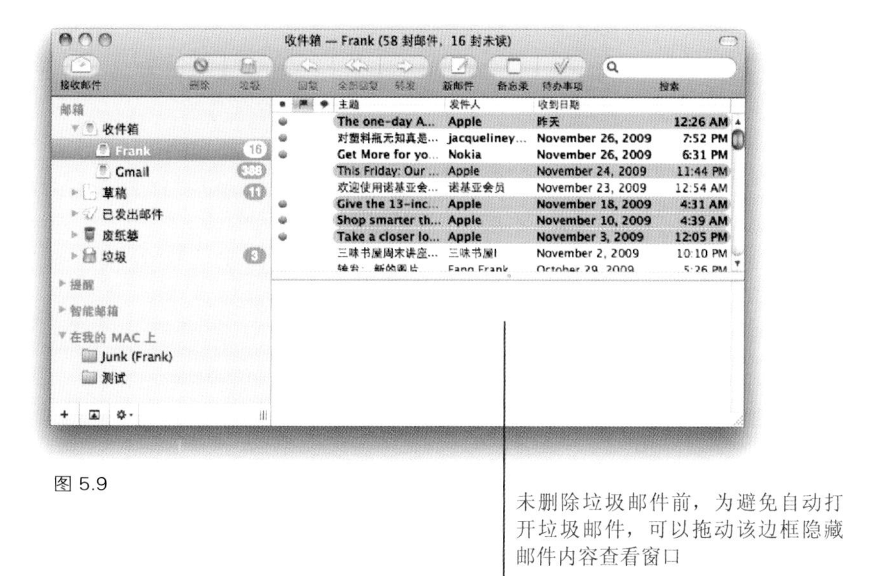

图 5.9

5.6 垃圾邮件自动过滤功能

Mail 程序的垃圾邮件过滤功能可以自动删除垃圾邮件。默认情况下，Mail 程序会将系统识别的垃圾邮件自动放置在“垃圾”邮箱中，你可以在彻底删除垃圾邮件前，在该邮箱中进行确认，以免误删除有用的电子邮件。如果经过一段时间后，如果你认为 Mail 程序的垃圾邮件过滤功能能够正确识别垃圾邮件，则可以通过下面介绍的方法进行设置，让 Mail 直接从电脑中彻底删除垃圾邮件。

启动垃圾邮件过滤功能，打开 Mail 程序的偏好设置（在 Mail 程序的菜单栏上选择“Mail → 偏好设置”）。在设置界面中，选择工具栏上的“垃圾邮件”选项卡，然后勾选“启用垃圾邮件过滤”选项。接下来请仔细阅读其他选项的说明，根据个人使用习惯进行选择。

如希望 Mail 程序直接删除垃圾邮件，需要在设置界面中勾选“执行自定操作”选项，然后单击“高级”按钮。在出现的操作设置窗口中列有处理垃圾邮件的默认设置，你可根据个人需要进行相应修改。如果在窗口下方“就执行下列操作：”区域内的“到邮箱”后的下拉菜单中选择“废纸篓”，则 Mail 程序会自动将垃圾邮件直接删除，而不是保存在 Mail 程序的“垃圾”邮箱内。

5.7 使用“信纸”创建精美的邮件

“信纸”指的是“HTML”类型邮件。该类型邮件的文本采用了 HTML 代码，从而可以创造出精致的排版、粘贴图片的空间，以及不同的字体等特性。无需掌握任何 HTML 代码，只需选择喜爱的“信纸”模板后，输入文本，拖放图片替换模板上的对应内容即可。

使用信纸

1 打开编写新邮件窗口（Command+N 键）。

2 在新邮件窗口的工具栏上单击最右侧的“显示信纸”按钮（如果在工具栏上没有看到该按钮，请调大窗口，或单击工具栏最右侧的箭头标志，此时弹出的菜单中应该显示有“显示信纸”按钮）。

3 如图 5.10 所示的一列信纸模板，首先在左侧列表中选择信纸的类型，然后在右侧窗口中选择所需的模板。

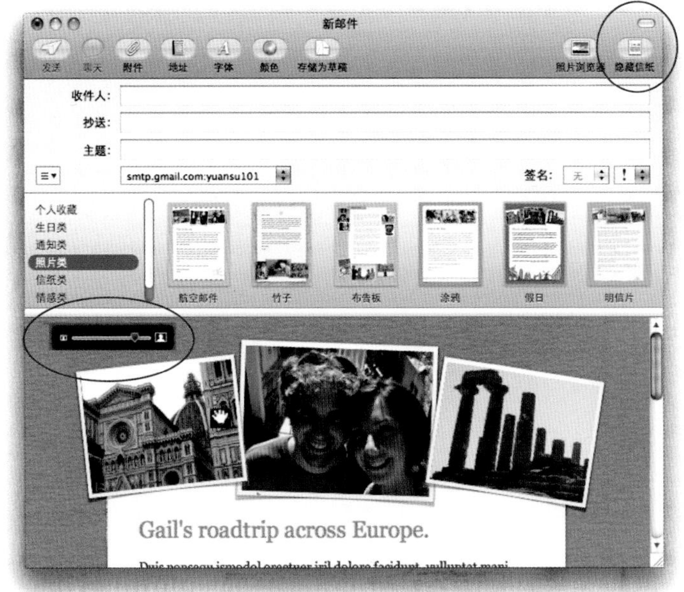

图 5.10

4 替换信纸模板中的文本：单击模板中的文本，系统自动选择点击范围内的所有文本内容，输入所需内容替换即可。输入的文本会保持模板的字体格式。

5 替换信纸模板中的图片有以下几种方式。

- 在邮件窗口的工具栏上单击“图片浏览器”按钮，在打开的窗口中浏览你保存在 iPhoto、Aperture 或 Photo Booth 程序中的图片。将所需图片直接拖放到模板图片的位置上，系统自动用所选择的图片替换模板中的图片。
- 将存储在电脑中任意位置的图片拖放到模板图片位置上。
- 启动 iPhoto 程序，直接将其中的图片拖放到模板图片位置上。

6　单击信纸上的图片，出现滑动条，左右拖动滑动条以放大或缩小显示图片。

7　单击信纸上的图片，按住鼠标左键不放，可以将图片拖放到信纸模板其他的图片位置上（信纸模板中的图片位置是固定，但每个位置的图片是可以替换的）。

使用信纸的过程中，可随时更改信纸模板，如果原有模板添加的图片数目多于新选择模板中的图片位置，则部分图片会消失。但不必担心丢失已输入的邮件内容，已经输入的文本会出现在新选择信纸的文本位置上。

单击“隐藏信纸”按钮，信纸模板消失，留出窗口空间从而方便编辑邮件。

自制信纸模板

如果不使用苹果系统提供的信纸模板，你可以编写一封个人风格的邮件，如设定喜欢的字体、文本颜色、图片和链接的位置后，在 Mail 程序的菜单栏上选择“文件→存储为信纸”，则该风格的邮件自动存储为信纸模板。

此时，在信纸模板的分类中出现一个名称为“自定”的分类，自制的信纸模板就保存在该分类中。

在信纸模板的选择窗口中，鼠标停放在自制模板上时，模板的左上角出现一个 X 标志，单击该标志可删除自制的信纸模板。

5.8　通过邮箱管理邮件

使用邮箱对电子邮件进行管理，类似于通过文件夹来管理文件一样（事实上，大部分的邮箱的图标看起来就是文件夹的图标）。你可以通过 Mail 程序的“邮箱”菜单创建新邮箱或者在 Mail 程序侧边栏上，Control+ 单击“收件箱”，在弹出的快捷菜单中选择“创建新邮箱”。注意，如果 Control+ 单击任一邮箱图标后创建的新邮箱则成为所单击邮箱的子邮箱。

在侧边栏上，可以随意上下拖动邮箱以调整邮箱的排列顺序。

创建新邮箱后，可以将邮件拖放到邮箱中进行分类管理。而通过邮件过滤功能（即邮件规则）可以让系统自动将邮件分类存放在不同的文件夹 / 邮箱中。

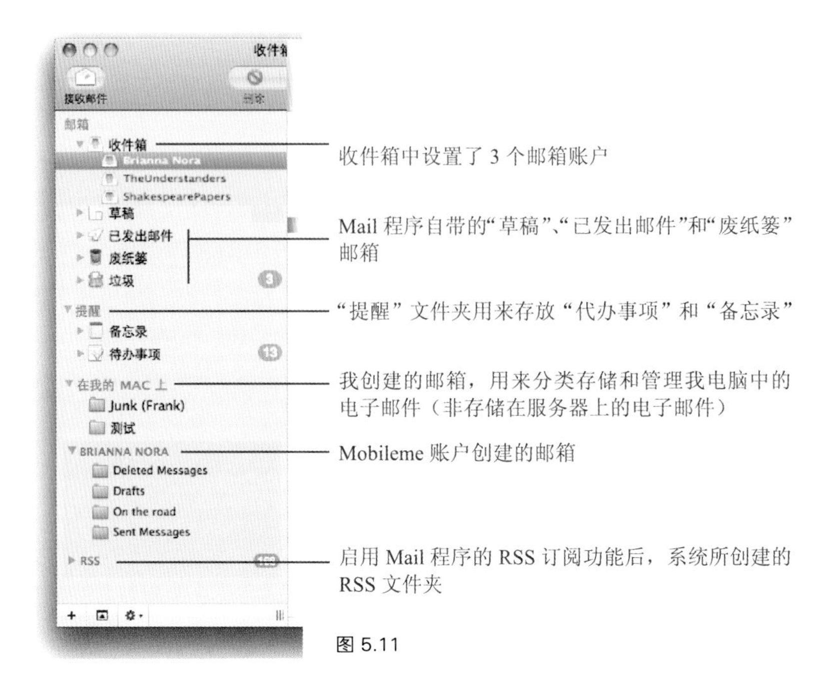

图 5.11

5.9 使用邮件规则过滤收到的电子邮件

通过设定的邮件规则可以对收到的电子邮件进行分选，从而将其分类存放到指定的电子邮箱中。首先，创建用来管理的邮箱账户，然后：

1 在 Mail 程序的菜单栏上选择“Mail →偏好设置”。

2 在设置界面中单击“规则”图标。

3 设定收到邮件的类型参数及相应的处理方式。如果此前没有创建用来管理的邮箱，此时可以在“规则”设置窗口打开的情况下，通过 Mail 程序的“邮箱”菜单创建新邮箱，而且新邮箱会马上出现在图 5.12 所示的下拉菜单中。

在图 5.12 中，我已经首先创建了一个名称为“NancyD”的邮箱（当然可以在该对话窗口打开时创建新邮箱）。

接下来，我设置了一个新的邮件规则来挑选所有我的编辑 Nancy Davis 发来的电子邮件。

然后设定当接收到这类邮件时，系统直接将其移动到名称为“NancyD”的邮箱中，并发出声音提示，如图 5.12 所示。

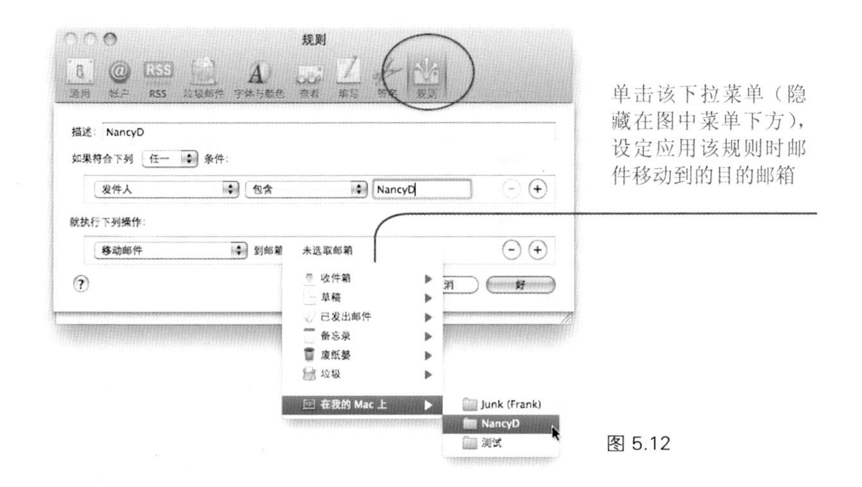

图 5.12

5.10 在邮件中使用个人签名

个人签名指的是编写邮件时，系统自动添加在邮件末尾的一段内容。签名可以是个人的联系信息、即将开始的艺术展、新书出版的广告，个人喜爱的名言警句，甚至可以是一幅小的图片。你可以创建多个邮件签名，然后将其中一个签名设定为系统默认使用的签名或是让 Mail 程序随机使用不同的签名，如图 5.13 所示。

图 5.13

创建邮件签名

1 在 Mail 程序的菜单栏上选择“Mail →偏好设置”。

2 在设置界面中，单击“签名”图标，出现设置界面。

3 在左侧窗口上方选择“全部签名”。

4 在中间窗口下方单击加号（+）按钮，新创建的签名名称为“签名＃ 1”，双击该名称，可以重新命名该签名。

5 在右侧窗口中，输入签名内容。在 Mail 程序的菜单栏上选择“格式→显示字体”调出字体库窗口，在该窗口中选择签名文本的字体、字号、字样、对齐方式和颜色。在输入签名内容时，可以使用回车键和 Tab 键。

不要使用自己购买的字体或通过其他途径得到的字体，因为大多数收件人的电脑中很可能没有安装该字体。建议使用电脑系统内置的字体。

6 将电脑中的图片拖放到右侧的窗口中，可以创建图片格式签名。注意，用来作为签名图片文件的大小和图片尺寸都必须非常小，如图 5.14 所示。

图 5.14

7　将中间窗口中的签名拖放到左侧列表中的邮箱账户名称上，将该签名设定为所选账户的默认签名。你可以创建多个签名，但只能为每个邮箱账户设定一个默认的签名。

8　在左侧窗口中选择一个邮箱账户，然后在上图红圈中所示的菜单中为该账户设定一个默认的签名，使用该邮箱账户时，系统会自动为邮件添加此邮箱账户的默认签名。

将“签名”菜单添加到邮件窗口中，以方便使用邮件签名

1　打开编写新邮件窗口。

2　单击“操作”按钮，在弹出的菜单中，选择“自定”。

3　勾选设置窗口中的“签名”选项。

4　单击“好”按钮完成设置。现在每个新邮件窗口中都会出现“签名”菜单。在该菜单中选择邮件使用的签名，如图 5.15 所示。

图 5.15

5.11　搜索邮件

在 Mail 程序中，通过 Spotlight 搜索功能可以轻松定位所需的邮件。

1　如需搜索指定邮箱或备忘录内容，首先在 Mail 窗口的侧边栏上选取指定邮箱或备忘录邮箱，再进行搜索。选择“收件箱”，则可以在所有邮件中进行搜索。

2　在搜索框中输入关键字，即使看到搜索结果。

3　搜索时，窗口上会出现一个搜索条件工具条，在该工具条中可以设定搜索邮箱的范围和仅对邮件指定的部分进行搜索，如图 5.16 所示。

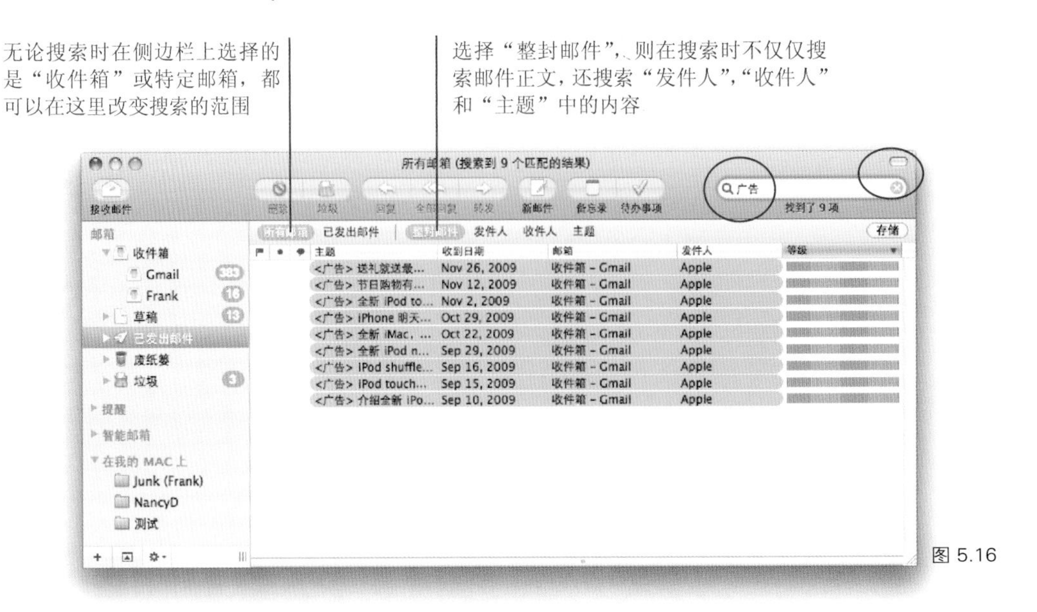

图 5.16

4　单击灰色的 X 标志，重新显示邮箱中的邮件。只要在该搜索框中输入一个字母，窗口中就会显示搜索的结果，而不是邮箱的内容。

5.12　智能邮箱

创建智能邮箱后，Mail 程序会自动将符合邮箱规则的邮件存储在指定的智能邮箱中。如果你对邮件规则很熟悉的话，则会注意到邮件规则和智能邮箱有以下几个区别。

- 邮件规则仅适用于收到的邮件，将收到的邮件分类移动到指定邮箱中。
- 智能邮箱中显示的是符合指定条件的邮件，对邮件本身没有任何影响。
- 智能邮箱中显示的不是邮件本身，仅是符合条件的邮件信息，所以同一邮件可以显示在多个智能邮箱中。
- 根据收到或删除邮件的情况，智能邮箱自动更新邮件信息。
- 智能邮箱中设定的条件不但适用于收到的邮件，还适用于已经存储在邮箱中的邮件。

下图所示为侧边栏上包含多个智能邮箱的示例。其中“Understanders”和“The Shakespeare Papers”实际上是智能文件夹，每个文件夹下都包含有智能邮箱，如图 5.17 所示。

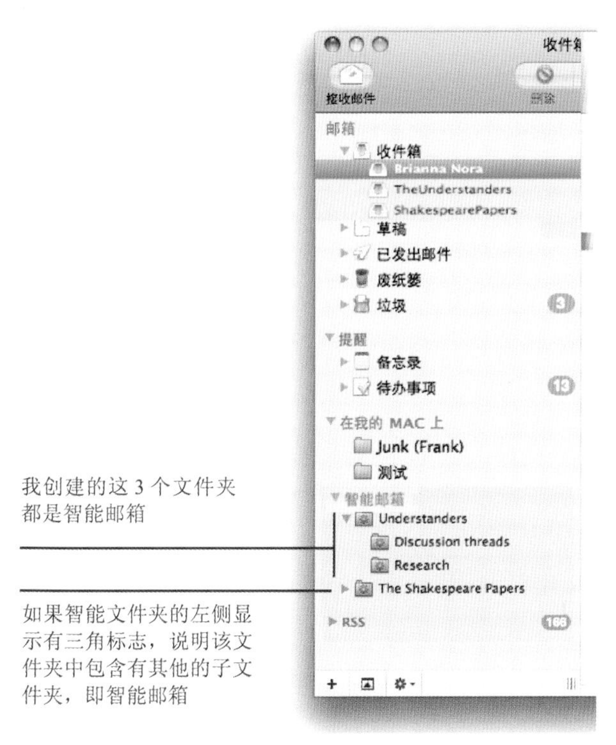

图 5.17

创建智能邮箱

你可以使用以下两种方法创建智能邮箱。一种方法是通过 Mail 程序菜单栏上的“邮箱”菜单进行创建，另一种方法是搜索后，利用搜索中使用的搜索条件创建智能邮箱。

从“邮箱”菜单创建智能邮箱

1　打开 Mail 程序菜单栏上的“邮箱”菜单，该菜单中包含两个相似的选项：“新建智能邮箱”和“新建智能邮箱文件夹”。

　“智能邮箱文件夹”是用来管理智能邮箱的文件夹，功能与普通文件夹一样。如果选择“创建智能邮箱文件夹”，仅需输入文件夹名称即可，无需为其设置搜索条件。

　如果希望在智能邮箱文件夹下创建智能邮箱，在创建智能邮箱前，先在侧边栏上选择对应的智能邮箱文件夹，反之则无需先选择智能邮箱文件夹。

2　选择“新建智能邮箱”选项，出现如下图所示的窗口。输入智能邮箱的名称，然后为其设定搜索条件，设置完成后，单击“好”按钮，如图 5.18 所示。

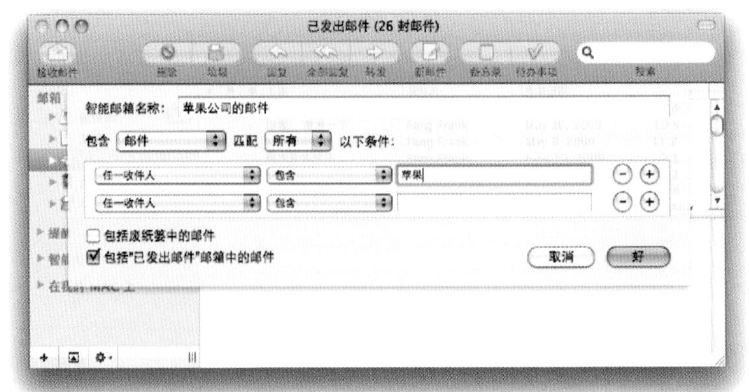

图 5.18

3 在侧边栏上选择已创建的智能邮箱，Control+ 单击（或右键单击）选择的智能邮箱，在弹出的快捷菜单中，或在 Mail 程序菜单栏上的“编辑”菜单中选择“编辑智能邮箱”，可更改创建的智能邮箱的搜索条件。

通过保存搜索来创建智能邮箱

1 按照以上所介绍过的方法进行邮件搜索。

2 如果搜索结果符合自己的需要，并且在以后还要用到相同的搜索，单击搜索条件工具条上的“存储”按钮。

3 保存的搜索会自动以该搜索的关键字命名，可修改该名称，满意后单击“好”按钮。

4 如需修改通过此方法创建的智能邮箱，在侧边栏上选择创建的智能邮箱，Control + 单击（或右键单击）选择的智能邮箱，在弹出的快捷菜单中，或在 Mail 程序菜单栏上的“编辑”菜单中选择“编辑智能邮箱”，可更改创建的智能邮箱的搜索条件。

提示——如果菜单中的“新建智能邮箱”选项是灰色的，无法进行选择，那么可能是当前在侧边栏上已经选择了一个项目，而 Mail 程序无法在所选项目下创建智能邮箱。解决方法是单击侧边栏上的空白区域，则该选项恢复为正常可选状态。

5.13 神奇的数据检测器

Mail 程序可以自动检测邮件中的地址、日期、航班号等特定数据信息。鼠标停放到特定信息上时，信息四周出现边框，数据末尾出现三角形的按钮。单击该按钮，在弹出的菜单中显示了关于所选信息相关的选项。选择“显示地图”选项，如图 5.19 所示，系统自动启动 Safari 程序，并在谷歌地图中显示所选地址。

图 5.19

如果选择的数据为日期类信息，则可以在弹出的菜单中根据所选日期创建“新的 iCal 事件”。

如果收到包含航班信息附件的邮件时，可以在弹出的菜单中启动 Dashboard 的航班追踪 widget 程序，从而查看航班的即时信息，如到达和起飞时间，如果飞机正在飞行途中，还可查看当前飞机所处位置。

5.14　待办事项

Mail 程序不仅仅是电子邮件程序，更是你数字生活的信息中心。Mail 程序的待办事项和备忘录功能不但可以让你快速轻松地找到所需信息，其与 iCal 程序的整合性保证你不会错过任何一个约会。

通过邮件中的文本创建待办事项

你只需在邮件中选择所需文本，然后单击邮件工具栏上的“待办事项”按钮即可（或 Control+ 单击所选文本，在弹出的快捷菜单中，选择“新建待办事项”）。在同一封邮件中，可以创建尽可能多的待办事项，如图 5.20 所示。

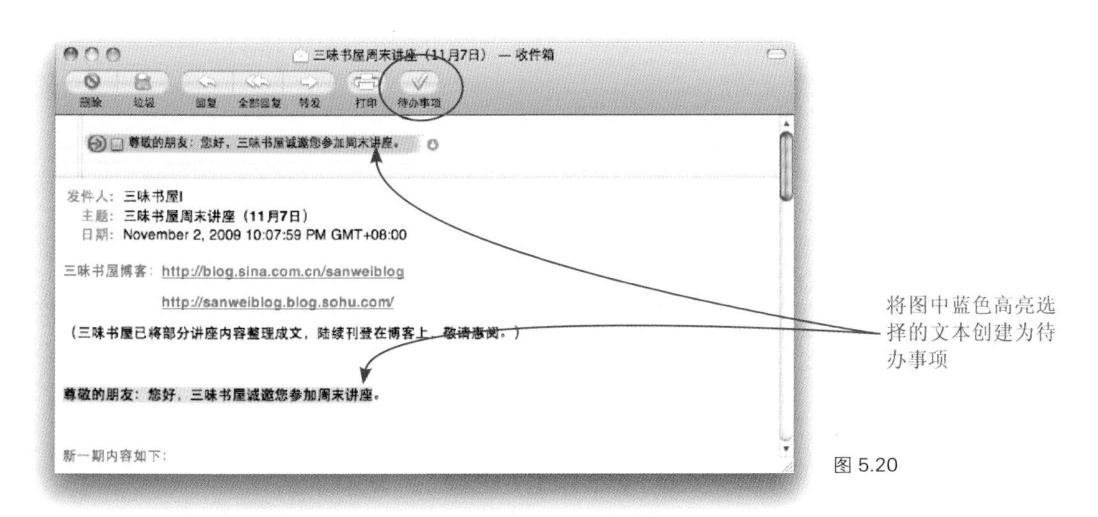

图 5.20

创建的待办事项显示在邮件的上方，同时显示在 Mail 程序的侧边栏上。待办事项拥有自己的浏览窗口和信息分栏。Control+ 单击信息分栏，在弹出的菜单中可选择添加更多信息分栏或移除现有信息分栏，如图 5.21 所示。

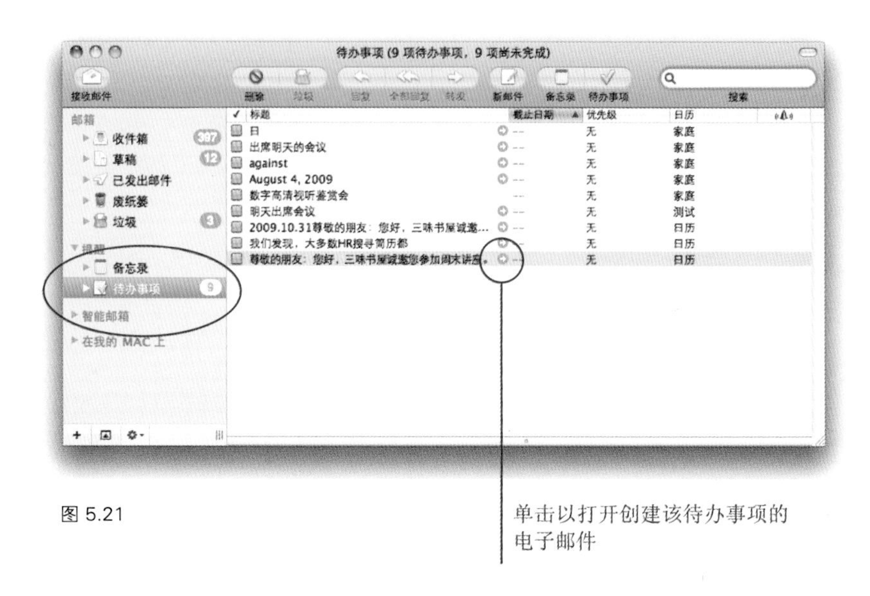

图 5.21

图 5.22

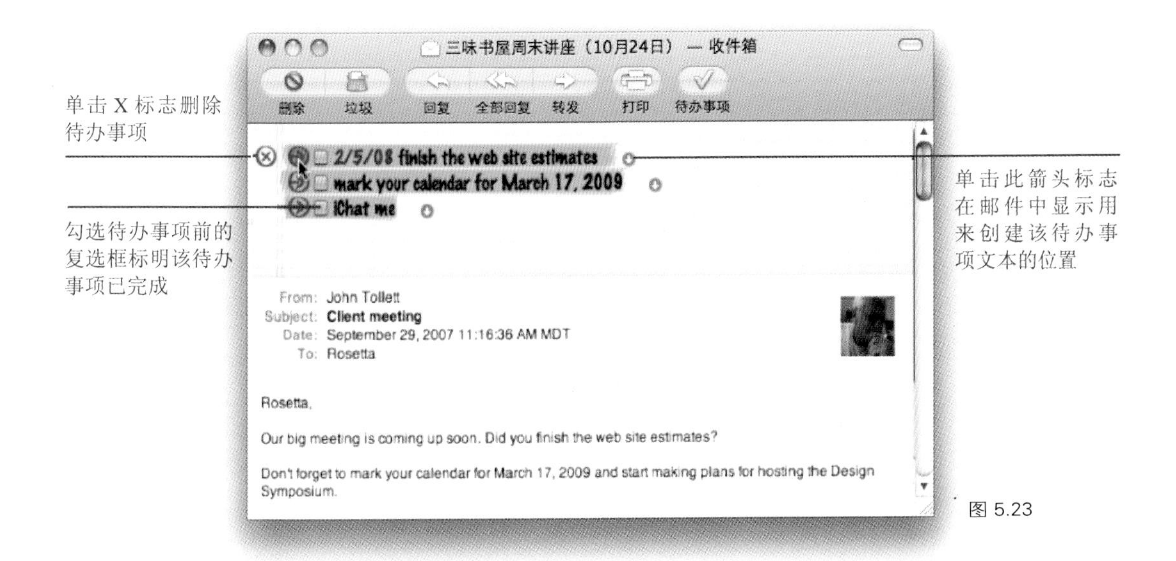

图 5.23

创建与邮件相关联的待办事项

Control+ 单击邮件中所选文本或邮件空白区域，在弹出的快捷菜单中选择“新建待办事项”，在邮件窗口上方滑动出现的黄色便签纸中，输入与邮件相关的信息。

不通过邮件创建待办事项

在 Mail 程序的工具栏上单击“待办事项”按钮，然后在提供的输入框中输入待办事项内容。Control+ 单击创建的待办事项，在弹出的快捷菜单中可设定该待办事项的优先级和截止日期等。通过此方法创建的待办事项与你最后创建待办事项的邮箱账户或在 Mail 程序偏好设置中，“编写”选项卡中设定的邮箱账户相关联。

5.14.1　Mail 程序侧边栏上的待办事项

在 Mail 程序的侧边栏上，待办事项显示在特定的区域内，如下图所示。如果你拥有多个 Mobileme 账户，则每个 Mobileme 账户所创建的待办事项显示在该账户名称下，而所有非 Mobileme 账户创建的待办事项则都显示在“在我的 Mac 上”中，如图 5.24 所示。

仅在创建了待办事项后，侧边栏上才会自动显示该分类。

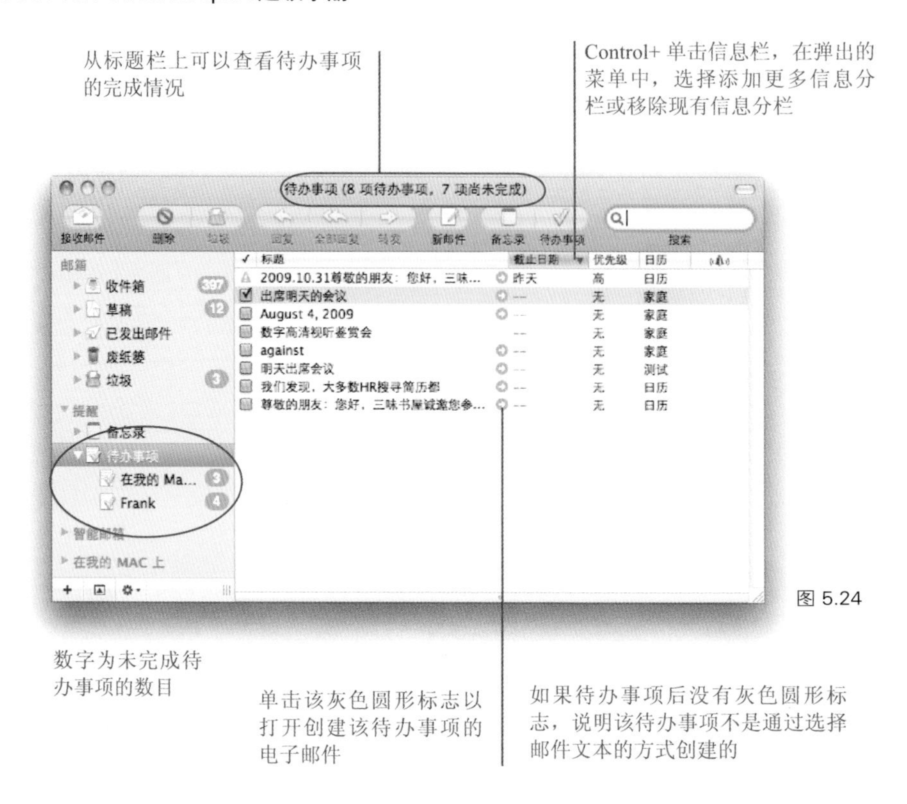

图 5.24

提示——Mail 程序所创建的待办事项是与 iCal 程序(苹果操作系统中的内置程序)紧密相连的。系统会根据待办事项中的日期自动将待办事项添加到 iCal 程序的正确日期中，你可以在 iCal 中，发送与事件相关的电子邮件。

5.14.2　通过数据检测器自动创建 iCal 事件

这是一项非常神奇的功能，如同在文本编辑程序中介绍过的一样，在 Mail 程序中，鼠标停放在邮件文本中的日期内容上时，日期四周出现灰色方框，方框末尾出现一个三角形的菜单按钮。单击该按钮，在弹出的菜单中选择“在 iCal 中显示此日期”，系统马上自动启动 iCal 程序，便于你在 iCal 中查看当天的工作安排或在菜单中，选择“创建新 iCal 事件”，创建一个新的 iCal 事件。注意创建的是 iCal 事件，而不是待办事项。

选择“创建新 iCal 事件”，在弹出的信息框中填入所需信息，单击“添加到 iCal”按钮完成添加。即便所选的不是数字格式日期，如“周六”这样的时间格式，iCal 自动默认该日期为收到邮件日期后的下一个周六，如图 5.25 所示。

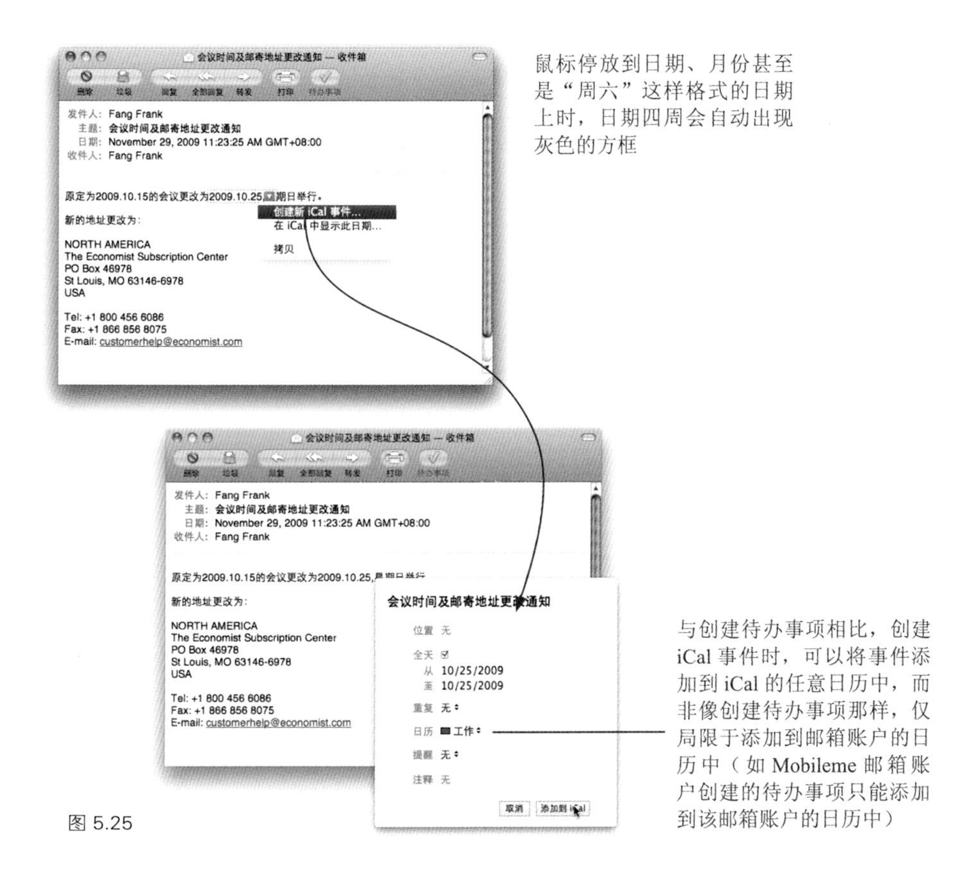

图 5.25

5.14.3 关于日历

系统自动将创建的待办事项和事件添加到iCal程序中，如果iCal中已经创建了多个日历，你可以选择将事件和特定的待办事项添加到预先创建的日历中。

如果使用的邮件账户为Mobileme账户，Mail或iCal程序会自动在iCal中创建一个名为“calendar”（中文意思为日历）的默认日历，你可以重新命名该日历。Mobileme账户所创建的待办事项会自动添加到该日历中，并只会添加到该日历中，无法添加到iCal的其他日历中。无论身在世界各地，只要通过Mobileme账户登录因特网即可访问添加在Mobileme邮箱账户日历的待办事项。

而其他邮箱账户，即非Mobileme邮箱账户所创建的待办事项可以添加到iCal中的任意日历中。

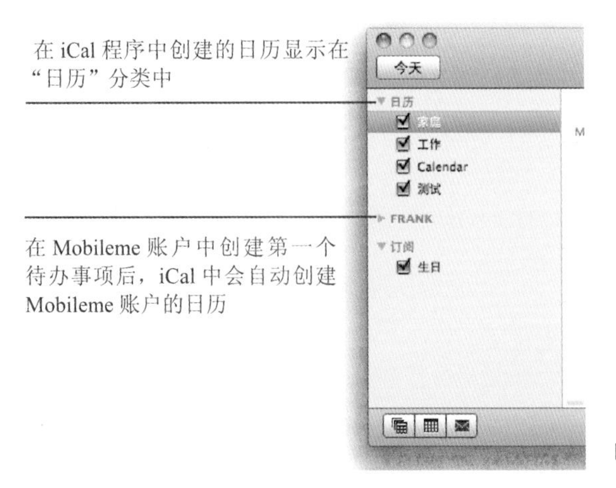

与创建的待办事项相比，创建的 iCal 事件不受创建邮箱账户的限制，可以添加到 iCal 的任意日历中

图 5.26

在 Mail 程序中，创建的新日历自动出现在 iCal 程序中。

使用 Mobileme 邮箱账户创建的新日历显示在 iCal 程序中的 Mobileme 日历分组中，如图 5.26 所示。

使用除 Mobileme 邮箱账户的账户创建的新日历显示在 iCal 程序中的“日历”分组中。

在 Mail 程序的侧边栏上，Control+ 单击任一待办事项的邮箱账户，在弹出的快捷菜单中选择“新建日历”即可创建一个新的日历，如图 5.27 所示。

图 5.27

5.14.4 通过信息分栏管理待办事项

浏览待办事项时，可以通过不同的信息分栏更好地管理创建的待办事项。Control+ 单击信息分栏，在弹出的菜单中选择添加更多信息分栏或移除现有的无用信息分栏。或者在浏览待办事项时，打开菜单栏上的“显示”菜单，在其子菜单“栏”中选择添加或删除信息分栏。注意，如果当前浏览的是邮件，则“显示”菜单中的“栏”里提供的是关于邮件信息分栏的选项，而不是待办事项信息分栏的选项。

鼠标移动到“截止日期”分栏，没有设置截止日期待办事项的对应分栏中出现小三角形标志，单击小三角标志，在弹出的菜单中选择“其他”设置指定的截止日期。

而在“日历”分栏中，可以设定待办事项的日历类别或更改已设定的日历类别。单击待办事项后的“日历”分栏，在弹出的菜单中选择适用于该事项的日历，如图 5.28 所示。

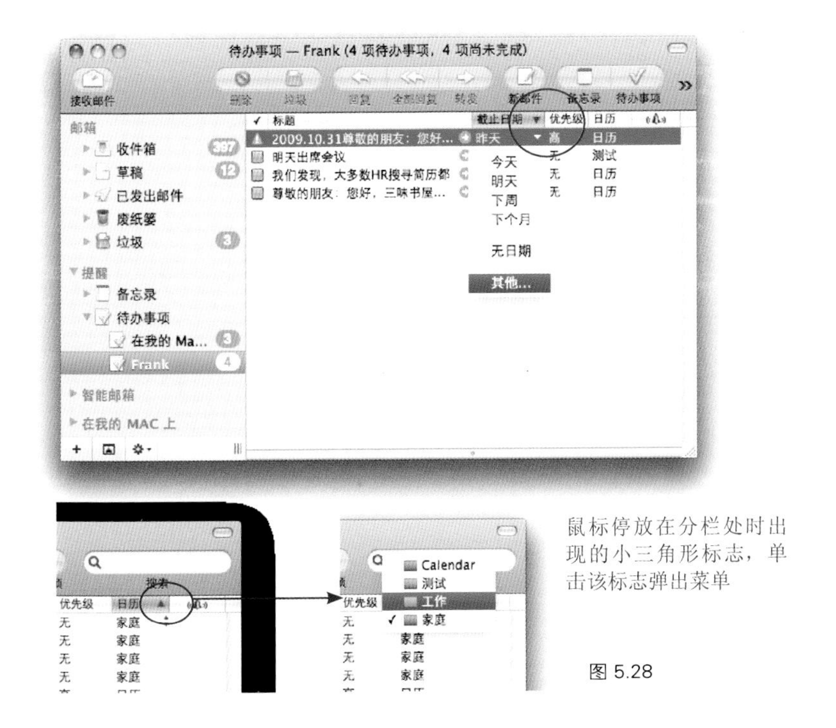

图 5.28

5.15　备忘录

待办事项功能可以提醒你需要完成的事项，而备忘录则可以方便地记下你的灵感，想法和任何需要记录的信息。电子邮件、备忘录和待办事项功能让 Mail 程序成为苹果系统中名副其实的信息中心。

5.15.1　创建新备忘录

在 Mail 程序的主界面中单击工具栏上的“备忘录”按钮即可创建备忘录（该按钮仅出现在 Mail 程序的主界面中，不会出现在邮件窗口中。在电子邮件中可以创建待办事项，但是不能创建备忘录）。

在打开的“备忘录”窗口中，可输入任意长度的文字内容。注意，Mail 程序会将备忘录中的第一行文字作为该备忘录的标题，显示在备忘录列表中。

在 Mail 程序的菜单栏上选择“格式→列表”，然后选择所需格式以创建自动编号或符号项目列表。在输入项目列表时，每输入一项后，按回车键继续输入下一项内容。按回车键两次结束项目列表的输入，恢复输入正常的文本格式。

输入所需内容后，单击“完成”按钮，如图 5.29 所示。

如果设置了多个邮箱账户，并且所有邮箱都处于在线状态，那么除非在 Mail 程序偏好设置的“编写”选项卡中指定了特定的邮箱账户，否则创建的备忘录会显示在创建时侧边栏上所选的邮箱账户分类中。

图 5.29

5.15.2 备忘录的格式化和附件的添加

在备忘录窗口的工具栏上，单击相应的按钮可以为备忘录添加附件或如格式化邮件文本一样，对备忘录的文本内容进行格式化操作。单击“发送”按钮，系统自动打开邮件窗口，并将备忘录内容添加在邮件中，如图 5.30 所示。

图 5.30

5.15.3　在 Mail 程序中查看备忘录

在 Mail 程序的侧边栏上，单击“备忘录”可查看创建的所有备忘录，如图 5.31 所示。另外，在查看收件箱的电子邮件时，备忘录还显示在邮件列表中，备忘录左侧的“邮件状态”分栏中显示的是如图 5.31 所示的备忘录图标。

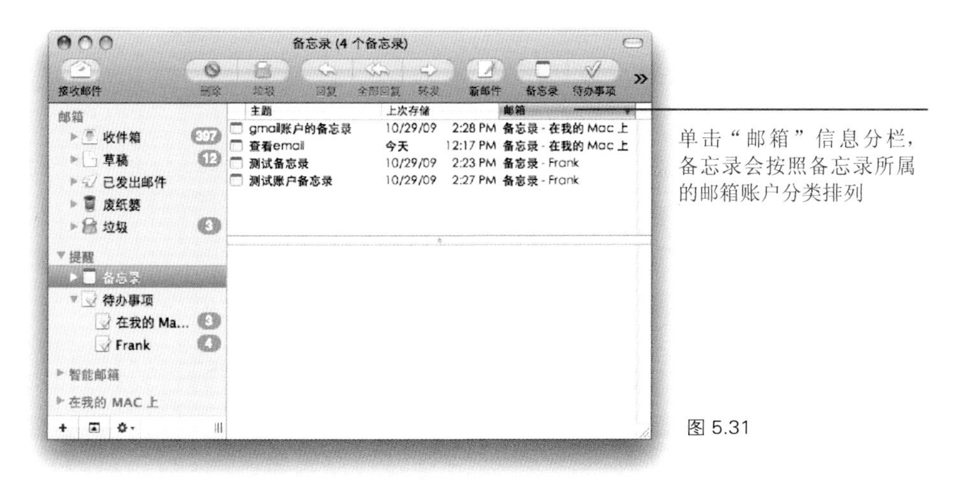

图 5.31

5.16　电子邮件的附件

Mail 程序让人称赞的众多功能之一就是可以通过电子邮件轻松地发送或接收文件和照片。Mail 程序在添加邮件附件方面的特性让文件分享比以往更加简单。

添加电子邮件附件

1　打开编写新邮件窗口，输入邮件主题等内容。

2　单击窗口工具栏上的“附件”按钮，在打开的对话窗口中，选择所需的单个文件，或者按住键盘上的 Command 键，同时选择多个文件，然后单击“选取文件”按钮，完成附件添加的操作。或者将电脑中的文件直接拖放到编写邮件的窗口中以添加附件。

3　添加附件完成后，所添加文件的图标显示在邮件窗口中。如果添加的是单页 PDF 格式文档或图片，则直接显示文档内容或图片，而不是文件图标。

4　如果希望附件显示为图标，而不是其内容或图片，可以 Control+ 单击或右键单击显示的图片，在弹出的快捷菜单中选择“以图标显示”，如图 5.32 所示。该操作仅改变当前附件在窗口中的显示方式，不会影响收件人查看附件。

图 5.32

接收和下载邮件附件

1 无论在收到的邮件或编写的新邮件中，附件均显示为图片或文件图标，如图 5.33 所示。

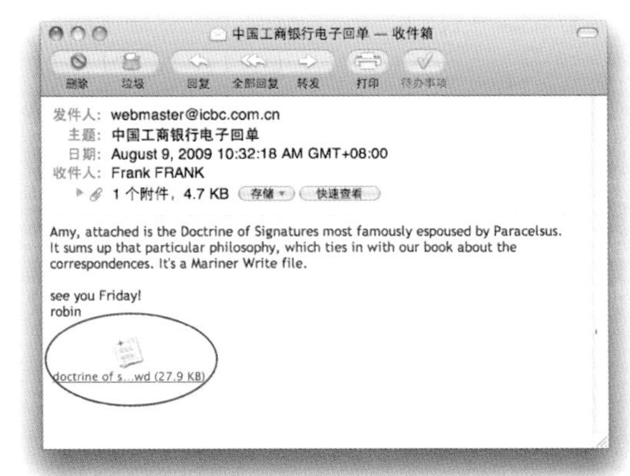

图 5.33

2 对于邮件附件，有以下几种处理方法。

如果邮件附件是图片文件，并且在邮件窗口中已经可查看图片内容，而你仅是希望浏览图片，那么可以不进行任何操作。

如果邮件的附件为文件或图片，使用者可以直接将附件拖放到桌面或电脑中的任意位置进行保存。

或单击邮件上方的“存储”按钮，附件将自动存储在“下载”文件夹中。

如果系统中安装了 iPhoto 程序，可以点按（不是单击）“存储”按钮，在弹出的菜单中选择“添加到 iPhoto”，将图片直接存储到 iPhoto 的图库中。

或Control+单击（右键单击）附件，在弹出的快捷菜单中，选择所需的选项，如图 5.34 所示。

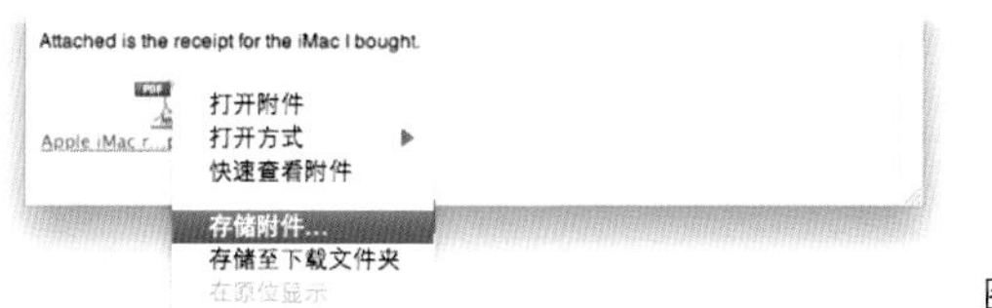

图 5.34

如果邮件中包含多个图片附件，则除上面所说的处理方法外，还可以有以下选择。

点按（不是点击）“存储”按钮，在弹出的菜单中，选择需要保存的图片，可以只存储单个图片附件。

单击邮件上方的“快速查看”按钮进入全屏观看模式，以幻灯片模式浏览所有的图片附件，如图 5.35 所示。

“快速查看”按钮。单击出现下图所示的快速查看窗口

图 5.35

单击“存储”按钮，所有图片附件会自动存储在“下载”文件夹中

点按“存储”按钮，在弹出的菜单中选择“全部存储”，将所有图片附件存储在你所选的位置。如果选择单个图片附件，则可以将所选图片附件存储在你所选的位置

通过快速查看窗口下方的控制键可以控制图片的浏览：播放幻灯片、显示图片索引表、全屏幕浏览和将图片添加到 iPhoto 中。鼠标指针移动到窗口下方的控制上时，按钮上出现该按钮的功能说明

5.17 下载文件夹

当收到包含附件的邮件时，单击邮件窗口中的“存储”按钮，系统自动将附件保存在用户主文件夹下的“下载”文件夹中。默认情况下，“下载”文件夹图标显示在Dock上。单击Dock上的“下载”文件夹或在Finder窗口中，双击主文件夹下的“下载”文件夹都可以查看所存储的邮件附件。文件夹图标可以以“文件夹”或“堆栈”（文件夹图标随最后添加文件的图标而变化）方式显示在Dock上。Control+单击（或右键单击）Dock上的文件夹图标，在弹出的快捷菜单中，可以选择浏览该文件夹内容的方式：扇状（如图5.37所示），网格（如图5.38所示）和列表（如图5.39所示）。

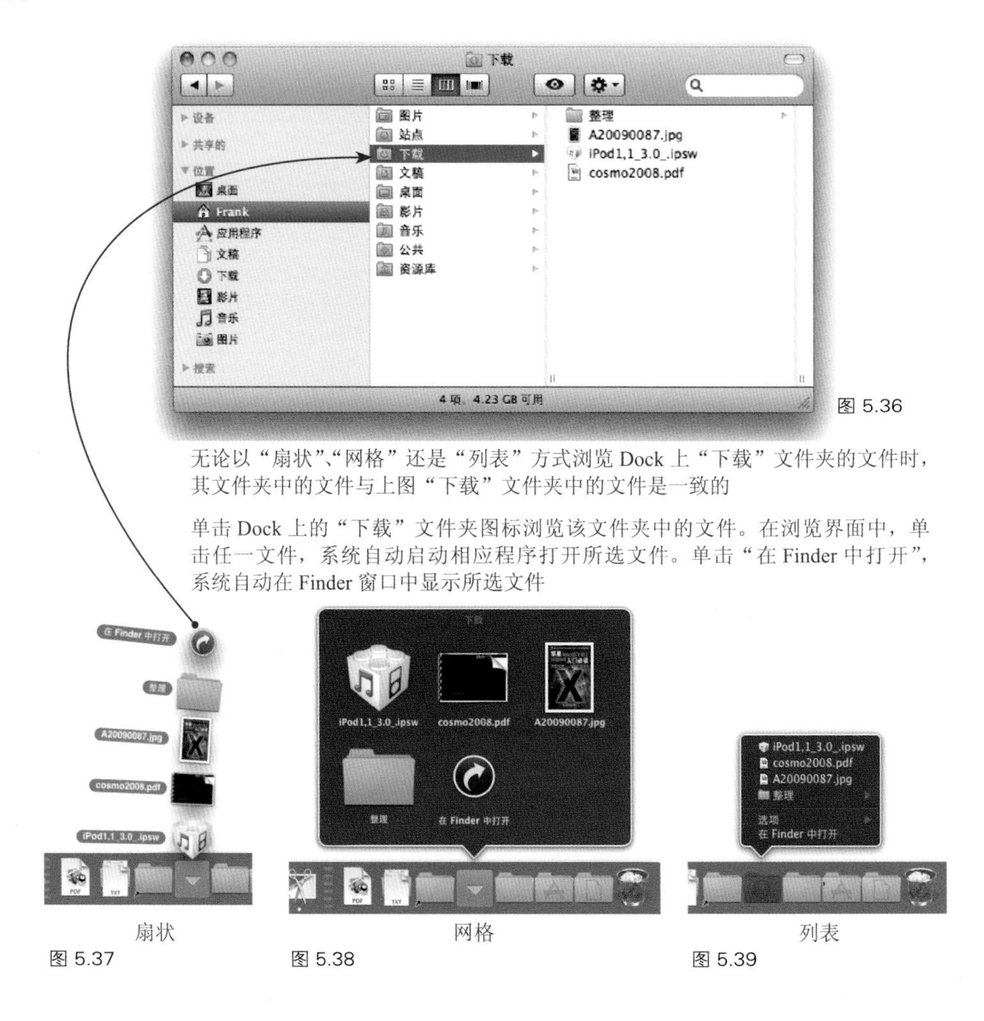

图 5.36

图 5.37

图 5.38

图 5.39

5.18　邮件优先级设置

使用 Mail 程序发送电子邮件时，为电子邮件设定 3 种优先级以便让收件人知道邮件的重要性（前提是收件人的电子邮件程序能够显示邮件的优先级）。如果收到的电子邮件设置有优先级，Mail 程序可以显示收到邮件的优先级别。

为电子邮件设置优先级

打开编写新邮件窗口，在 Mail 程序的菜单栏上选择“邮件→标记”，接下来在其子菜单中选择所需的邮件优先级，如图 5.40 所示。

图 5.40

查看收到邮件的优先级

在浏览邮件的窗口中，查看邮件“旗标”分栏上的标志，双感叹号标志表明该邮件的优先级为“高优先级”，破折号标志表明该邮件的优先级为“低优先级”（一个感叹号标志表明该邮件优先级为“普通优先级”，系统默认不显示该标志）。如果在窗口中没有显示“旗标”分栏，可 Control+ 单击任一信息分栏，在弹出的快捷菜单中选择“旗标”，如图 5.41 所示。

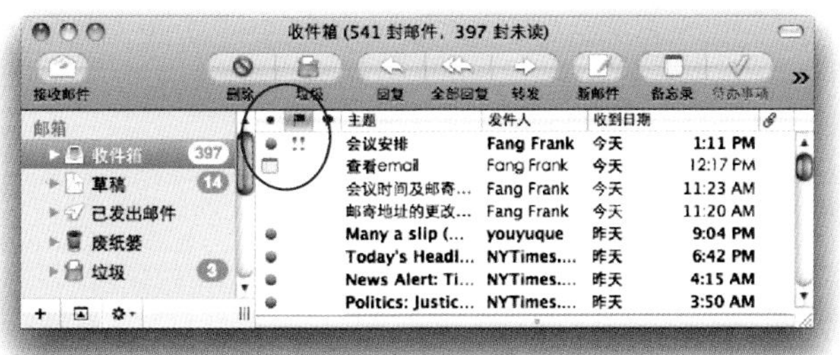

图 5.41

5.19 Mail 程序具备苹果系统的所有基本功能

Mail 程序具备苹果操作系统的所有基本功能，如拼写检查、为文字添加阴影效果和颜色、使用特殊字符、打印前预览、将文件存储为 PDF 格式文档，以及朗读文本等。

5.20 可以与 Mail 程序整合使用的程序

家长控制 为家中的儿童用户创建一个电脑账户，启用创建账户的家长控制功能后，就可以完全监控儿童用户收发电子邮件。

地址簿 在 Mail 程序的工具栏上单击“地址”按钮，打开简易版本的地址簿面板。

iChat 在 Mail 程序主窗口中，查看收到邮件左侧的“好友是否在线”信息分栏，如果显示有绿色圆点表明发件人当前的 iChat 账户处于在线状态。如果窗口中没有显示该信息分栏，可在 Mail 程序的菜单栏上选择“显示→栏→好友是否在线”即可显示该分栏。

iCal 所有创建的待办事项和新建日历会马上自动添加到 iCal 程序中。在 iCal 程序中，可以通过邮件将事件发送给与该事件相关的所有人员。

Mobileme 账户同步 通过 Mobileme 账户的同步功能可以将电脑中的 Mobileme 账户邮件与 Mobileme 网络账户进行同步，这样就可以在世界各地，通过任意电脑收发邮件。

文本编辑 在文本编辑程序程序中，单击文本中的电子邮件链接，系统自动启动 Mail 程序，并填上正确的收件人信息。

Safari 单击网页中的电子邮件链接，系统自动启动 Mail 程序，并填上正确的收件人信息。另外在 Safari 程序中，你还可以通过电子邮件发送完整的网页内容或网页链接。

Dashboard 当发送或接收到包含航班信息附件的邮件时，Mail 程序的数据检测器功能可以分辨航班飞机号，然后通过启动的 Dashboard 的航班追踪 widget 程序，从而查看航班的即时信息。

6

课程目标

- 创建和编辑联系人卡片
- 为联系人添加照片
- 设定“我的卡片”以便于自动填写网页信息
- 创建邮件列表（联系人群组）和智能组别
- 地址簿的搜索功能
- 与其他 Mobileme 账户会员共享联系人信息
- 打印信封，联系人列表等

第 6 课

地址簿程序

——轻松管理联系人信息

地址簿程序是一款联系人信息管理软件，其程序中存储的联系人信息与苹果操作系统各部分紧密相连。其程序看似界面简单，其貌不扬，但其内在功能却不简单。本课将详细介绍地址簿的功能。

在地址簿程序中拖动鼠标即可轻松创建联系人组别，向组别成员群发邮件。通过创建的智能组别自动将新联系人添加到条件相符的组别中。单击鼠标查看联系人地址的谷歌地图、编写新邮件或启动 iChat 聊天。

由于地址簿程序与 Mail 和 iCal 程序可以互动，你可以轻松方便地向联系人发送邮件或邀请。或将地址簿中所有的联系人信息或单个组别中的联系人信息同步到 iPhone 手机（或其他手机）中。

对那些需要在 Windows 环境中工作的人来说，目前的“Snow Leopard”操作系统已经提供了对 Microsoft Exchanger Server 2007 的支持。

6.1　地址簿功能概述

在详细介绍如何使用地址簿程序进行如创建联系人卡片，为联系人信息添加照片，向联系人发送电子邮件等特定工作之前，首先简要说明一下地址簿程序的基本功能。

图 6.1

在地址簿程序中，你可以自定义联系人信息和添加更多的信息栏（用来输入联系人相信息的文本栏）。例如，为联系人添加“生日”或“绰号”信息栏，如图 6.1 所示。另外，还可以修改联系人卡片标签，为联系人添加照片或图片，或将联系人地址信息格式更改为其他国家的格式。

可以创建联系人组别作为邮寄列表，从而一键向组别中所有成员群发邮件。

在 Mail 程序中，单击邮件窗口上方的“地址”按钮可以启动简易版本的地址簿程序，通过简易程序该可调用地址簿程序中存储的所有联系人信息，不过仅限查看或使用联系人信息发送电子邮件，而无法添加、删除、创建联系人组别或修改联系人信息。

在 Mail 程序中（注意不是地址簿程序中），系统可以自动将发件人的电子邮件地址添加到地址簿中，即在 Mail 程序中打开一封邮件，Control+ 单击（或右键单击）发件人地址栏中的电子邮件地址，然后在弹出的快捷菜单中选择“添加到地址簿”即可。如果地址簿中已经存储有所选邮件地址，则弹出菜单中的选项变为“在地址簿中打开”。

iPhone 手机可以将电脑地址簿程序中所有的联系人信息或指定组别的联系人信息同步到手机中。而在 iPhone 手机中添加的联系人信息会在下次与电脑同步时，自动添加到电脑的地址簿中。

6.2　创建和编辑联系人卡片

单击“名称”分栏下方的“加号”按钮，创建新的联系人卡片（通常称为 vCard），新创建的卡片显示在右侧分栏中，你可以对其进行编辑，如图 6.2 所示。

图 6.2

⊕ 单击绿色按钮添加按钮对应的信息栏，以添加更多的电话号码或电子邮件地址。只有在当前窗口中的空白信息栏内输入信息后，才会出现该绿色按钮。

⊖ 单击红色按钮删除按钮对应的信息栏。

▼ 单击三角形标志更改信息栏当前的名称。

编辑已有的联系人卡片　在“名称”分栏中选择需要修改的联系人，单击“编辑”按钮，在右侧的分栏中对联系人信息进行修改，修改完成后再单击“编辑”按钮。

提示——联系人卡片中仅显示填有信息的信息栏。另外，在地址簿程序的偏好设置中（位于地址簿程序菜单中），可以在“电话”选项卡自动格式化电话号码格式或在“通用”选项卡中自定联系人信息的格式和其他选项，而在“账户”选项卡中，可以添加同步联系人信息的其他账户，如 Mobileme 账户、雅虎和谷歌账户。

6.2.1　为联系人信息添加照片

地址簿程序允许你为任一联系人信息添加照片。当为联系人信息中添加了照片后，如果再收到此联系人发来的邮件，此联系人的照片会显示在邮件中。而当该联系人信息同步到 iPhone 手机中后，当该联系人来电时，手机屏幕上会显示其照片。另外在打印联系人信息时，还可以打印带照片的信息。

为联系人卡片添加照片

1　在地址簿程序中选择需要添加照片的联系人，如果最右侧分栏窗口此时没有处于编辑状态，单击“编辑”按钮。

2　双击联系人姓名左侧的空白相框，出现图片设置窗口。

图 6.3

3 将任意格式图片拖放在窗口中相框位置上，或单击“选取”按钮，在电脑中选择所需的图片。也可以单击照相机图案的按钮，启动摄像头拍摄任意照片，甚至是在 iChat 中聊天网友的照片（如果电脑上没有连接摄像头，照相机图案的按钮为灰色不可选取状态）。

左右拖动窗口下方的蓝色滑动条放大或缩小照片。或在图片上点按鼠标，按住鼠标键不放，拖动图片调整图片的显示位置。

4 单击“效果”按钮，为照片添加特殊效果。

5 单击“设定”按钮完成设置，如图 6.3 所示。

6.2.2 通过 iPhone 手机添加联系人照片

如果购买了苹果公司出品的 iPhone 手机，在手机上添加某人的联系信息或手机上已经存储有某人联系人信息时，如果碰巧该联系人和你在一起时，可以在 iPhone 手机上编辑该人信息，并直接使用手机进行拍照以添加联系人的照片。将 iPhone 与电脑同步后，所拍摄的联系人照片自动添加到电脑的地址簿程序中。下一次收到该联系人邮件时，联系人的照片会显示在邮件的右上角。

6.3 设定“我的卡片”

在地址簿中，将你自己的联系信息卡片设定为“我的卡片”后，其他的程序，尤其是 Safari 和 iChat 程序可以在需要时自动调用该卡片中的信息填写在线表格，自动填写邮件地址和在程序中显示你的照片等。

Robin Williams

设定“我的卡片”后，该卡片中的联系人名称旁显示一个人形图案

在地址簿中创建自己的联系信息卡片（有可能系统已经自动创建了该卡片），然后在地址簿菜单栏上选择“卡片→将这张设为我的卡片”（系统也有可能已经自动完成了该设置）。

隐藏联系人卡片中的信息　使用者可以通过设置隐藏联系人卡片中需要隐藏的信息，设置后将该卡片发送给其他人时，其他人无法查看到设定的隐藏内容。

1　在地址簿菜单栏上选择“地址簿→偏好设置”。

2　在设置窗口的工具栏上选择“vCard”选项卡。

3　在该选项卡中勾选“启用我的个人卡片”选项，关闭设置窗口。

4　选择“我的卡片”，单击“编辑”按钮，如图 6.4 所示。此时在右侧编辑窗口中，每项联系信息前出现一个蓝色的复选框，勾选复选框的信息为非隐藏信息。如果希望隐藏信息，取消信息前的勾选即可。

图 6.4

6.4　自定义单张联系人卡片或创建联系人卡片模板

联系人卡片中仅显示输入信息的信息栏，而隐藏空白的信息栏，这样是为了让界面看起来整洁。选择任一联系人卡片，单击“编辑”按钮，在右侧的窗口中查看所有的信息栏，包括正常情

况下不显示的信息栏。

地址簿程序允许使用者为单张联系人卡片或所有的卡片添加更多的信息栏。

为单张联系人卡片添加信息栏

1 选择联系人卡片。

2 在地址簿菜单栏上选择“卡片→添加字段”，在弹出的子菜单中选择所需的信息栏。

为所有联系人卡片添加信息栏

1 在地址簿菜单栏上选择“卡片→添加字段”，在弹出的子菜单中选择“编辑模板”或在地址簿菜单栏上选择“地址簿→偏好设置”，在设置界面上选择“模板”选项卡，如图 6.5 所示。

2 单击“添加字段”，在其下拉菜单列表中选择所需的信息栏。列表中黑色的信息栏为可选选项，灰色信息栏为已经添加在模板中的信息栏，所选的信息栏会添加到所有的联系人卡片中。注意，即使添加信息栏后，只有在信息栏中输入信息后，该信息栏才会显示在卡片中，否则只能单击“编辑”按钮，才可以看见该信息栏。

图 6.5

6.5 更多选项

地址簿中还包含有很多隐藏的选项。如单击信息栏的标签，其弹出菜单中的选项会根据所点击标签的类型而发生变化。如图 6.6 所示，我选择“以大类型显示”所选的传真号码（仅在所选信息栏为电话号码或传真号码时才会出现此选项，不过你可以将该栏信息替换成让人心动的甜言蜜语，然后放大显示在屏幕上讨爱人的欢心。另外，通过其他选项还可以实现向所选手机号码发送短信息、发送电子邮件、iChat 聊天等操作。如果系统中已经安装了 Skype 软件，则还会出现更多选项供你选择。

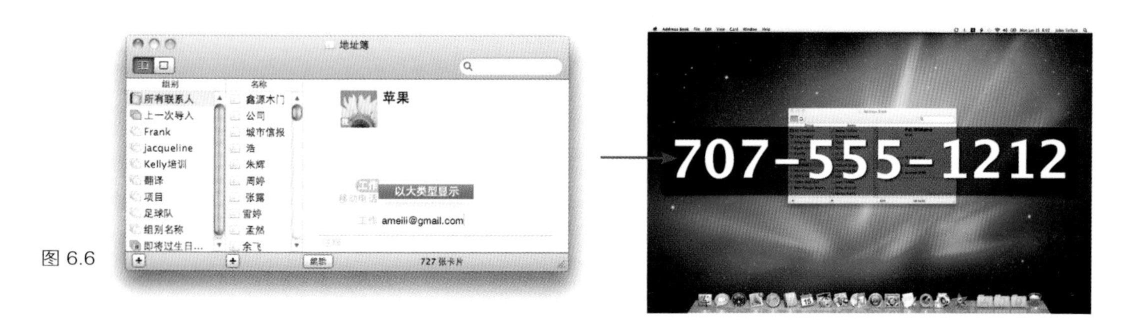

图 6.6

6.6 地址定位

如果当前电脑连接了因特网，你能通过谷歌地图马上查看联系人地址的地图位置。

单击联系人地址信息左侧的标签，在弹出的快捷菜单中选择“定位此地址”，系统自动启动 Safari 程序，在谷歌地图中显示所选联系人的地址，听起来有点不可思议，但确实是非常酷的一项功能，如图 6.7 所示。

图 6.7

6.7 创建群发邮件的联系人组别

创建联系人组别后，如果向联系组别发送电子邮件，则组别中的所有成员都会收到该电子邮件。

创建联系人组别

1 在“组别”分栏下方，单击“加号”按钮。

2 输入组别名称。

3 在列表中，单击选择“所有联系人”组别。

4 在“名称”分栏中，将组别中所需联系人拖放到组别的名称上，将联系人添加到组别中。同一联系人可以添加到不同的组别中，如图 6.8 所示。

图 6.8

向联系人组别发送电子邮件

■ 在地址簿程序中，Control + 单击（如果使用的是双键鼠标，右键单击）组别名称，在弹出的快捷菜单中选择“发送电子邮件给［该组别名称］”。

■ 或者在 Mail 程序中，在编写邮件窗口的“收件人”栏中输入组别的名称。

在电子邮件中，隐藏除收件人以外所有其他人的电子邮件地址

1 启动 Mail 程序（注意不是地址簿程序）。

2 在 Mail 程序的菜单栏中选择“Mail →偏好设置”。

3 在设置界面的工具栏上选择“编写”选项卡。

4 在该选项卡中，取消“发送到一个组时，显示所有成员地址”选项前的勾选。

提示——选择一个联系人名称后，按住键盘上的 Option 键，该联系人所在的所有组别会高亮显示。

6.8　创建智能组别

智能组别是一种特殊类型的联系人组别，该组别可以根据设定条件自动更新其组别中包含的联系人。例如，通过智能组别自动归类在某公司工作或参加某文学沙龙的联系人、生日或周年纪念日即将到来的联系人，或居住在特定城市的所有联系人。你无需手动寻找这些联系人，只要创建了智能组别后，智能组别会根据设定的条件自动搜索已有联系人信息，并将所有符合条件的联系人添加到对应组别中。

智能组别在搜索联系人时，大多是搜索带有数据的指定信息栏。假如联系人卡片中根本没有生日信息栏，那么即使创建用来收集即将过生日的智能组别也不会得到任何结果。

创建智能组别

1　在地址簿程序的菜单栏中选择“文件→新建智能组别”或按住键盘上的 Option 键，单击“组别”分栏下的“加号”按钮，如图 6.9 所示。

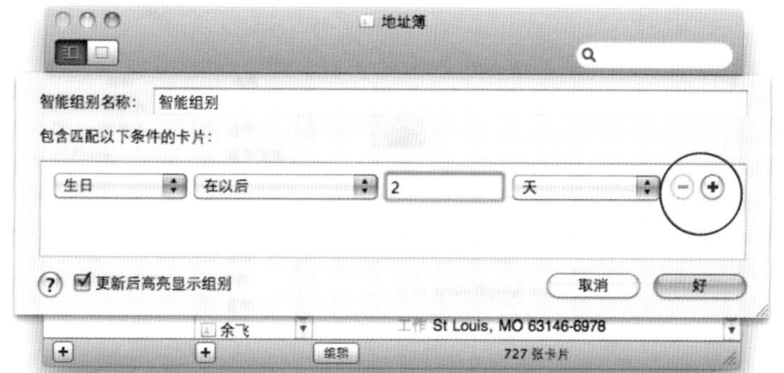

图 6.9

2　在如图 6.9 所示的选项窗口中，选择所需条件。

3　单击图 6.9 红圈中的“加号”按钮，可设定更多限制条件。

4　如果希望系统在组别更新联系人后提示你，切记勾选“更新后高亮显示组别”的选项。选择该选项后，当智能组别自动更新了联系人信息后，系统会以颜色高亮显示该组别。

6.9　搜索联系人

在地址簿中，不但可以通过正常方法搜索某联系人或信息栏中的任何信息，你还可以通过 Spotlight 在硬盘中搜索与某联系人相关的任何文件。

在地址簿中搜索联系人

1 搜索指定组别中的联系人：单击选择需要搜索的组别。

2 在整个地址簿中搜索联系人：单击下图所示的“全部联系人”组别。

3 在搜索框中单击鼠标。

4 输入需要搜索的联系人的姓名，仅输入前几个字母，可以是姓、名，也可以是公司名称。随着输入，搜索结果就会显示在中间的“名称”分栏中，如图 6.10 所示。

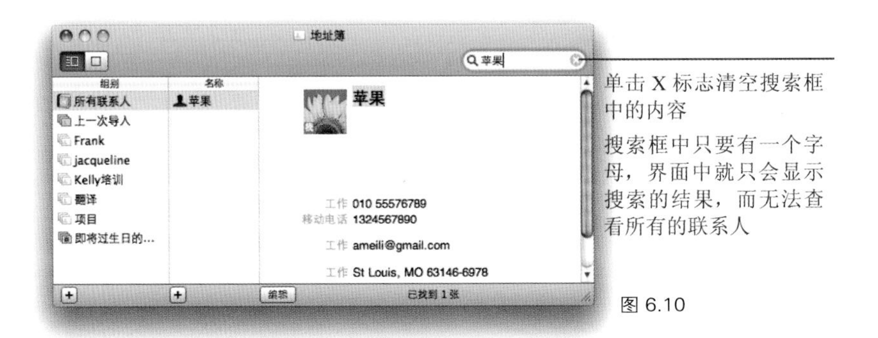

图 6.10

5 单击搜索框中的 X 标志清空框中的内容后，选择“所有联系人”组别，再次显示所有的联系人。

通过 Spotlight，在电脑中搜索关于某人或某公司的所有相关文件

1 通过前面介绍的方法搜索到指定的联系人。

2 Control + 单击（或右键单击）联系人的名称，在弹出的快捷菜单中选择“Spotlight：[所选联系人的名称]”，如图 6.11 所示。

图 6.11

3 在出现的 Spotlight 窗口（一个特殊的 Finder 窗口），系统会显示电脑中所有跟所选联系人相关的文件，如该联系人发来的电子邮件或邮件内容中提到该人名字的邮件、该联系人创建并发送的文件，以及该联系人的照片等。

6.10 将自己的联系人卡片发送给其他人

在地址簿的“名称”分栏中，Control + 单击自己的联系人卡片。

1 在弹出的快捷菜单中选择“导出 vCard”（或在地址簿程序的菜单栏中，选择“文件→导出→导出 vCard”）。

2 在出现的窗口中选择文件存储的位置，如可选择保存在桌面上，单击“存储”按钮进行保存。保存后，存储的文件显示为 vCard 图标。

将导出的 vCard 文件拖放到新邮件窗口中，将该文件添加为邮件附件发送给其他人。如果收件人使用的也是苹果电脑，收到邮件后，双击 vCard 附件，系统自动将 vCard 中的联系人信息添加到收件人的地址簿程序中。

6.11 共享地址簿

如果你是 Mobileme 账户的用户，可以与其他 Mobileme 账户使用者共享自己的地址簿，这对家庭用户、朋友、组织、企业等类型的用户来说是很方便的一项功能。如果其他 Mobileme 账户使用者已经将你加入共享列表中，那么你可以注册访问该使用者共享的地址簿信息。

注意，共享地址簿的前提是你拥有一个 Mobileme 账户，而且访问者也必须拥有 Mobileme 账户，其操作系统要求是 Tiger（Mac OS X 10.4）、Leopard（Mac OS X 10.5）或 Snow Leopard（Mac OS X 10.6），而且访问者的联系人卡片已经保存在地址簿中，否则需要在进行以下步骤前，先为访问者创建联系人卡片。

1 在地址簿程序的菜单栏中选择“地址簿→偏好设置”。

2 在设置界面上选择“账户”选项卡，如图 6.12 所示。

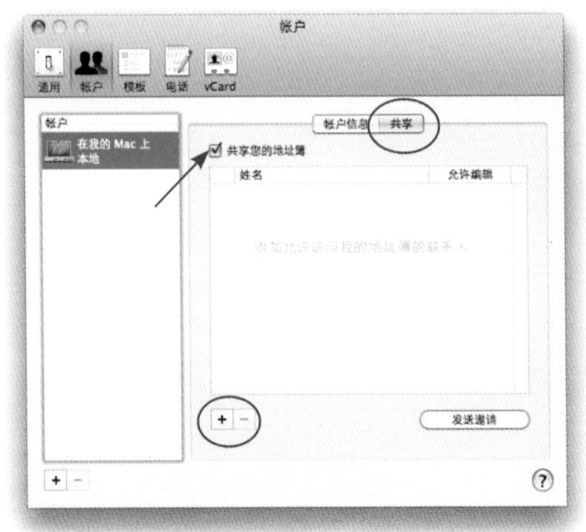

图 6.12

3 在该选项卡中单击“共享”按钮，然后勾选“共享我的地址簿”选项。

4 在窗口下方单击“加号”按钮，选择需要共享的联系人。

5 在下拉列表中显示的是地址簿中的所有联系人，单击选择需要共享的联系人，或按住键盘上的 Command 键后，单击选择多个共享联系人，如图 6.13 所示。

图 6.13

6 单击“好”按钮完成设置。单击已经共享的联系人，或按住键盘上的 Command 键，单击选择多个共享的联系人，然后单击“发送邀请”按钮，可以向所选联系人发送共享地址簿的邀请电子邮件。

访问其他人共享的地址簿

你访问其他人共享的地址簿的前提是对方已经共享了地址簿，并且在设置中允许你访问共享地址簿，然后：

1　在地址簿程序的菜单栏中选择“文件→订阅地址簿”。

2　输入欲访问地址簿所有人的 Mobileme 账户名称，然后单击“好”按钮，如图 6.14 所示。

图 6.14

6.12　通过多种方式打印联系人列表

通过地址簿程序，你可以使用多种方式打印联系人列表，如邮寄标签、信封、自定列表和可以随身携带的袖珍地址簿。

1　首先，在地址簿中选择需打印的联系人姓名或联系人组别。

2　按 Command+P 键打开打印对话窗口。如果在窗口中没有显示全部界面，请单击“打印机”选择栏右侧的蓝色小三角按钮，如图 6.15 所示。

3　在“样式”的弹出菜单中选择所需打印的样式：邮寄标签、信封、列表和袖珍地址簿。各种打印样式有不同的设置。在左侧的预览窗口中可以预览所选的样式。

建议花些时间了解一下该对话窗口中各种选项的功能。如图 6.15 所示，可以在打印信封时为回邮地址添加图片，选择不同的字体和颜色，设定信封的尺寸和设置其他更多的打印选项。

勾选“打印我的地址”选项，系统自动根据“我的卡片”中的信息在信封上打印回邮地址。如果希望使用其他地址作为回邮地址，首先在地址簿中选择所需联系人卡片，然后在地址簿的菜单栏上选择“卡片→将这张设为我的卡片”后，再进行打印。打印结束后，可重新设定“我的卡片”。如果没有勾选“打印我的地址”选项，则不会打印回邮地址。

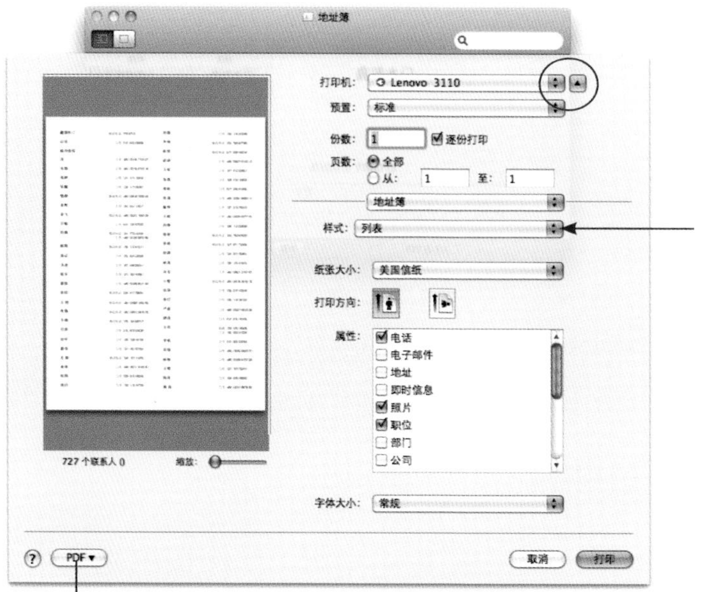

通过此按钮可以将当前打印的页面保存为 PDF 格式文档，然后将该 PDF 文档发送给其他人进行打印

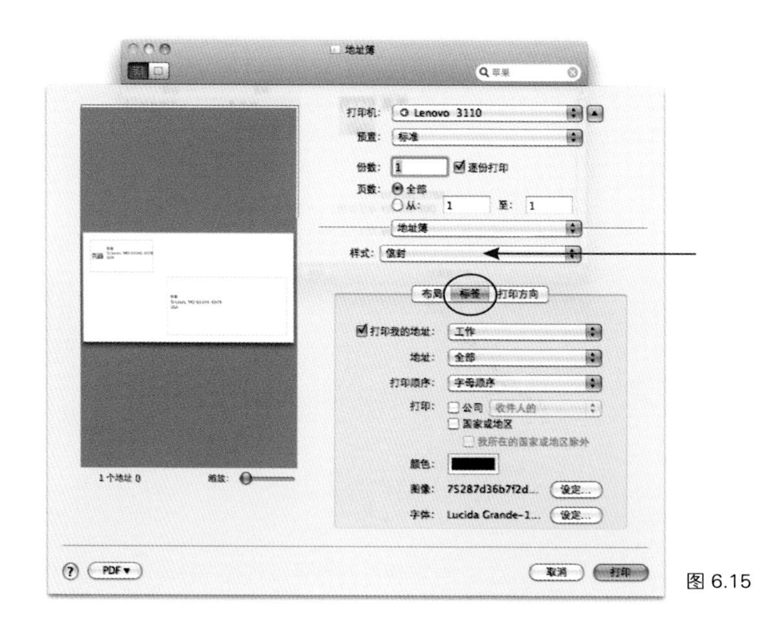

图 6.15

单击图 6.15 所示的“标签”，在此选项窗口中，你可以设置文本的字体和颜色，或设定图像等选项。

6.13　备份地址簿

相信任何人都不希望自己一两年精心维护的地址簿的数据出现任何意外，所以为了预防出现这样的悲剧，你可以通过以下介绍的方法对地址簿数据进行完全备份。

- 在地址簿程序的“名称”分栏中选择所有的联系人（或仅选择重要的联系人），接下来将选择的联系人同时拖放到桌面上，此时桌面上出现一个如下图所示的 vCard 文件，即联系人信息的备份文件，将该文件存储在其他硬盘中以备不测。

  将该 vCard 文件发送给其他苹果电脑的用户，收到该文件的用户只要双击该文件，系统即可将文件中包含的所有联系人信息自动添加到地址簿程序中。

- 或者在地址簿程序的菜单栏中选择“文件→导出→地址簿归档”，系统自动备份地址簿并将文件存储在你指定的位置。当需要恢复地址簿数据时，双击该备份文件或通过程序菜单栏中的“文件→导入”，将备份数据导入到地址簿中。

注意，不要将备份文件和源文件保存在相同的地方，如不要将备份文件存储在你的电脑硬盘中，否则当硬盘发生故障时，备份文件和源文件都会丢失，无法进行数据恢复。建议将备份文件存储在其他磁盘中，如果拥有 Mobileme 账户，可以将备份文件上传到 iDisk 中或者通过电子邮件将备份文件发送给其他人代为保存。

6.14　可以与地址簿整合使用的程序

Dashboard　在 Dashboard 中可以调用迷你版本的地址簿程序，快速查看联系人信息。

Safari 将地址簿图标添加在 Safari 的书签栏中，便于你快速访问地址簿中的网址。添加的方法是，启动 Safari，在偏好设置的“书签”选项卡中勾选“包括地址簿”选项。

iCal iCal 程序可以根据地址簿中的信息自动创建名称为“生日”的日历，并将联系人的生日显示在正确的日期上。

Mail 在地址簿程序中，选择联系人的电子邮件地址后，通过快捷菜单即可向该联系人发送电子邮件。为某联系人添加了照片后，再收到该联系人的电子邮件时，电子邮件中会显示该联系人的照片。

在 Mail 中选择一封邮件后，按 Command+Shift+Y 键，系统会自动将该发件人或收件人的电子邮件地址添加到地址簿中。

iChat iChat 会调用地址簿中联系人的照片和信息，当联系人在线时，其地址卡上显示一个绿点，代表该联系人当前处于在线状态。

Mobileme 同步功能 通过 Mobileme 账户的同步功能，同步电脑和 Mobileme 在线账户后，可以在世界各地访问地址簿中的信息。

Spotlight 通过 Spotlight 可以在电脑中搜索与联系人相关的所有文件。

iPod 可以将地址簿的所有联系人信息同步到 iPod 中。

iPhone 通过 iTunes，可以将地址簿中所有联系人信息或选定组别的联系人信息同步到 iPhone 手机中。

7

课程目标

- 使用 Top Sites 功能
- 在网页中搜索字词
- 书签管理
- 自动填表功能
- 屏蔽自动弹出窗口
- SnapBack 功能
- 标签浏览——更有效率的网页查看方式
- 保存网页或通过电子邮件发送网页内容
- 创建网页截取 widget 程序
- 秘密浏览功能
- 精通 RSS 订阅功能

第7课

Safari 程序
——畅快遨游因特网

Safari 是苹果系统中内置的因特网浏览器，专门用来浏览因特网上网页内容的专业利器。你可能曾经使用过 Safari 程序，但相信当你充分了解了 Safari 所提供的功能后，你一定会惊讶，原来该程序的功能是如此的强大。

Safari 中内置了 RSS（Really Simple Syndication）阅读器，RSS 是一项新的因特网技术，利用它，你可以在浩瀚的网络资源中订阅自己喜欢的新闻和信息，并自动提供给你阅读。Safari 程序允许你在网页中查看 RSS 订阅内容，订阅的内容仅显示标题，一键即可打开浏览其完整内容，另外 Safari 还可以进行信息管理、过滤和自动更新 RSS 订阅内容等。

7.1 Safari 浏览器

下图显示的是 Safari 浏览器窗口的功能简述。其窗口界面看似简约，其实并不简单，细微之处隐藏了众多独到的功能，如图 7.1 所示。

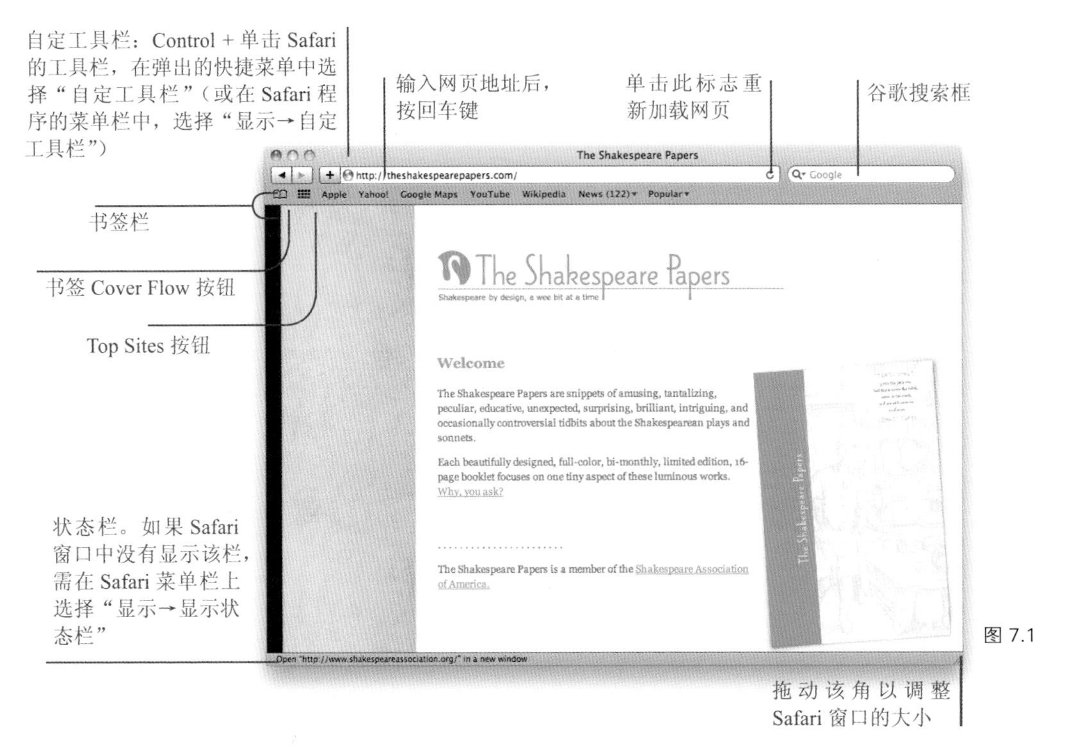

图 7.1

7.1.1 注意程序界面中的提示

Safari 程序在加载网页时，其地址栏右侧会出现如图 7.2 所示的提示。

图 7.2

7.1.2 快速输入一个新的网址

这是 Safari 程序的众多功能中我最喜爱的一项功能，在输入网址时不妨试试这个方法：双击网址中 www 和 .com 之间的内容时，系统会自动高亮选择 www 和 .com 之间的所有内容，直接输入即可替换所选内容，而无需拖动鼠标费劲选择那些微小的字母了。另外在输入网址时，无需输入网址中的“http://”部分，而且如果是输入 .com 类型的网址，只需输入主要字词即可，例如，如需登录网址 www.apple.com，只需高亮选择地址栏中的全部内容后，输入 apple，然后按回车键即可。

7.2 快速访问 Top Sites

根据你访问网页的频率和时间，Safari 程序会自动记录你经常访问的网站。在 Safari 程序的书签栏上，单击如图 7.3 所示的“Top Sites”按钮，你经常访问的网站会以预览墙的形式显示在网页中，Top Sites 所记录的网站会根据你的浏览而发生变化。

在预览墙中，单击网页的缩略图即可打开该网页，而按住键盘上的 Command 键后，再单击网页缩略图，可以在新的标签页中打开所选网页。在标有“搜索历史记录”的搜索框中，输入关键字可搜索相关网页的记录。单击“编辑”按钮，对 Top Sites 进行其他设置。

图 7.3

7.3 以 Cover Flow 方式浏览网页书签

单击 Safari 书签栏的左侧“显示所有书签”按钮（打开书本图案的按钮），以 Cover Flow 方式浏览保存的网页书签。如果窗口中没有显示书签栏，需在 Safari 菜单栏上，选择“显示→显示书签栏”。

如需在“精选”或个人创建的书签文件夹内搜索某书签，在搜索时，先在侧边栏中选择该项目，然后在 Cover Flow 界面右上角的搜索框中，输入搜索的关键词，如图 7.4 所示。

图 7.4

7.4 网页书签

Safari 的书签功能强大，便于使用。

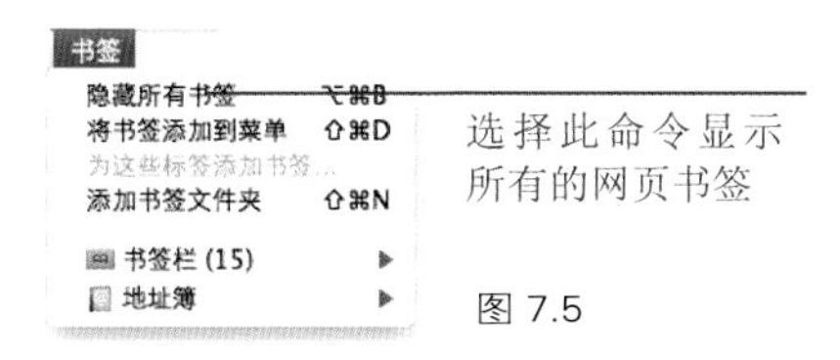

图 7.5

在 Safari 的菜单栏上单击“书签”菜单，弹出如图 7.5 所示的书签菜单。

书签栏指的是浏览器窗口上方、地址栏下的工具条。如当前窗口中没有显示书签栏，需在 Safari 菜单栏上选择“显示→显示书签栏”。

通过书签中的“精选”及个人创建的书签文件夹可以保存成百上千的网页书签，便于你对书签进行管理，但无需将所有的书签都添加到“书签菜单”中，否则“书签菜单”将变得非常臃长。在书签栏最左侧单击“显示所有书签”按钮显示所有的书签，在出现的窗口中创建新的书签文件夹对书签进行管理。

按 Command+D 键添加新的网页书签时，系统会弹出窗口询问该书签的存储位置，你可以将书签存储在任何已经创建的书签文件夹中，此外还可以对书签进行重命名操作。

通过书签文件夹管理网页书签

在显示所有书签的界面中，你可以对书签进行整理。

1　在 Safari 程序的菜单栏上选择“书签→显示所有书签”或在书签栏最左侧，单击“显示所有书签”按钮。

2　在打开的窗口中单击左下方的“加号”(+) 按钮，创建新的书签文件夹，新创建的书签文件夹显示在左侧的侧边栏上。

　通过以上介绍的方法添加书签时，可以将书签存储在刚创建的书签文件夹中。

3　如需在“书签菜单”中直接访问创建的书签文件夹中的书签，可以将创建的书签文件夹添加在“书签菜单”中。首先在显示所有书签窗口中，单击选择侧边栏上的“书签菜单”，然后将侧边栏上创建的文件夹拖放到右侧显示的列表中，列表中的内容会显示在“书签菜单”中。拖动列表中的项目以调整项目显示顺序，也可以将列表中的文件夹或书签直接拖放到书签栏上。

7.5　自动填写表格或密码

这是一项非常实用的功能。Safari 程序自动调用“我的卡片”(在地址簿中，通过其菜单栏上的“卡片”菜单设定“我的卡片”) 中的信息，自动完成在线表格的填写，或是记忆特定网站的登录用户名称和密码，然后自动完成登录信息填写，这项功能对于仅个人使用的电脑或是设置了多个账户的电脑来说是相当方便的。

启动自动填表功能　在 Safari 的偏好设置中，选择“自动填充”选项卡，勾选所需的选项。

图 7.6

启用自动填表功能后，下次当网页中出现需要填写的表格时，Safari 程序会自动完成填写工作。如果打开的网页要求输入用户名称和密码，你需要先手动填写，然后 Safari 会提示是否需要保存该用户名称和密码，保存信息后，当下次打开该网页时，Safari 会自动完成信息的填写。建议在 MobileMe 账户的登录页面上尝试体验一下该功能。

在 Safari 偏好设置的“自动填充“选项卡中，单击对应项目的“编辑”按钮，在出现的列表中选择网页后，单击“删除”按钮，删除为该网页保存的用户名称、密码或表格信息。单击“删除全部”按钮，删除所有保存的信息。

如果你启用了 Safari 的秘密浏览功能，Safari 程序自动关闭自动填表功能。

7.6　阻止弹出式窗口

在 Safari 的菜单栏上选择“Safari →阻止弹出式窗口”后，只有单击链接打开的正常窗口能够开启，而其他类型的弹出式窗口，如恼人的广告窗口会被 Safari 自动屏蔽。

个别时候，启动此功能可能会影响你的正常浏览，如在网页中点击一个链接后，却什么网页也没有打开，这可能是 Safari 误将该链接打开的窗口当作弹出式窗口屏蔽了。出现这种情况的解决方法是，在 Safari 菜单栏上的“Safari”菜单中取消“阻止弹出式窗口”选项前的勾选。

7.7　自动跳转到结果页面或其他网页

注意到地址栏中或谷歌搜索框中显示的橘色小箭头标志了吗？单击该标志，你可以直接跳转到“SnapBack”网页。

在谷歌搜索页面（www.google.cn）或 Safari 窗口右上角的谷歌搜索框中进行搜索后，在出现的搜索结果页面中，单击任一链接，即可看见橘色小箭头标志。无论你继续在页面中单击打开多少页面，只要单击橘色小箭头标志，就可以直接跳回到原始的搜索结果界面。

你可以将任意网页标注为 SnapBack 页面。在 Safari 的菜单栏上选择“历史记录→将该页标注为 SnapBack 网页”，则当你从标注页面打开其他网页时，地址栏中会出现橘色小箭头标志，单击该标志即可重新回到标注页面。与通过链接或书签打开一个页面相比，你在地址栏中输入网址打开网页时都会出现该标志。

7.8 快速缩放网页

Safari 程序可以缩放网页中的文本、图片等内容，并保持文本的准确性和网页布局，这项技术被称为“resolution independent scaling”（独立于分辨率的缩放技术，可在不同分辨率和屏幕尺寸的屏幕上，自动选择适宜的显示模式，保证图片和文字的清晰度）。在 Safari 打开的网页界面中，无需提前选择任何内容，按 Command+ 加号键，放大网页，或按 Command+ 减号键，缩小网页。

或者将“缩放”按钮添加到Safari的工具栏上。在Safari的菜单栏上选择“显示→自定工具栏”，在出现的窗口中将“缩放”按钮拖放到 Safari 的工具栏上。单击“缩放”按钮中的小“A”缩小网页，单击大“A”放大显示网页。

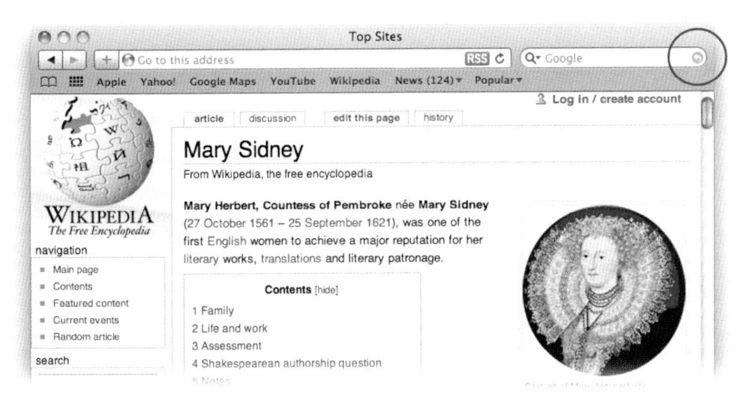

图 7.7

7.9 标签浏览

正常情况下，当你单击网页上的链接时，Safari 程序会打开该链接的网页内容，替换当前窗口中显示的网页。你除了可以使用前面介绍的 SnapBack 功能跳回原网页以外，还可以选择使用新标签打开链接的网页内容。

启用标签浏览功能后，单击链接打开网页时，原窗口中的网页内容保留在窗口中不变，新打开的新网页内容显示在新打开的标签中，并且在后台加载，如图 7.8 所示。按住键盘上的 Command 键，单击网页中的任意链接，使用新标签打开链接的网页。

按住键盘上的 Command 键，单击多个链接打开网页，所打开的网页分别在各自的标签中进行加载，当网页内容加载完成后，单击标签即可浏览标签中的网页内容。在此过程中，窗口中的原网页内容依然保留在窗口中（即该网页所在标签）。

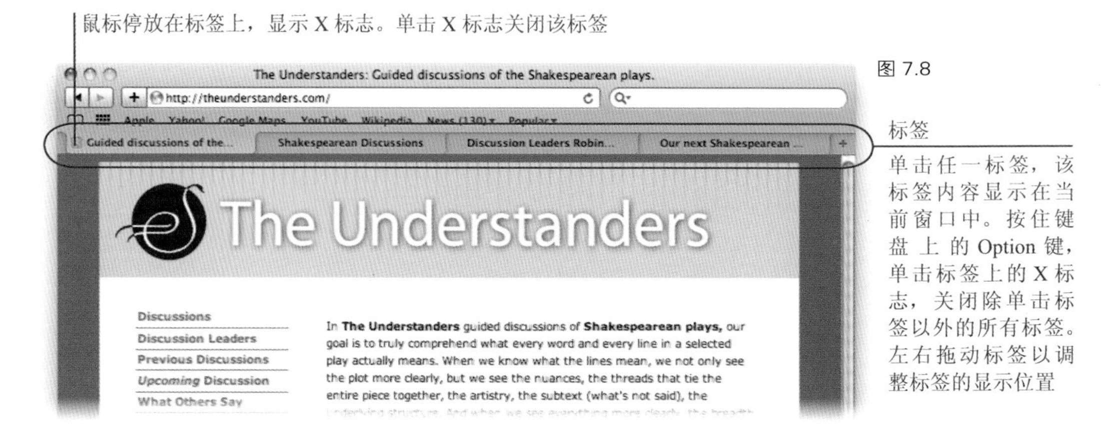

图 7.8

启用标签浏览功能 在 Safari 偏好设置的“标签”选项卡中勾选相应的选项。例如，如果勾选了图 7.9 中所示的第 2 个选项，则新标签中打开的网页会显示在当前窗口中，而不是在后台中进行加载。

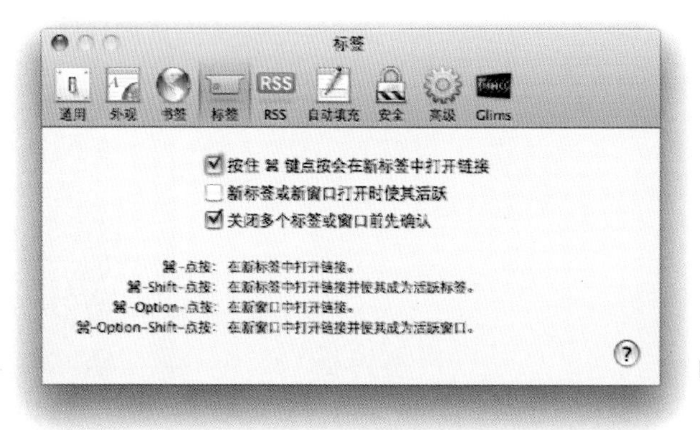

图 7.9

7.10　定位网页中的字词

如果需在打开的网页内容中搜索所需的字词（而不是在因特网上搜索），可以按 Command+F 键，然后输入搜索的关键字，输入的关键字会自动填入窗口右上角的搜索框中。

为了突出显示搜索结果，Safari 程序会自动高亮显示符合搜索条件的字词，而以暗色显示网页上的其他内容，如图 7.10 所示。单击网页任意区域，网页取消高亮显示，恢复正常的显示。

按 Command+G 键，切换循环显示下一个搜索结果，并以显眼的亮黄色高亮标示。

Safari 程序可以自动记忆最后的搜索，即使你在搜索后打开了其他网页后，按 Command+G 键，Safari 自动搜索你最近一次曾搜索的关键字词。实际上，即使关闭并退出 Safari 程序，下次启动 Safari 后，按 Command+G 键，Safari 依然会自动搜索你最近一次曾搜索的关键字词。

图 7.10

7.11　通过电子邮件发送网页所有内容或网页链接

在 Safari 程序中，通过电子邮件发送包含所有图像和链接的整个网页内容，是一件非常简单的事情。

1 在 Safari 程序中打开一个网页。

2 在 Safari 程序的菜单栏中选择“文件→用邮件发送此页面内容”。

3 系统自动启动 Mail 程序，打开编写新邮件窗口，将网页的名称作为邮件主题，并将整个网页内容添加在邮件正文中。你只需填入收件人地址，单击“发送”按钮发送电子邮件即可。

或者可以通过电子邮件发送网页链接，其操作步骤与上面介绍的相同，仅是在最后选择的选项是“用邮件发送此页面链接”。

为了更简单地发送网页链接，你可以将“Mail”按钮添加到 Safari 工具栏上。Control + 单击（或右键单击）Safari 的工具栏，在弹出的快捷菜单中选择“自定工具栏”，将自定工具栏窗口中的“Mail”按钮拖放到 Safari 的工具栏上，如图 7.11 所示。

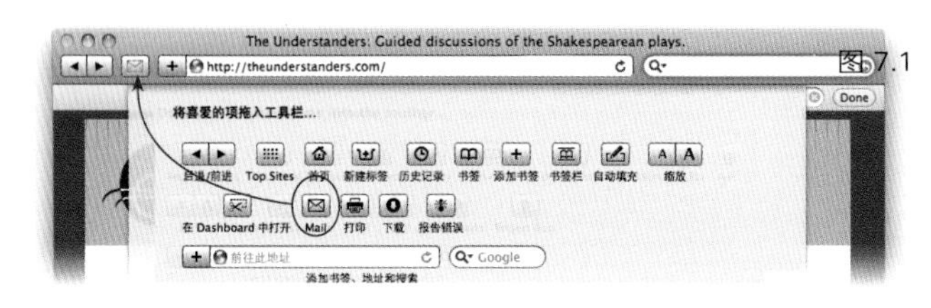

图 7.11

7.12 浏览 PDF 格式文档

将 PDF 格式文档拖放到 Safari 任意窗口的中间区域即可使用 Safari 浏览 PDF 格式文档。

缩放 PDF 格式文档 Control + 单击（或右键单击）PDF 文档中任意区域，在弹出的菜单中选择缩放选项（自动调整大小、真实大小、放大或缩小），或鼠标停放在 PDF 文档下方，出现缩放控制按钮，使用预览程序打开按钮和将文档存储在“下载”文件夹中的按钮。

如果浏览的是多页 PDF 文档，而在 Safari 中仅显示了一页内容，可 Control + 单击（或右键单击）该文档，在弹出的菜单中选择“下一页”或“上一页”浏览其他页的内容。或者选择“单页连续”或“双页连续”，然后使用滚动条进行多页浏览。

7.13 保存完整的网页

通过 Safari 可以将完整的网页内容，包含其图像、链接和文本保存为一个文件，即归档。以后可随时打开该网页，而该网页上的所有链接依然可以正常工作（只要在因特网上，此链接对应的网页没有发生过任何改变）。这对保存一些经常会改变的网页，如在线新闻、网上购物收据来说是很方便的一个功能。注意，某些网页是不允许你保存的。

1 打开需要保存的网页。

2 在 Safari 程序的菜单栏中选择“文件→存储为”，或 Control + 单击网页，在弹出的快捷菜单中选择“存储为”。

3 在对话框的“格式”下拉菜单中选择“Web 归档”，如图 7.12 所示。

4 选择存储的文件夹，然后单击“存储”按钮。

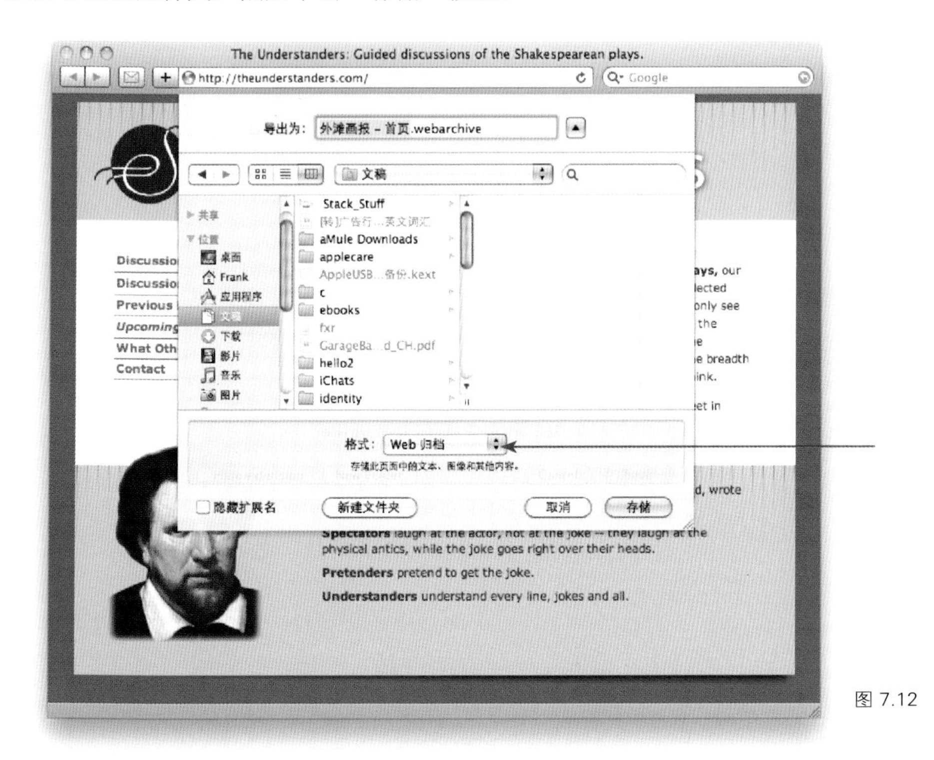

图 7.12

保存网页中的表格：Control + 单击（或右键单击）网页中的表格，在弹出的快捷菜单中选择“将表格存储为”。

7.14 通过网页截取功能制作网页截取 widget 程序

这是一项相当酷的功能。在 Safari 工具栏上单击网页截取按钮可以将网页任意部分的内容制作成一个 Dashboard 的 widget 程序，而且所截取网页中的所有按钮、输入栏或链接在

Dashboard 中还可以继续使用。如果删除了网页 widget 的程序，则需要重新通过网页截取功能重新制作。

截取网页制作网页截取 widget 程序

1 在 Safari 程序中打开的任意网页上。

2 单击 Safari 工具栏上的网页截取按钮（如果工具栏中没有显示该按钮，需要 Control + 单击工具栏，在弹出的快捷菜单中选择“自动工具栏”，然后将自定工具栏窗口中的“在 Dashboard 中打开”按钮，即网页截取按钮拖放到工具栏上）。

3 网页变暗，显示有可以清晰查看网页内容的截取窗口，该窗口随鼠标移动，在需要截取的网页位置上，单击鼠标，此时截取窗口四周出现 8 个定位标志，拖动定位标志以调整截取窗口的大小。在截取窗口中，点按鼠标可以移动窗口。

4 选取结束后，单击网页右上角的“添加”按钮，如图 7.13 所示。

5 系统自动启动 Dashboard，此时截取窗口中的网页内容变成 widget 程序，显示在 Dashboard 中。

在新添加的网页截取 widget 程序的界面上，单击右下角的“i”标志（如图 7.14 红圈中所示），程序翻转到 widget 程序设置界面，在该界面中可以为 widget 程序添加喜爱的边框。

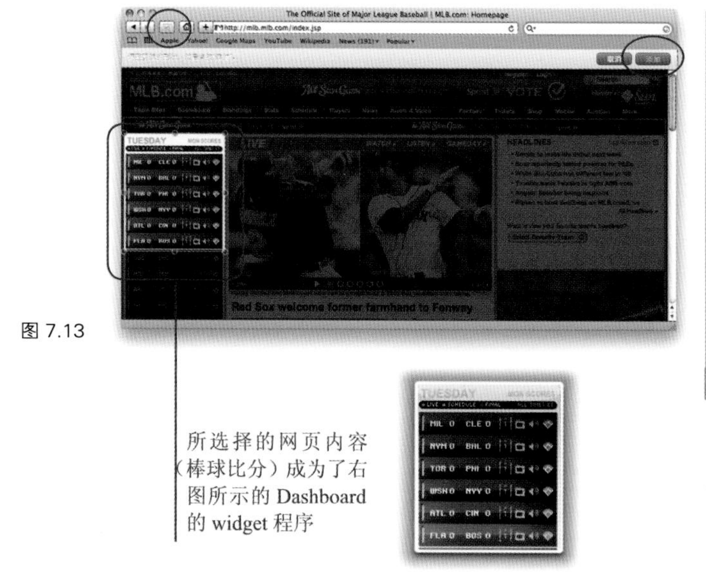

图 7.13

所选择的网页内容（棒球比分）成为了右图所示的 Dashboard 的 widget 程序

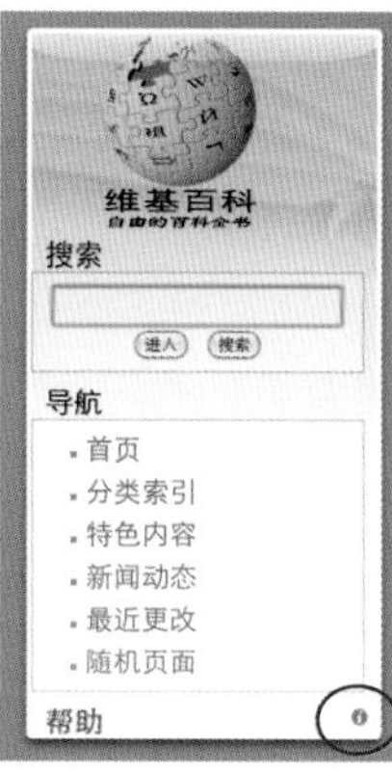

图 7.14

在此维基网页 widget 程序的搜索框中，输入关键字，单击“搜索”按钮开始在维基网页中进行搜索

7.15　打印网页

在打印网页前，你可以预览打印效果。另外，在打印时可以选择不打印网页背景，或在打印时同时打印网页地址和打印时间。

打印网页

1　在需要打印的网页界面中按 Command +P 键（或在 Safari 的菜单栏上选择“文件→打印）打开打印对话窗口，如图 7.15 所示。

2　单击图 7.15 红圈中所示的三角标志显示完整的打印对话窗口。

3　确认图 7.15 窗口中所示的选项中选择的是“Safari”。网页预览显示在左侧的窗口中。

4　根据需要，勾选或取消“打印背景”和“打印页眉和页脚”选项前的勾选，如图 7.15 所示。

5　如果打印的网页内容超过一页，则可以在预览窗口中，通过其下方的箭头按钮浏览每页的内容。

6　单击“打印”按钮开始打印，如图 7.15 所示。

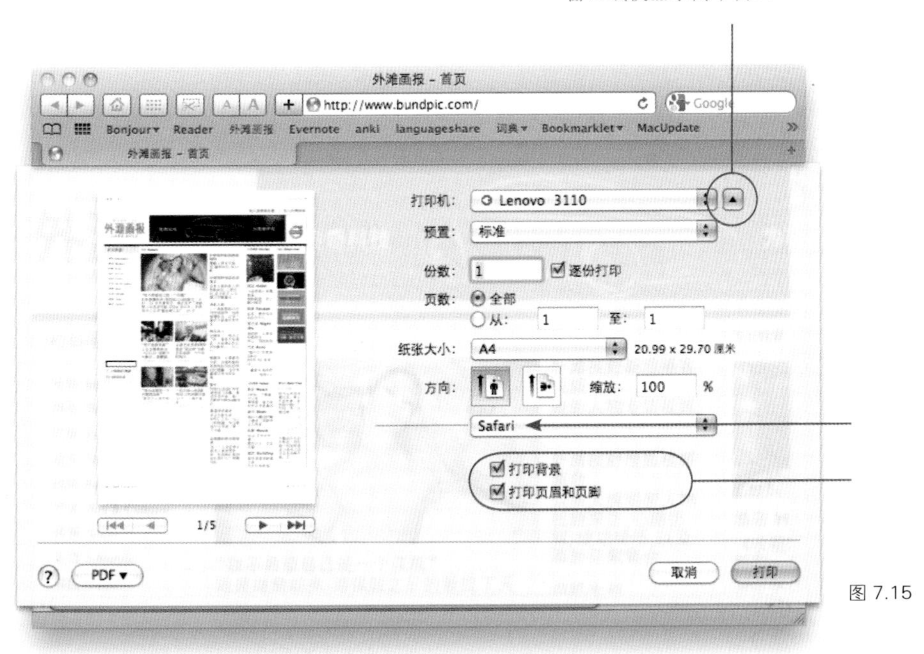

图 7.15

7.16 秘密浏览功能

通过以上介绍，你可能已经注意到Safari程序可以记录你曾经搜索过的关键字以及浏览过的网页。而且Safari程序的自动填表功能甚至能够记忆在网页中输入过的用户名、联系信息、密码和信用卡号码。如果其他人也可以使用你的个人电脑或你在别人的苹果电脑、学校或网吧中使用Safari程序时，肯定不希望Safari程序记录以上所说的这些信息，此时可以启用Safari的秘密浏览功能。

启用秘密浏览功能后

- Safari程序不会记录你在任何网页中输入的信息。
- 在Safari程序窗口右上角单击谷歌搜索框，不会显示任何的搜索历史记录。
- 曾经浏览过的网页不会出现在“历史记录”菜单中。但你在浏览网页时，依然可以使用前进或后退按钮查看曾浏览过的网页。
- 退出Safari程序或关闭秘密浏览功能后，系统自动在下载窗口中清除你的下载历史记录。
- 退出Safari程序或关闭秘密浏览功能后，系统自动清除Cookies。

启用秘密浏览功能：在Safari程序菜单栏上选择“Safari→秘密浏览”。菜单中选项前的对勾符号表明该选项当前处于激活状态。

关闭秘密浏览功能：在Safari程序菜单栏上再次选择“Safari→秘密浏览”，关闭该功能，此时“秘密浏览”选项前的对勾符号消失。

即使菜单中选择了启用秘密浏览功能，当你退出Safari程序时秘密浏览功能自动关闭，所以每次启动Safari程序后，如果需要使用秘密浏览功能，都需要重新在菜单中启用该功能。

保护隐私更安全的方法 浏览结束时，在Safari程序的菜单栏中选择“Safari→还原Safari”，可以在出现的如图7.16所示列表中，选择需要清空的内容。虽然本方法可以更好地保护你的隐私，但是却会恢复Safari程序所有的默认设置。

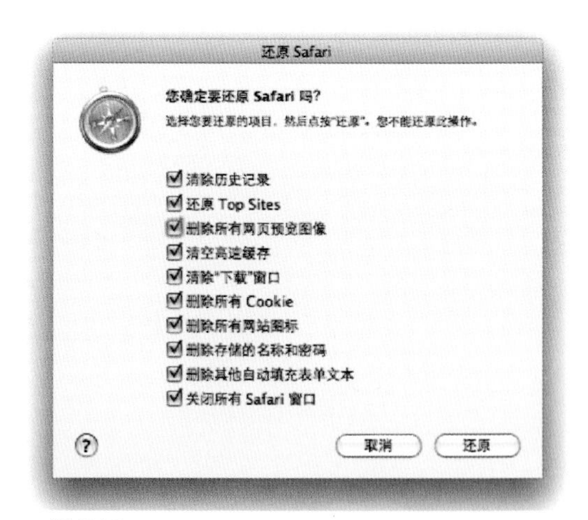

图7.16

7.17　家长控制

如果家中有儿童（或像儿童一样无法控制自己的成人用户），你可以通过家长控制功能限制其访问网页。该功能所涉及的多账户知识请参见第 18 课内容。启用家长控制功能需要通过管理员账户为用户创建一个电脑账户。启用家长控制功能的用户只能访问你在书签栏中添加的网页，无法在地址栏中输入网址打开网站，无法修改网页书签或通过工具栏上的谷歌搜索框进行网络搜索。

限制儿童用户的网页访问权限

1 在偏好设置的“账户”选项卡中，创建一个账户。在“账户选项卡”中勾选“启用家长控制”功能选项。

2 单击“打开家长控制”按钮。

3 在左侧列表中选择需要启用家长控制的账户。

4 选择“内容”选项卡。

5 在该选项卡中单击选择“仅允许访问这些网址”选项。

6 在出现的列表中选择一个网页地址，按“-”按钮，删除该网页地址。按“加号”按钮，在出现的输入框中输入网页地址添加新的网址。

7 使用启用家长控制的账户登录电脑，启动 Safari 程序，确认仅有步骤 6 中设置的网址出现在 Safari 的书签栏上，如图 7.17 所示，而且该账户只能访问书签栏中预设的网页。

图 7.17

注意，家长控制功能仅适用于 Safari 程序，无法限制其他的因特网浏览器程序。但是，管理员可以在家长控制中设定受限账户所能使用的程序。

7.18　什么是 RSS？

目前所有著名的新闻组织，成千上万的个人博客和个人网页都以 RSS 订阅方式提供了所刊载文章的简介和标题，以便于订阅者查看所需信息。

打开一个支持 RSS 订阅的网页，在地址栏中单击 RSS 图标即可浏览该网站的 RSS 内容。图 7.18 显示的是苹果官方网站的 RSS 订阅的内容。

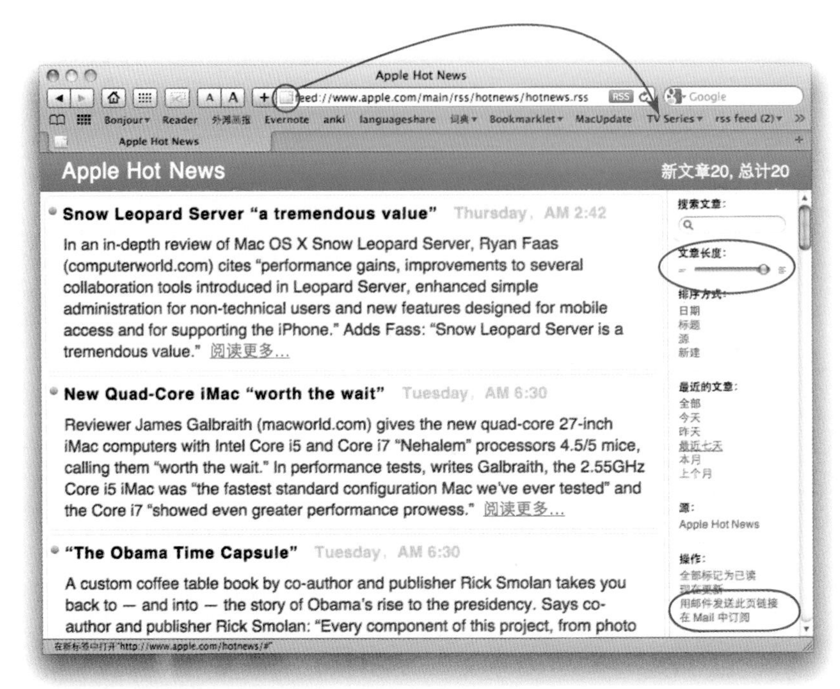

图 7.18

通过界面中的选项可以自定义 RSS 显示界面。拖动“文章长度”的滑动条，如图 7.18 中上方红圈中所示，可以调整显示文章内容的多少。另外，通过右侧侧边栏中的其他选项可以更好地设定 RSS 订阅文章的浏览方式，以满足订阅者的需要。

在 RSS 界面中单击文章标题或每个文章后面的“阅读更多”，Safari 自动打开该文章所在的网页，从而可以浏览完整的文章内容。

在 Safari 的地址栏上，将 RSS 地址前的图标拖放到 Safari 的书签栏上，即可将 RSS 订阅添加为书签，RSS 订阅中未读文章的数目显示在 RSS 书签旁。

你可以根据需要随时添加更多的 RSS 书签或删除 RSS 书签，或者在 RSS 订阅中搜索所需信息，并且可以将搜索存储起来留待以后继续使用（在 RSS 订阅界面右上角的“搜索文章”框中，输入搜索关键字进行搜索，然后在侧边栏的“操作”类别中，单击“将此搜索收录在书签中”）。

7.18.1 在 Safari 程序中，浏览所有保存的 RSS 订阅

默认情况下，Safari 程序中已经添加了一些 RSS 订阅，你可以按照以下介绍的方法添加自己喜欢的 RSS 订阅。

浏览全部的 RSS 订阅

1 启动 Safari 程序。

2 如果 Safari 界面中没有显示书签栏，按 Command+Shift+B 键或在 Safari 菜单栏上选择“显示→显示书签栏”。

3 在书签栏最左侧单击“显示所有书签”图标。

4 在侧边栏上的“精选”分类中，单击“所有 RSS 提要”，右侧窗口中分别以 Cover Flow 和列表方式显示所有的 RSS 订阅。每个 RSS 订阅的左侧显示有一个蓝色的 RSS 图标。

5 在列表中双击一个 RSS 订阅网址或在 Cover Flow 中，单击 RSS 订阅预览图可以打开该 RSS 订阅所在的网页。

图 7.19

浏览分类的 RSS 订阅　在侧边栏上选择包含 RSS 订阅的文件夹或在书签栏上单击包含 RSS 订阅的书签。

7.18.2 获得更多的 RSS 订阅

当浏览的网页支持 RSS 订阅时，该网页地址上会显示如下图所示的 RSS 图标。

在地址栏上单击 RSS 图标可查看 RSS 订阅的真实地址。

图 7.20

图 7.21

通过在线搜索引擎，如谷歌搜索引擎，搜索关键字“RSS 订阅”或“XML 订阅”可获得更多的 RSS 订阅。

7.18.3 浏览书签文件夹中的 RSS 订阅

单击书签栏上包含 RSS 订阅的书签文件夹，弹出如图 7.22 所示的菜单。在菜单中选择标有未读文章数目的 RSS 订阅以打开所选 RSS 订阅，或选择“显示所有 RSS 文章”打开该书签文件夹下的所有 RSS 订阅。选择“以标签方式打开”选项，以标签方式打开书签文件夹下的所有 RSS 订阅。

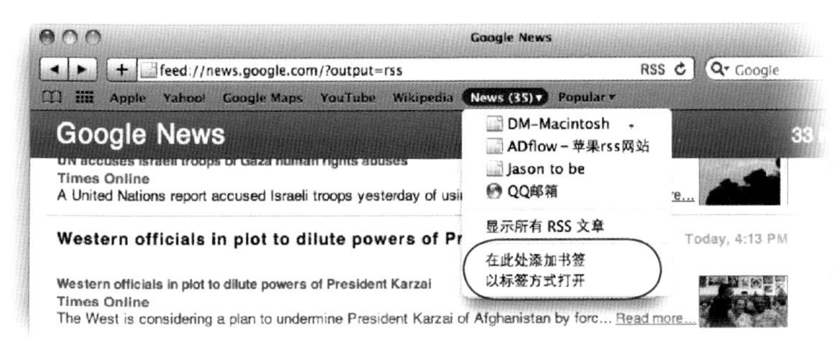

图 7.22

7.18.4 将喜爱的 RSS 订阅添加为书签

在苹果操作系统中，至少有以下 3 种方式可以将喜爱的 RSS 订阅添加为书签。

首先，在显示所有书签界面中 ，单击侧边栏下方的“加号”按钮，在侧边栏中添加新的书签文件夹，并为该文件夹命名。

通过以下任意一种方法将喜爱的 RSS 订阅添加为书签

- 单击地址栏中 RSS 图标，打开 RSS 订阅界面。将该页面添加为书签，在出现的菜单中选择将书签存储在刚创建的文件夹中或选择“书签栏”，将该 RSS 订阅直接添加在 Safari 的书签栏上。
- 在网页中点击 RSS、XML 图标或带有“Atom”字样的图标，Safari 程序自动打开 RSS 订阅界面，将该页面添加为书签，在出现的菜单中可以选择将书签存储在刚创建的文件夹中。
- 如果网页中包含 RSS 或 XML 链接，Control + 单击（或右键单击）该链接，在弹出的快捷菜单中选择“将该链接添加为书签”，务必在命名该书签时做到清楚明了，易于分辨。
- RSS 订阅旁边圆圈中的数字为此订阅中未读文章的数目。

7.18.5 以标签方式一键打开所有的网页或 RSS 订阅

通过 Safari 的“自动点按”功能，单击一下鼠标，即可以标签方式打开书签文件夹中的所有网页。

以标签方式自动打开所有的网页

1 在显示所有书签界面中单击侧边栏“精选”分类中的“书签栏”。

2 在右侧窗口中勾选书签文件夹右侧“自动点按”选项的复选框（如果没有创建书签文件夹，则不会出现复选框），如图 7.23 所示。

3 勾选后，书签栏上的书签文件夹旁的三角标志变成方形标志。

图 7.23

4 单击书签文件夹的方形标志，自动以标签方式打开该书签文件夹中的所有网页，每个网页显示在一个标签中，如图所示。单击标签切换显示标签中的网页，左右拖动标签可调整标签的排列顺序。

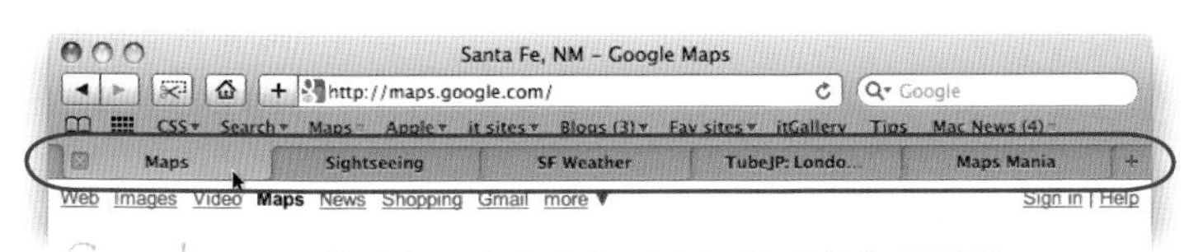

鼠标停放在书签上，单击书签左侧出现的X标志关闭该标签。按住键盘上的Option键，单击书签上的X标志关闭所有的标签

7.18.6 在Mail程序中浏览RSS订阅

为了更方便地了解所需信息，你可以将RSS订阅添加到Mail程序中，在打开Mail查看邮件时即可同时浏览自己的RSS订阅。将RSS订阅添加为书签时（按Command+D或在工具栏上单击“加号”按钮），在弹出的窗口中，勾选“Mail”选项，如图7.24所示，将RSS订阅添加到Mail程序中。

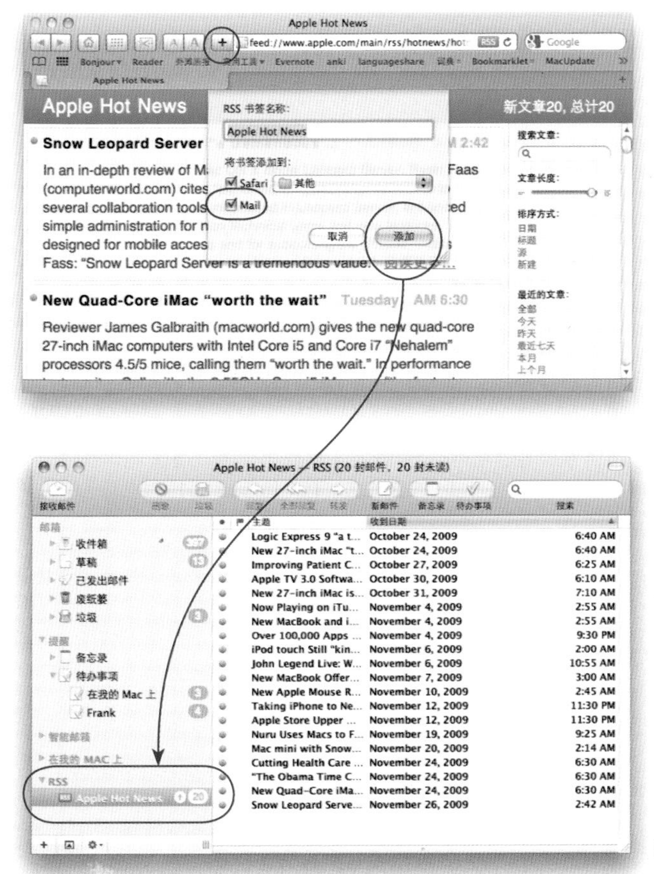

图7.24

7.18.7 更改 RSS 订阅的设置

在 Safari 程序的偏好设置中，可以设置检查 RSS 订阅更新的频率，高亮显示新文章的颜色，删除旧文章的时间间隔等。

打开 RSS 订阅的偏好设置 在 Safari 的菜单栏上选择"Safari →偏好设置"，然后选择"RSS"选项卡。

如果设置自动更新文章后，Safari 会在检查更新后，将未读文章数目显示在该 RSS 书签或 RSS 书签文件夹旁。

7.18.8 与朋友分享 RSS 订阅

如果希望与朋友分享 RSS 订阅，只需在 Safari 中打开分享的 RSS 订阅，在 RSS 订阅窗口的右下方单击"用邮件发送此页链接"，如图 7.25 所示，系统自动启动 Mail 程序，并将该 RSS 订阅地址填写在邮件正文中，自动填写邮件主题，你只需在填写收件人地址后发送即可。

图 7.25

7.18.9 使用 Mail 程序订阅 RSS

在 Safari 程序中打开 RSS 订阅，单击窗口右下方的"在 Mail 中订阅"，系统自动将该 RSS 订阅添加在 Mail 程序的侧边栏上。

7.18.10 将 RSS 订阅作为屏保

你可以将 RSS 订阅中的文章标题显示在屏幕上作为电脑的屏保。实际上的显示效果要比这样说起来酷多了。

1 在苹果菜单中选择“系统偏好设置”。

2 在设置界面中单击“桌面与屏幕保护程序”图标，然后选择“屏幕保护”标签。

3 在左侧列表中选择“RSS Visualizer”，如图 7.26 所示。

4 单击“选项”按钮，在出现的窗口中选择作为屏保的 RSS 订阅。设置完成后，关闭设置窗口。

图 7.26

7.19 Safari 使用技巧

默认情况下，单击 Safari 窗口右上角的“加号”按钮，即“创建新标签”按钮，Safari 自动打开 Top Sites 标签页。在 Safari 的偏好设置中选择“通用”选项卡，在“新标签打开方式”的下拉菜单中选择“更改”，单击“加号”按钮打开的页面。首页、空白页面、同一页面或书签（以 Cover Flow 方式显示最近常选的书签文件夹）。

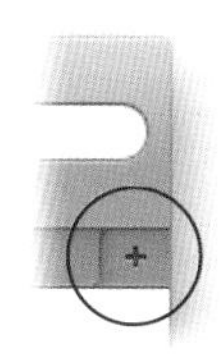

通过键盘上的箭头方向键上下或左右滚动页面。

在 Safari 程序的菜单栏上打开“历史记录”菜单中，可以选择“重新打开上次连线时段的所有窗口”。

而在“窗口”菜单中选择“合并所有窗口”，Safari 将所有打开的窗口以标签方式显示在同一个窗口中。

在“书签”菜单中选择“为这些标签添加书签”，Safari 自动为当前窗口中所有标签的网页创建一个书签文件夹，在出现的对话窗口中，可设定书签文件夹存储的位置。通过此方法创建的书签文件夹默认启用了“自动点按”功能，一键即可重新打开该书签文件夹中的所有网页。

7.20　可以与 Safari 整合使用的程序

地址簿　在 Safari 偏好设置的“书签”选项卡中勾选“包括地址簿”选项，将地址簿添加到 Safari 程序的书签栏上，可以方便地访问联系人信息中保存的网址。

“自动填充”功能将自动调用地址簿中“我的卡片”中的联系人信息。

Mail　将网页链接或整个网页内容通过电子邮件发送给其他人分享。

单击网页中的电子邮件地址，系统将启动 Mail 程序，并自动填写新邮件中的收件人信息。

通过 Mail 程序订阅 RSS。

文本编辑程序　单击文档中的网页链接，系统自动启动 Safari，打开该网页。

iCal　单击 iCal 事件中的网页链接，系统自动启动 Safari，并打开该网页。

Dock　在 Safari 中，将地址栏中网址左侧的图标拖放在 Dock 的最右侧，即可创建该网址的 Dock 快捷方式。无论在任何程序界面或在任一空间中，单击创建的网址快捷方式，系统自动启动 Safari，并打开该页面。

8

课程目标

- 创建日历
- 添加事件和创建待办事项
- 通过邮件发送事件提醒
- 共享日历和访问其他人共享的日历
- 打印日历的多种方式

第8课

iCal程序

——让生活井井有条

iCal程序是苹果系统中专门用来记录事件、创建数字化的待办事项，帮助你安排工作和生活，能在事件到期时自动提醒你的一款日历软件。通过iCal，你可以通过因特网发布自己创建的日历（公开或隐密地），其他iCal的用户不但可以注册后访问发布的日历，还可以根据发布的日历自动更新其电脑中iCal程序的数据，或者可以将日历上传到因特网上，所有人通过任何类型的电脑都可以浏览该日历的内容。对于那些需要在Windows系统环境下工作的用户，iCal目前已经支持Microsfot Exchange Server 2007，方便用户同步工作中需要的日历。

iCal程序是一款很实用的软件，无论是记录家庭生活的各种活动，还是帮助你协调公司中的日程安排，iCal程序都可以独立完成。

如果拥有一部苹果iPhone手机，通过iCal还可以将选定的日历同步到iPhone手机中，从而不会遗漏任何重要的约定。

8.1 iCal 程序界面

iCal 程序的窗口看起来类似大家熟悉的日历，但比真实的日历要方便得多，轻点鼠标即可切换不同的浏览方式：按月份查看、按星期查看或按日期查看。还能够查看过去和将来的任意日期，设定重复事件的日期为每月第一个星期五或每三个月，或为指定日历创建待办事项。另外，支持隐藏其他日历，只查看某日历的日程安排或同时查看多个日历的日程安排，以查看设定的事件中是否存在时间冲突，如图 8.1 所示。

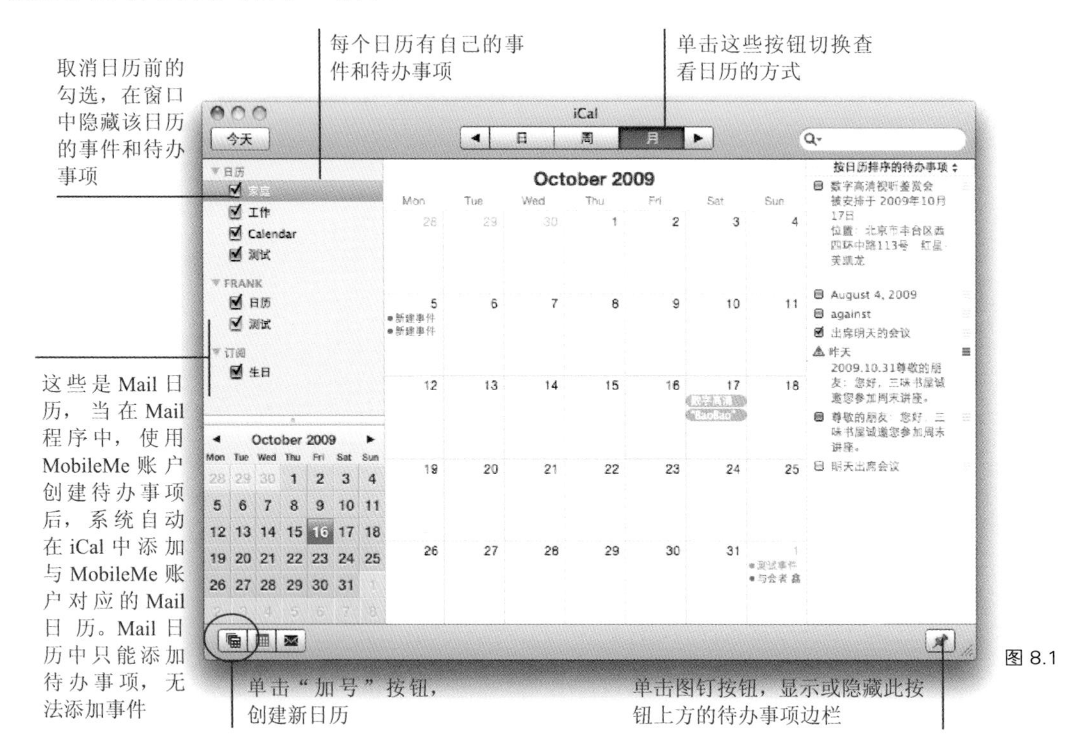

图 8.1

8.2 创建谷歌或雅虎日历

如果拥有谷歌或雅虎账户，可以在 iCal 中创建对应账户的日历。

1 打开 iCal 程序的偏好设置，选择“账户”选项卡。

2 在选项卡左下方，单击“加号”按钮添加新的账户。

3 输入谷歌或雅虎账户的电子邮件地址和密码，然后单击“创建”按钮，iCal 自动查找与输入邮件地址关联账户的所有日历。

8.3　创建日历

在 iCal 程序窗口中单击左下角的“加号”按钮，创建并命名一个新的日历。

你可以创建任意多的日历，并可以通过勾选日历前的勾选框来控制在窗口中显示的日历事件，所以你可以为家中每个孩子和自己的工作分别创建一个日历，然后选择勾选所需查看的日历，即可在窗口中查看指定日历的事件或所有日历的事件，你的生活在日历上一览无遗。

Control + 单击（或右键单击）日历的名称，在弹出的快捷菜单中选择“显示简介”，在弹出的窗口中更改代表日历的颜色和日历的简介信息，如图 8.2 所示。

图 8.2

单击此按钮创建新日历。按住键盘上的 Shift 键，单击此钮创，建新的日历组

8.4　创建日历组

为了能更好地管理相关日历，你可以创建一个日历组，然后将相关的日历，如与孩子相关的日历或与特定项目相关联的几个日历放置在一个日历组中。

创建日历组　在 iCal 程序的菜单栏上选择"文件→新建日历组"，或在 iCal 程序的窗口中，按住键盘上的 Shift 键，单击左下角的"加号"按钮。

命名新的日历组，将相关联的日历拖入到日历组中。如果在创建新日历时，在左侧侧边栏上已选择了日历组，则新创建的日历自动添加在所选的日历组中。

图 8.3

单击日历组左侧的三角形标志，显示或隐藏日历组中的日历

8.5　自动更新的生日日历

iCal 可以根据地址簿中联系人的生日信息创建一个生日日历，该日历能够根据联系人信息的更改自动更新数据。

1　首先，在地址簿中添加生日信息栏。

2　接下来在 iCal 程序的菜单栏上选择"iCal →偏好设置"。

3　选择"通用"选项卡。

4　在该选项卡中勾选"显示生日日历"选项，生日日历出现在 iCal 窗口中的"订阅"分类中。如果日历列表中没有"订阅"分类，iCal 会自动创建此日历分类。

在日历中单击任意生日事件弹出生日简介窗口，单击窗口中的"在地址簿中显示"，系统自动启动地址簿程序并显示所选联系人的信息，然后可以在地址簿程序中直接向该联系人发送生日贺卡，如图 8.4 所示。

你无法修改生日日历，甚至不能为即将到来的生日事件设定提醒，但可以手动创建生日事件，然后再设定生日提醒。

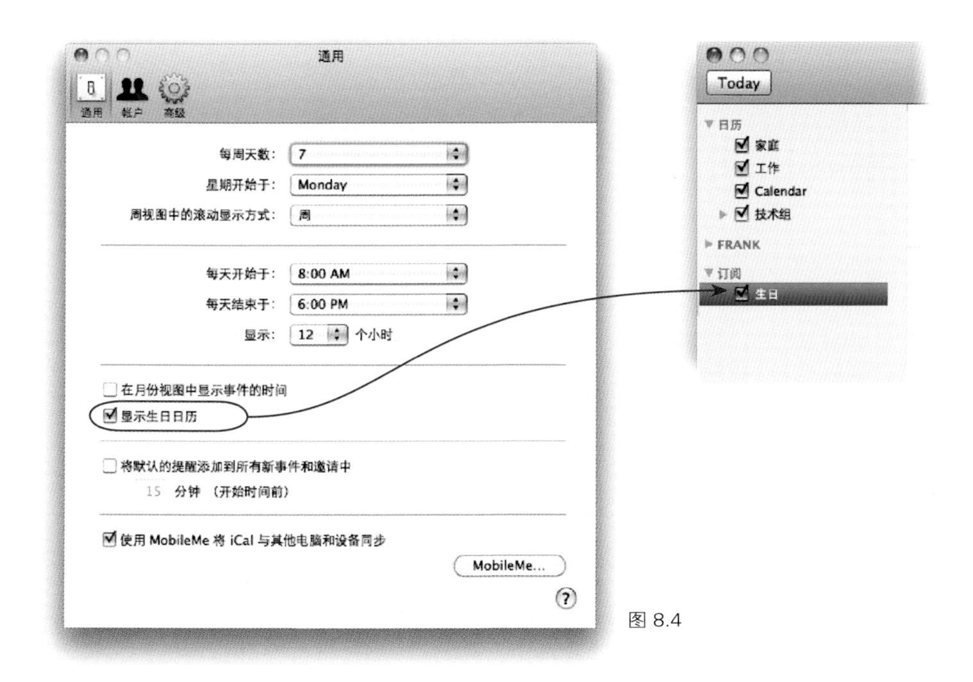

图 8.4

8.6 创建事件

事件指的是即将在某日期发生的事情，你可以通过以下多种方法创建新事件。

首先，在 iCal 中选择创建事件的日历，然后：

- 在“月份视图”中，双击某日期弹出事件简介窗口，输入相关信息，单击“完成”按钮或窗口外区域关闭窗口。同一天创建的事件按照事件创建的时间排列。
- 在“周视图”或“日视图”中，在对应的时间开始位置上双击鼠标，然后拖动出现的事件标签到事件结束时间位置上。双击事件标签弹出事件简介窗口，输入相关信息，单击“完成”按钮或窗口外区域关闭窗口。
- 如果创建的事件在时间跨度上横跨多日，需在事件简介窗口中勾选“全天”选项，然后设定“从”和“到”信息栏中的时间。
- 创建重复事件，需在事件简介窗口的“重复”信息栏中指定事件发生的频率，iCal 会根据设定的时间频率自动添加事件。例如，我每个月的第一个星期五会主持莎士比亚阅读讲座。

这些小图标代表该事件包含文件附件和事件参加者中未回复邮件人员的名单

在双击事件弹出的简介窗口中可以查看事件的简介

图 8.5

按 Command+I 键弹出所选事件的简介窗口。按 Command+E 键编辑所选事件

如果为事件添加了文件附件，可以在简介窗口中，选择文件附件，然后按空格键启用快速查看功能浏览文件附件的内容

8.7 创建待办事项

在某日历中所创建的待办事项为该日历的专属待办事项，通过是否勾选日历前的复选框可以在 iCal 窗口中显示或隐藏该日历的待办事项，如图 8.6 所示。

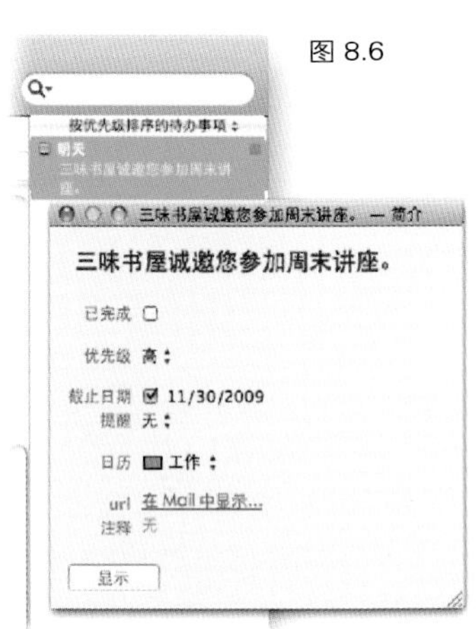

图 8.6

创建待办事项

1 如 iCal 窗口右侧没有显示待办事项窗口，需单击窗口右下角的图钉按钮。

2 在 iCal 左侧列表中选择一个日历。

3 在待办事项窗口中双击空白区域或 Control + 单击（或

右键单击）空白区域，在弹出的快捷菜单中选择“新建待办事项”。

4 直接双击待办事项打开该事项的简介窗口。在该窗口中可以设定事件优先级，添加注释，设置截止日期，更改所属的日历等。

5 如果待办事项已完成，在事项简介窗口中勾选“已完成”选项。

通过电子邮件发送待办事项

你可以将待办事项通过电子邮件发送给其他人，如果收件人使用的也是苹果电脑，他单击邮件中的链接即可将收到的待办事项添加到电脑的 iCal 程序中。

在 iCal 中通过电子邮件发送待办事项

1 Control + 单击待办事项窗口中的待办事项，在弹出的快捷菜单中选择“发送待办事项邮件”。

2 系统自动启动 Mail 程序，将所选的待办事项添加为邮件附件，如图 8.7 所示。

图 8.7

3 收件人单击邮件中的链接，然后在出现的窗口中，选择需要添加事件的日历，单击“好”按钮，则该待办事项会添加到收件人 iCal 程序的所选日历中。

8.8 通过电子邮件发送事件邀请

你可以通过电子邮件向其他人发送事件邀请，而收件人可通过电子邮件回复事件邀请。Mail 程序自动将事件提醒显示在 iCal 中，并将新事件添加到日历中。

通过电子邮件发送事件邀请 / 事件提醒

Control + 单击（或右键单击）日历中的事件，在弹出的快捷菜单中选择“邮寄事件”，输入收件人地址，发送电子邮件。

回复 iCal 事件邀请

1 如果收到的电子邮件中包含 iCal 事件邀请，则在 iCal 窗口左下角显示有事件通知。如果在 iCal 窗口中没有显示事件通知窗口，需单击“通知”按钮。

2 当收到 iCal 事件邀请时，“通知”按钮上显示有红色箭头标志。在下图所示的事件通知窗口中，单击对应的按钮回复 iCal 事件邀请，系统自动向事件邀请人发送一封回复邮件。

3 如果选择接受事件邀请，事件会自动被添加在日历中的正确日期上，如图 8.8 所示。

图 8.8

单击此按钮显示或隐藏事件通知。当收到 iCal 事件邀请时，通知按钮上显示有红色箭头标志

8.9 关联事件和待办事项

将事件添加到待办事项中 将日历中的事件拖放到待办事项窗口中，日历中的事件保持不变，同时创建一个与该事件相关联的待办事项。

将待办事项转变为事件 将待办事项拖放到日历中的日期上，日历中的待办事项保持不变，同时创建一个与该待办事项相关联的事件。

8.10　自动排序待办事项

系统可以按照待办事项的截止日期、标题、日历或优先级自动进行排序。在待办事项窗口中，单击标题上的小箭头标志，在弹出的菜单中选择待办事项排序的选项。

也可以手动拖动待办事项以调整其在列表中的排列顺序。

8.11　备份日历

为预防日历中的信息出现不测，在 iCal 程序的菜单栏上选择“文件→导出”，选择备份数据存储的位置后导出日历数据。如果日历中的信息非常重要，建议将备份文件刻录到 CD 光盘中妥善保存。

8.12　预览事件的文件附件

双击事件弹出事件简介窗口，选择文件附件，如图 8.9 所示，按键盘上的空格键，启用快速查看功能预览文件附件的内容。通过快速查看功能，无需启动创建文件的原始程序，即可预览几乎所有类型的文件。

图 8.9

8.13 发布日历

如果你拥有 Mobileme 账户（或私人网络服务器），可以将已创建事件的日历（如果愿意还可以包含事件提醒和待办事项）发布在网页上，则世界各地的人们通过任意电脑都可以浏览该日历的内容，相当方便。

发布日历 在 iCal 中选择需要发布的日历，接下来在 iCal 程序的菜单栏中选择“日历→发布”，在出现的对话窗口中（如下图所示）选择所需选项后，单击“发布”按钮。

系统提示日历发布的网页地址，并提示是否通过电子邮件向其他人发送该网页地址。

邮件通知 在 iCal 程序的菜单栏中，选择“日历→发送发布信息的电子邮件”，通过电子邮件发送发布的日历的网页地址。

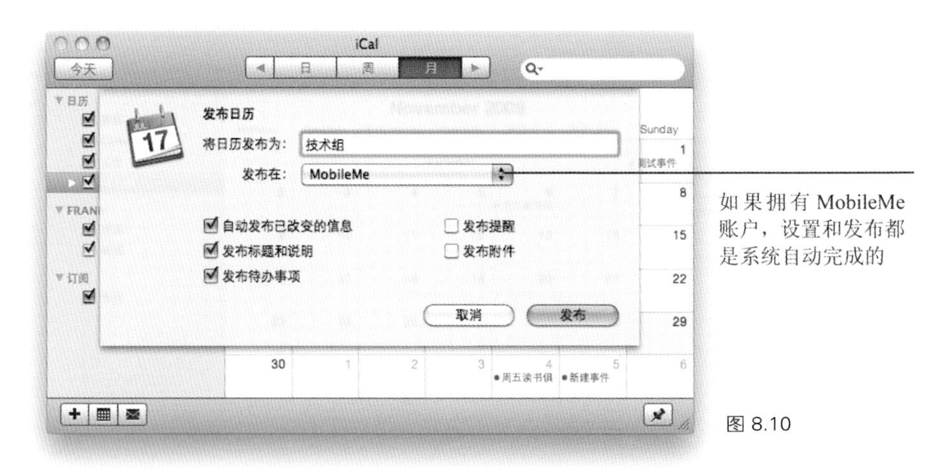

图 8.10

8.14 订阅日历

你可以订阅众多公众信息的日历，如 PGA Tour（Professional Golfer's Association Tour- 美国职业高尔夫联赛）的日历，NASCAR 比赛（National Association for Stock Car Auto Racing- 全国运动汽车竞赛协会）的日历和音乐家的巡演日历等。

订阅公共日历 在 iCal 程序的菜单栏中选择“日历→查找共享日历”，系统自动启动 Safari，打开苹果官方的公共日历页面，你在该页面中可以通过“最受欢迎”或“最近更新”分类寻找个人所需的日历。

订阅私人日历 在 iCal 程序的菜单栏中选择“日历→订阅”，在弹出的窗口中输入所要订阅日历的网址。如果收到共享日历的邀请，在邀请邮件中单击相应的链接即可完成订阅。

8.15　打印日历的多种方式

iCal 程序的打印对话窗口中提供了丰富的选项供你在打印时选择。窗口中“显示”选项中的模式不同，其提供的打印选项也不同，请熟悉一下每种显示模式中各个选项的功能。你可以根据需要自定打印日历所包含的时间跨度。打印的日历如同 iCal 中显示的一样，不同的日历以不同的颜色标示，便于你查看事件是否在时间上有冲突。

在 iCal 程序的菜单栏中选择“文件→打印”，出现如图 8.11 所示的对话窗口，在窗口中可以设定打印纸张类型、时间范围、打印所包含的日历等。按照个人需要勾选所需选项。设置完成后，单击“继续”按钮，出现正常的打印对话窗口，选择打印机并开始打印。

图 8.11

8.16 可以与 iCal 整合使用的程序

地址簿 通过地址簿中的联系人卡片或组别发送 iCal 事件邀请。

根据地址簿联系人信息中的生日信息，iCal 程序自动生成生日日历（在 iCal 程序的偏好设置中，勾选“显示生日日历”。

在事件简介窗口中输入参加者的名称时，iCal 程序自动调用该参加者在地址簿中的电子邮件地址。

在 iCal 程序的菜单栏中选择“窗口→地址簿”启动地址簿程序，将联系人信息拖放到事件简介窗口中的“被邀请人”位置上，可快速添加事件参加者。

Mail 在 iCal 程序中可以通过电子邮件发送事件邀请和日历更新通知，Mail 自动将事件邀请通知显示在 iCal 程序的窗口中。

在 Mail 程序中可以创建 iCal 日历。另外，Mail 程序中创建的待办事项会自动添加到 iCal 日历中。

在电子邮件中创建 iCal 事件时，鼠标停放在邮件中的日期或地址信息上，当出现数据检测器边框和菜单时单击菜单，在弹出的菜单中选择“创建新 iCal 事件”。

Mail 程序中创建的待办事项会自动添加到 iCal 的待办事项列表中。

iPhone 通过 iTunes 可以将 iCal 中的信息同步到 iPhone 手机中。可以使用 iPhone 手机发布日历，然后发送电子邮件通知其他人。其他人可以通过 iPhone 手机订阅和浏览发布的日历。

iSync 通过该程序可以将一台电脑中的日历信息与办公室其他的所有电脑进行同步或与 MobileMe 账户进行同步。

9

课程目标

- 设置 iChat
- 单人或群组文本聊天
- 语音聊天
- 最多同时支持四人的视频聊天
- 添加图像特效或更改聊天背景
- 通过 iChat 影院共享文件，甚至共享 iPhoto
- 通过 Bonjour 网络连接局域网用户
- 录制聊天

第9课

iChat 程序

——无限畅聊的文本、语音和视频交流工具

通过 iChat 程序，你可以免费同世界各地的电脑用户使用文本和语音聊天，举办视频会议。其文本聊天功能支持单人或群组聊天、文件交换、保存聊天记录。在硬件配置较高的电脑上，iChat 的语音聊天功能最多支持与 10 人同时在线聊天，或与最多 3 人同时进行视频会议。更神奇的是，即使与你聊天的好友没有配备摄像头设置，iChat 也可以进行单向的视频聊天。

9.1 设置 iChat

首次启动 iChat 程序时，程序会要求你输入特定信息（如聊天使用的账户），以开始使用 iChat。

如果已经拥有 Mobileme 账户，该账户将成为你聊天时屏幕上所显示的名称，即 iChat 聊天时的好友名称。当告诉其他人你的聊天账户名称时，账户名称要包含账户末尾的 @me.com。

在设置过程中，单击“获取 iChat 账户”按钮，系统自动登录 MobileMe.com，在该网页中，你可以申请 60 天 MobileMe 免费试用账户，60 天免费试用结束后，即使没有付费成为 MobileMe 会员，申请者依然可以继续使用该 MobileMe 账户进行 iChat 聊天。

或者登录 www.AIM.com，注册一个免费的 AIM 账户作为 iChat 聊天账户，该账户作为 iChat 聊天账户时，无需输入账户末尾的 @aim.com。

已有的 Jabber 账户可以作为 iChat 聊天账户。

或者登录 http://www.Google.com/talk 获得免费 Google Talk 账户做为 iChat 聊天账户，该账户同时也是 Jabber 账户。使用此账户进行设置时要输入账户末尾的 @gmail.com。

9.1.1 保存聊天记录

在 iChat 偏好设置的“信息”选项卡中，勾选“将聊天抄本存储到”，在该选项后的下拉菜单中选择存储聊天记录的文件夹，或使用默认的“iChats”文件夹（该文件夹位于“文稿”文件夹中）。

在线聊天时，在 iChat 程序的菜单栏中选择“编辑→标记抄本”，可以为聊天记录添加时间戳。

9.1.2 查看聊天记录

如果设置了保存聊天记录，当与好友进行聊天时，iChat 可以在聊天窗口中显示与该好友最近聊天的历史记录（可显示 5、25、100 或 250 条最近聊天记录）。在 iChat 偏好设置的“信息”选项卡中勾选“在新聊天窗口中，显示：”选项，然后在其后的下拉菜单中选择显示记录的数目，该功能对于经常进行重要谈话的用户来说是非常实用的一项功能。

9.1.3 iChat 好友列表和聊天窗口图示

图 9.1 中的三幅图显示的是典型的好友列表和文本聊天窗口，供你进行参考，以了解真正聊天时程序的运行情况。

好友列表。双击好友名称打开文本聊天窗口。如果好友的名称显示为灰色说明该好友当前处于离线状态

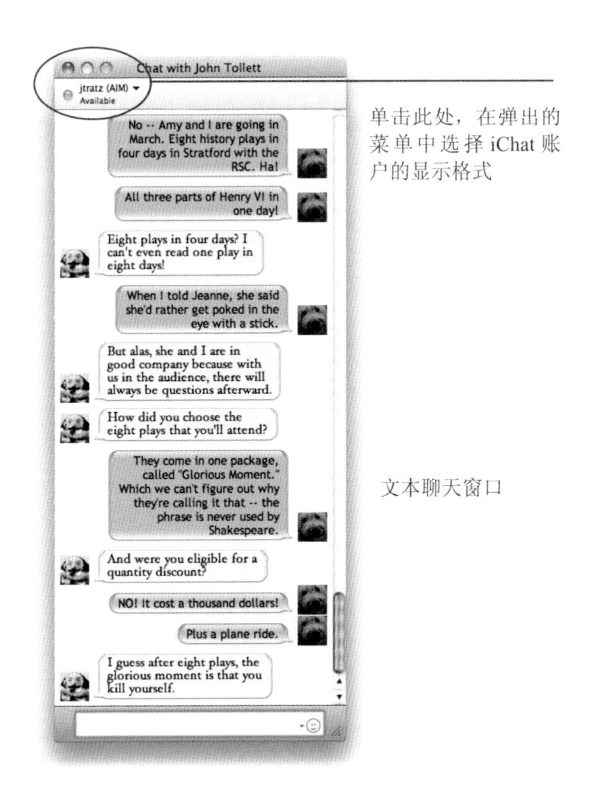

单击此处，在弹出的菜单中选择 iChat 账户的显示格式

文本聊天窗口

在 iChat 偏好设置（位于 iChat 菜单栏上的“iChat”菜单中）的“信息”选项卡中，可以自定义聊天窗口的样式（建议不要使用 Helvetica 字体，该字体在屏幕上不易辨识）

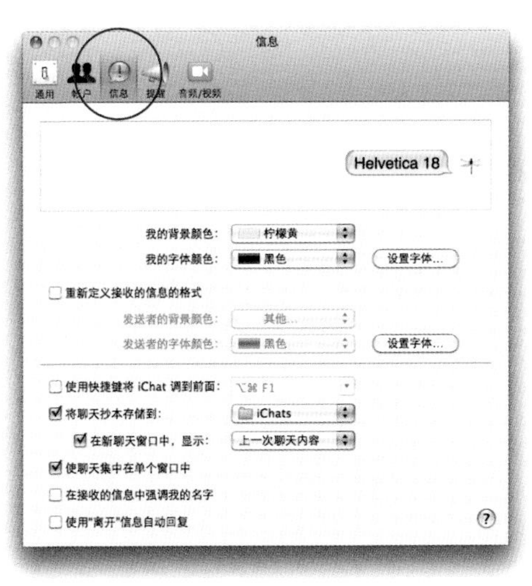

图 9.1

9.2 创建好友列表

通过 iChat 程序进行聊天时，首先需要设置好友列表。如果你使用的是 Google Talk 或其他 Jabber 账户，则好友列表称为 Jabber 好友列表。

1 如果启动 iChat 程序后，屏幕上没有显示好友列表窗口，需在 iChat 菜单栏中选择“窗口→好友列表”。

如果好友列表的标题栏上显示的是“离线”，单击“离线”，在弹出的菜单中选择“在线”。

2 在好友列表窗口中，单击窗口下方的“加号”按钮，在弹出的菜单中选择“添加好友”。

3 在出现的对话窗口中，在账户名称栏中输入好友账户名称，然后选择账户类型，如果选择 MobileMe 账户，系统会自动在账户末尾添加 @me.com。

或单击三角形按钮显示地址簿，从联系人列表中选择添加好友。

图 9.2

4 选择好友所属的好友组别。系统默认提供了几个组别供你选择，你也可以自己创建新的组别。

5 单击“添加”按钮。如果当前地址簿中没有该好友的信息，系统会自动将该好友信息添加到地址簿中。

9.3 开始聊天

无论是与办公室的同事还是世界各地的人们聊天，只要在 iChat 好友列表窗口中双击好友的名称或图片，注意不是好友名称旁的摄像头或电话图标，打开聊天窗口，输入文本，按回车键即可开始文本聊天。或者选择好友名称后，在好友列表窗口下方单击“A”图标开始聊天。

9.4 群组聊天

在 iChat 程序的聊天室中，你可以同时与至少 23 位世界各地的好友进行文本聊天。

1 在 iChat 程序的菜单栏中选择“文件→前往聊天室”。

2 在出现的窗口中输入聊天室的名称，注意，聊天室名称要独特，否则如果其他 iChat 用户在此步骤中输入的聊天室名称与你输入的相同，则该用户会直接进入你刚创建的聊天室。

3 聊天室窗口右侧会弹出参加该聊天室聊天人员的列表。单击列表下方的“加号”按钮邀请其他人进入聊天室。

4 继续单击“加号”按钮邀请多人参加聊天，直到满意为止。

或者提前告知聊天的人员在某一时间进入同一个聊天室，比如名称为“dogfood”的聊天室。在约定的时间，所有参加聊天的人员需要：

1 启动 iChat 程序，在 iChat 的菜单栏中选择“文件→前往聊天室”。

2 输入聊天室的名称（本例中为“dogfood”），然后单击“前往”按钮，无论用户身在何处，都会进入同一聊天室中，如图 9.3 所示。神奇吧！

本例中我创建了一个聊天室，然后邀请了我的爱人 John 和我的母亲 Pat 一同聊天

图 9.3

9.5 单人或群组语音聊天

与其他人进行在线语音聊天，就如同日常生活中的电话聊天一样。进行语音聊天的前提是聊天双方的电脑中配置了麦克风（内置或外置麦克风）或 iSight 等其他类型的摄像头设置。新版本的 iMac 和笔记本电脑中已经内置了摄像头设备。在好友列表中，如果好友名称左侧显示有电话标志，说明该好友可以进行在线语音聊天。

你只可以与 iChat 好友列表中的好友进行语音在线聊天。在图 9.4 所示的好友列表中，可以与名称旁显示有电话图标的好友进行一对一语音聊天。

如果好友名称旁显示有重合的电话图标，说明可以邀请该好友进行多人语音聊天。

进行语音聊天的方法是，直接单击好友名称旁的电话图标，或单击选择好友名称，然后单击好友列表窗口下方的电话图标。

如果你的好友电脑没有配置麦克风设备，如图 9.4 所示，可以选择该好友名称后，在 iChat 程序的菜单栏中选择“好友→邀请进行单向语音聊天”，则好友可以听见你的声音，但只能通过输入文本进行回复。

图 9.4

提示——iChat 会自动调用你的地址簿程序中的信息，将“我的卡片”中的图片做为你的 iChat 账户的图片。使用者可以更改该图片。

提示——为好友添加照片：选择任意好友名称，按 Command+I 键打开好友简介窗口，或 Control + 单击（或右键单击）好友名称，在弹出的快捷菜单中，选择“显示简介”，将任意图片拖放在窗口的相片框位置上。

语音聊天并邀请其他人加入

如果举行超过一人参加的语音聊天会议，那么从电脑硬件配置上来说，聊天发起者的电脑硬件配置的要求要比聊天参加者的电脑配置更高。最近几年内购买的苹果电脑，其配置都能满足发起语音聊天的硬件要求。

1 选择名称旁显示重合电话图标的好友，然后在好友列表窗口下方，单击电话图标（或直接双击好友名称旁的电话图标），发起语音聊天邀请。

2 被邀请人的电脑发出电话铃声，屏幕上会显示语音聊天的邀请信息。单击邀请信息查看邀请人信息，单击“接受”按钮，双方开始语音在线聊天。聊天窗口如图 9.5 所示。

图 9.5

3 单击窗口下方的“加号”按钮，弹出的菜单中列出了当前在线并可以进行语音聊天的好友名称，单击好友名称即可邀请其参加当前正在进行的语音聊天，如图 9.6 所示。

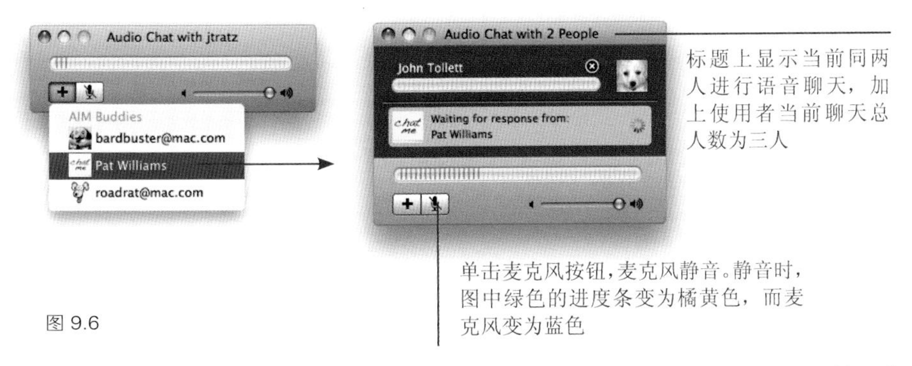

图 9.6

4 将好友从语音会议中清除的方法是，将鼠标移动到好友图片上，单击出现的 X 标志，该好友从语音会议中退出。

5 在语音聊天窗口上单击左上角的红色关闭按钮，关闭语音聊天。

9.6 同时支持最多四人的视频聊天

视频聊天指的是在进行聊天时，不但可以如语音聊天那样听见对方的声音，还可以直接看到对方的影像。当然，进行视频聊天的前提是双方电脑上都配备了摄像头设备。所有新版本的苹果iMac和笔记本电脑都内置了摄像头。如果你拥有苹果公司生产的iSight摄像头（目前已经停产）或其他公司生产的FireWire（火线）接口摄像头和USB接口摄像头，都可以将其连接到电脑上，进行视频聊天。

9.6.1 参与视频会议人员的选择

多人同时进行视频聊天时，要求参加者拥有较高的电脑配置和快速的因特网连接速度。如果你或好友列表中好友的电脑配置满足多人视频会议的要求，则其名称旁会显示多个重合摄像头的图标。进行四人同时的视频聊天则对电脑配置和网络连接速度要求更高。

在iChat程序的菜单栏中选择“好友→显示简介”，在窗口中的“功能”分类中查看好友所支持的聊天方式。

图 9.7

9.6.2 iChat 的音频和视频设置

在iChat偏好设置的音频／视频选项卡中，可以对视频聊天进行简单的设置。如根据因特网连接速度和视频聊天的人数，更改“带宽限制”来调试视频聊天的效果。

9.6.3 视频聊天并邀请其他人加入

发起多人视频聊天的电脑配置要比参加者的电脑配置更高。

1 单击好友名称旁多个重合摄像头的图标邀请好友进行视频聊天。被邀请人的电脑发出电话铃声，并在屏幕上显示邀请信息。被邀请人点击邀请信息窗口中的“接受”按钮后，其影像出现在屏幕上，替换你自己的影像，如图 9.8 所示。

图 9.8

2 单击视频聊天窗口下方的“加号”按钮，弹出的菜单中显示当前在线，并可以进行视频聊天的好友列表，单击好友即可邀请其参加正在进行的视频聊天。

此好友的电脑没有配备摄像头设备，所以该好友只能使用语音加入当前的视频聊天

图 9.9

如果你的好友电脑没有配备摄像头，可以选择该好友名称后，在 iChat 程序的菜单栏中选择“好友→邀请进行单向视频聊天”，好友可以看见你的影像，但只能通过输入文本进行聊天回复，如图 9.9 所示。

9.7 为聊天添加特殊效果

特殊效果没有实际作用，但是可以让聊天变得更加有趣。你可以扭曲自己的影像，添加艺术效果，甚至添加聊天背景，让聊天的好友以为你没在家里，而在其他地方。

预览视频特殊效果

1 在 iChat 程序的菜单栏中选择“视频→视频预览”。

2　然后在同一菜单中选择“显示视频效果”。

3　在图 9.10 所示的窗口中，选择所需特效，预览应用特效的效果。

图 9.10

在视频聊天过程中，应用特殊效果

1　在视频聊天时，单击视频聊天窗口左下角的“效果”按钮，打开上图所示的视频效果窗口。

2　视频效果窗口中间显示的是没有添加任何特效，最初状态的效果。单击任一特效，将该特效应用于视频聊天中。

3　在视频窗口中单击中间“最初状态”画面，恢复正常状态影像。

添加聊天背景

除了可以为视频聊天添加特殊效果以外，还可以使用照片或电影做为视频聊天的背景，替换真实的聊天背景。当你的聊天背景为简单的单色背景时，应用此方法替换背景的效果最好。我们曾使用平滑的，几乎纯白的背景墙作为聊天背景，然后使用替换背景功能后，得到了最好的效果（但还不是最理想效果）。虽然可以在视频聊天过程中进行背景替换，但最好在进行视频聊天前设置好，让对方大吃一惊。

1　在“视频效果”窗口中单击右箭头按钮，直到出现背景图片，背景图片中没有你自己的影像。

如果希望添加自定义背景照片或影片，继续单击右箭头按钮，直到出现“用户背景”，将图片或影片拖放到用户背景框中。

2　单击选择所需背景，屏幕出现“请退出画面”提示，按照提示离开摄像头，待屏幕上出现“已检测到背景”提示后，回到屏幕前。

3　iChat 自动使用所选背景图片或影片替换真实聊天背景，然后将你的影像显示在替换的背景前。

如需更改背景，iChat 会如上面步骤一样提示你离开屏幕，然后继续用所选背景替换当前的背景，如图 9.11 所示。

John 捏住鼻子，因为其聊天背景是湖底美景

图 9.11

9.8　iChat Theater（影院）

当你在视频聊天时，可以一边聊天，一边通过 iChat Theater 分享电脑中的文件、照片、幻灯片或影片，这个是非常神奇的一项功能。

通过 iChat Theater 分享文件

1　与好友开始视频聊天。

2　在 iChat 程序的菜单栏中选择“文件→使用 iChat Theater 共享文件”。

3　在打开的文件选择窗口中，选择一个文件、照片或影片，然后单击“分享”按钮，或直接将电脑中的任何文件、照片或影片直接拖放到视频聊天窗口中，如图 9.12 所示。

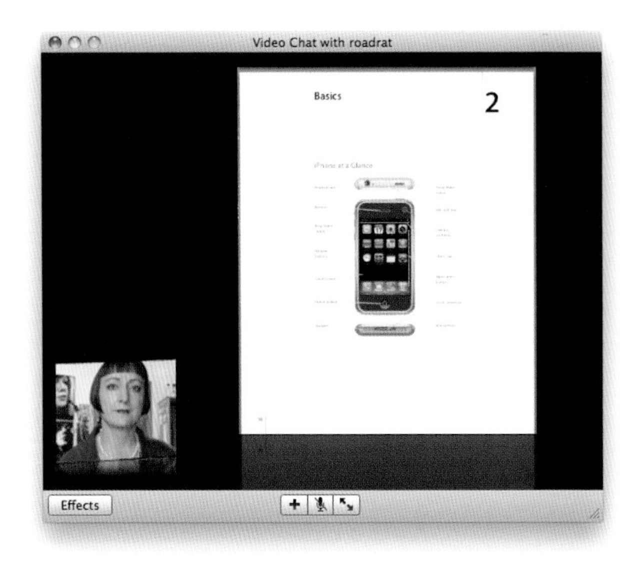

将文件拖放到视频聊天窗口中时，好友影像自动缩小到窗口右下角位置，为共享文件让出空间。此时好友屏幕上的聊天窗口中，你的影像也缩小到窗口右下角位置。好友与你同时浏览拖入窗口中的文件

图 9.12

共享文件同时，iChat Theater 还会自动在屏幕上打开一个共享文件的窗口，在该窗口中，你可以在与好友观看共享文件的同时，对共享文件进行控制，如滚动浏览多页文档，暂停播放共享影片或在聊天窗口中浏览上一个或下一个文件，如图 9.13 所示。

图 9.13

单击此处关闭 iChat Theater 功能

通过 iChat Theater 共享 PDF 文档时显示的共享文件窗口

如果共享的是影片文件，文件窗口中会显示播放 / 暂停按钮和影片进度条，便于你向前或向后拖动播放影片，如图 9.14 所示。

共享多个同类型或不同类型文件　按住键盘上的 Command 键，单击选择多个文件，然后将文件拖放到视频聊天窗口中。所有文件将以幻灯片模式进行播放。

iChat Theater 的影片控制按钮

共享多个文件的 iChat Theater 窗口和控制按钮

图 9.14

通过 iChat Theater 共享 iPhoto

1　与好友进行视频聊天。

2　在 iChat 程序的菜单栏中选择“文件→使用 iChat Theater 共享 iPhoto”。

3　在打开的 iPhoto 窗口中，如图 9.15 所示，选择共享的相册，单击“共享”按钮。

选择一个相册或多张照片进行共享，共享的照片在视频聊天窗口中以幻灯片显示

图 9.15

iChat Theater 打开的文件共享窗口，通过控制工具条可以控制幻灯片的播放

图 9.16

9.9 局域网中的 Bonjour 网络

Bonjour 网络是 iChat 程序的一个组成部分。通过局域网（有线网络、无线网络或两者混合式网络）连接的两台苹果电脑或多台苹果电脑自动组建成一个 Bonjour 网络。通过 iChat 可以向 Bonjour 网络中的电脑发送即时信息、文件，或进行音频和视频聊天（电脑配备有麦克风和摄像头的情况下）。通过“屏幕共享”功能，Bonjour 网络中的用户可以共享对方的电脑资源。

要实现以上功能，Bonjour 网络的用户无需 MobileMe 账户，AIM 账户或其他任何特殊的账户，只需电脑间相连即可。

设置 Bonjour 网络

1 启动 iChat，在 iChat 程序的菜单栏中选择“iChat →偏好设置”。

2 单击“账户”图标，在该选项卡的账户列表中单击“Bonjour”，如图 9.17 所示。

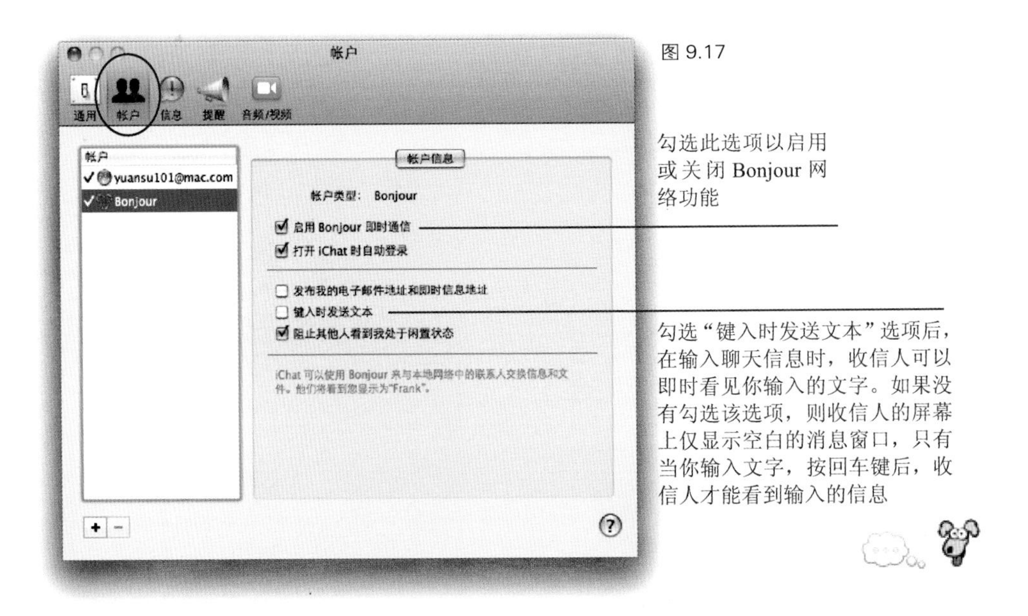

图 9.17

或启动 iChat 程序，在 iChat 程序的菜单栏中选择“窗口→ Bonjour 列表”，在该窗口通过按钮直接登录 Bonjour 网络。

Bonjour 列表窗口看起来与好友列表窗口一样，仅窗口中的标题不同。Bonjour 网络用户的聊天窗口也与 iChat 普通聊天窗口一样，如图 9.18 所示。

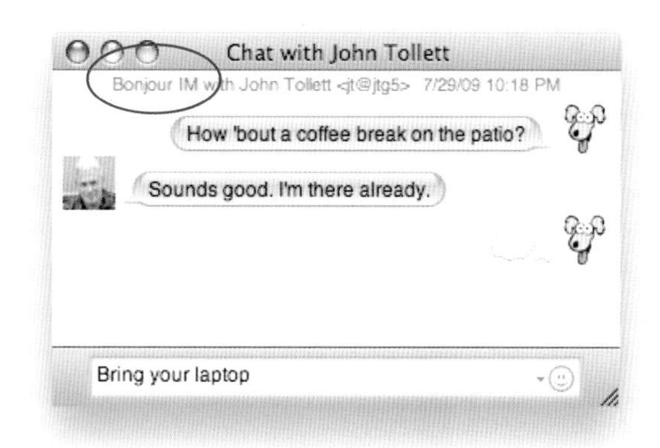

图 9.18

Bonjour 功能可以自动侦测局域网，并将你的电脑登录到 Bonjour 网络。如果在公众区域如网吧中使用电脑，从保护个人隐私和安全方面考虑，建议在不使用 iChat 时，退出 iChat 程序并关闭 Bonjour 网络。

将文件发送给 Bonjour 网络中的用户的方法是，直接将需发送文件拖放到 Bonjour 列表中好友的名称上即可。

或者在聊天时，将文件拖放到聊天窗口的文本输入框中，然后按回车键发送文件。如果发送的文件是图片格式文件，则该图片会直接显示在聊天窗口中，好友可以拖放显示的图片，将图片存储在电脑中，或双击打开聊天窗口中显示的图片，打开该图片文件。另外，收到文件的好友可以 Control + 单击（或右键单击）收到的文件，在弹出的快捷菜单中，使用快速查看功能预览文件。关闭快速查看窗口的方法是，按空格键或在快速查看窗口上，单击左上角的关闭按钮（圆圈中带有 X 标志的按钮）。

9.10　录制聊天内容

在音频或视频聊天过程中，你可以将聊天录制下来，并存储在电脑中。录制视频聊天需要大量的电脑磁盘空间，最高规格情况下，每 5 分钟的视频内容需要 1MB 的磁盘空间。

1　与好友进行音频或视频聊天。

2　在 iChat 程序的菜单栏中选择“视频→录制聊天”。

3　好友的音频或视频聊天窗口中会弹出请求录制聊天的信息框，如果单击“允许”（Allow）按钮，则聊天继续，录制开始，如图 9.19 所示。

4　录制过程中，双方聊天窗口上都会显示红色的录制图标，表示当前录制正在进行。

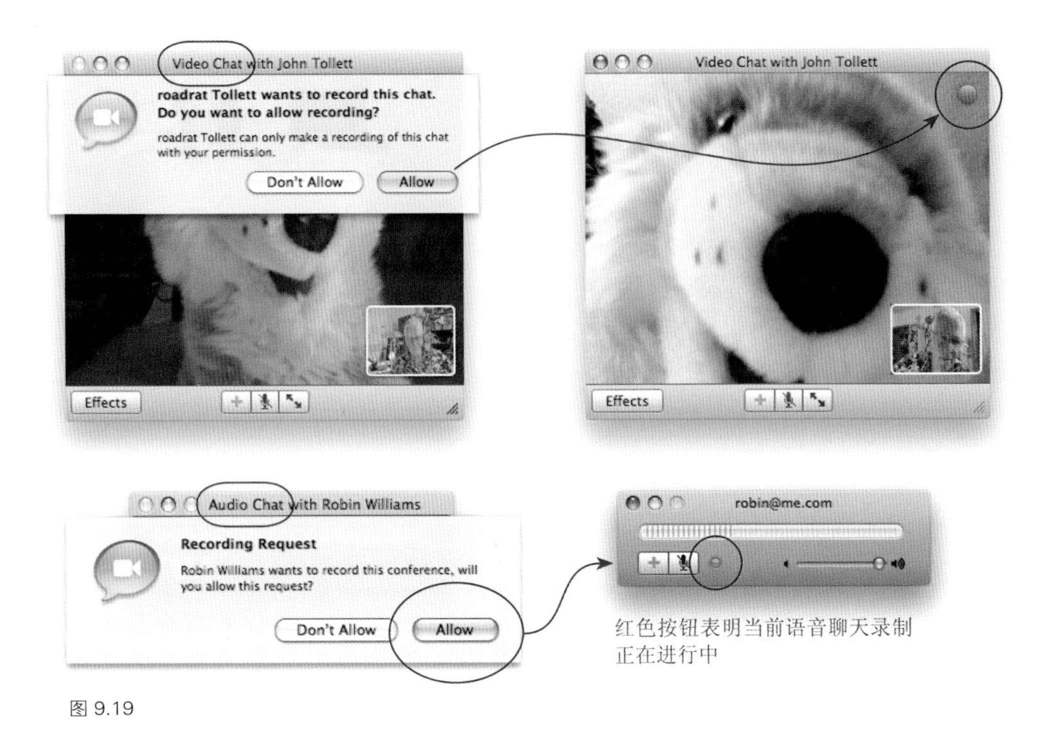

图 9.19

停止视频聊天的录制的方法是，在 iChat 程序的菜单栏中选择“视频→停止录制”。

停止音频聊天的录制的方法是，单击音频聊天窗口上的红色按钮。

录制文件的存储位置

系统自动将录制的音频或视频聊天内容存储在“文稿”文件夹下（该文件夹位于主文件夹中）名称为“iChats”的文件夹中。

同时还会将录制的聊天内容添加到iTunes中，在iTunes的侧边栏中，单击播放列表中的“iChat Chats”播放列表，在右侧窗口中显示所有的录制内容。

9.11 可以与 iChat 整合使用的程序

地址簿 在地址簿程序中，为联系人添加的照片会显示在 iChat 好友列表和 Bonjour 列表中，而在 iChat 程序中，为好友列表和 Bonjour 列表中的好友添加的照片也会显示在地址簿中对应联系人的信息中。

当 iChat 好友在线时，其地址簿中的联系人卡片上会显示一个绿色圆点。

Mail　在 iChat 好友列表中，Control + 单击（或右键单击）好友名称，在弹出的快捷菜单中选择“发送邮件”可直接向该好友发送电子邮件。而在 Mail 程序界面中，当 iChat 好友在线时，该好友做为发件人，其“好友是否在线”分栏中会显示绿色的圆点。

iTunes　在好友列表窗口中，单击你名称下面的状态名称，在弹出的菜单中选择“目前的 iTunes 歌曲”，则好友可以在其好友列表中看到你当前 iTunes 中播放的歌曲名称。

iSight 摄像头、内置摄像头、连接的其他类型摄像头

通过摄像头进行视频会议时，可以通过对方的摄像头为通话对方进行拍照，然后将拍下的照片设为好友的图片的方法是，在 iChat 程序的菜单栏中选择“视频→拍摄快照”，然后再选择“好友→显示简介”，接下来将桌面上刚拍摄的照片拖入“地址卡”标签中的图片框中，如图 9.20 所示。

图 9.20

Spotlight　通过 Spotlight，你可以搜索电脑中与好友相关的任意文件或信息。在好友列表窗口中选择一个好友，然后在 iChat 程序的菜单栏中选择“好友→在 Spotlight 中搜索”，系统将通过 Spotlight 在电脑中搜索文件名称或文件内容，以查找与好友名称或其真名相关的所有文件。

10

课程目标

- 创建播放列表和通过所选音乐创建智能播放列表
- 在 iTunes 中观看影片或电视节目
- 烧录自己的音乐 CD
- 为自己的音乐 CD 打印封面

第10课

iTunes 程序
——享受音乐的乐趣

通过 iTunes 程序，你可以将音乐文件导入 iTunes 中，为喜爱的歌曲创建播放列表，通过播放列表刻录自己的音乐 CD 光盘，或通过无线在厨房里收听办公室中播放的歌曲。

如果拥有 iPhone 手机或 iPod，将其与电脑相连，系统自动启动 iTunes 并将音乐和数据同步到 iPhone 手机或 iPod 中。

10.1 iTunes 程序界面

下面是 iTunes 程序界面，由于篇幅所限，在该章节中只能介绍 iTunes 的主要功能，如果希望全面了解 iTunes 程序的使用方法，建议你阅读人民邮电出版社出版的《苹果 Mac OS X10.5 Leopard 终极技巧》。iTunes 程序的功能众多，你可多研究一下 iTunes 程序的菜单命令，所有按钮的作用，并阅读一下 iTunes 程序的内置帮助文件。

图 10.1

仅有选择某项目后才可以看见这些箭头标志（单击选择项目）

10.2 创建播放列表

iTunes 资料库中所选歌曲构成的列表即为播放列表。比如你可以为喜爱的爵士歌曲、苏格兰民谣和流行乐分别创建一个播放列表。同一首歌曲可以出现在不同的播放列表中。另外，还可以将不同音乐 CD 中的歌曲添加在同一个播放列表中，然后通过该播放列表，将列表中的歌曲刻录在一张 CD 中，制作自己的音乐 CD 光盘。

1　由于播放列表是由 iTunes 资料库中的歌曲构成的，所以首先要将音乐 CD 中的歌曲导入到 iTunes 资料库中。

2　接下来在 iTunes 的侧边栏上，单击下方的“加号”按钮创建一个“未命名新建播放列表”。

3　命名新创建的播放列表。

4　在侧边栏“资料库”中单击“音乐”。

5　将右侧窗口中的歌曲拖放到创建的播放列表名称上，以将歌曲添加到播放列表中。

另一个创建播放列表的简单方法是，首先在 iTunes 窗口中选择多首歌曲，然后在 iTunes 程序的菜单栏中选择“文件→用所选内容创建新的播放列表”，一个新的“未命名播放列表”出现在侧边栏中，请根据需要重新命名该播放列表。

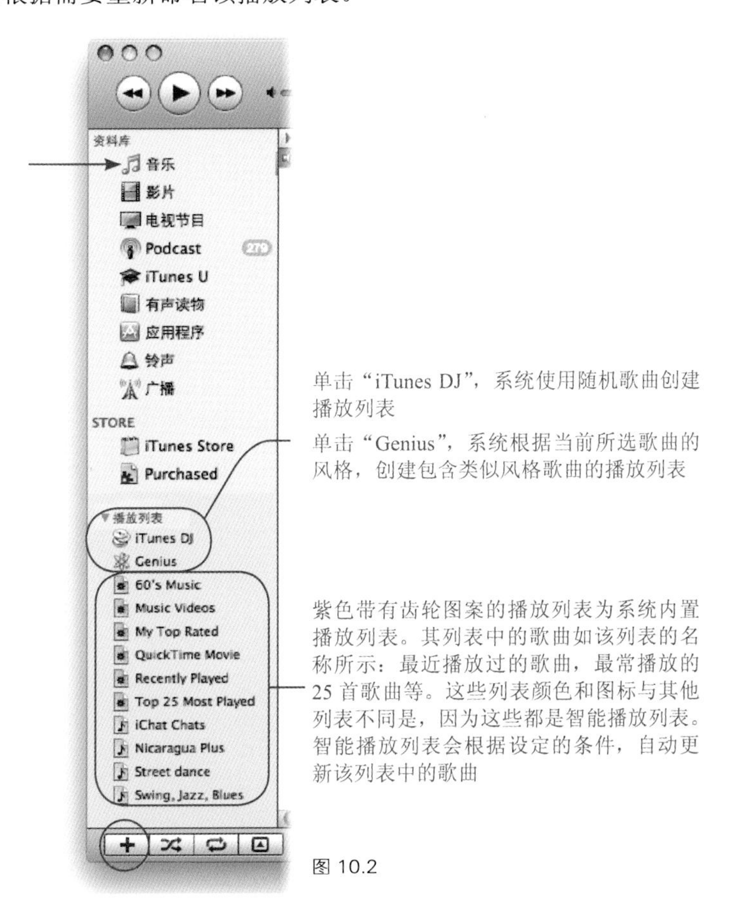

图 10.2

10.3 创建智能播放列表

需要手动拖放添加歌曲的列表是普通的播放列表，而智能列表可以根据设定条件自动添加歌曲，非常方便。注意，创建列表前需要先将歌曲导入到 iTunes 资料库中。

1. 按住键盘上的 Option 键，iTunes 侧边栏下方的“加号”按钮变成齿轮图案的按钮，单击该按钮或在 iTunes 程序的菜单栏中选择“文件→新建智能播放列表”。
2. 在出现的对话窗口中，从左至右设定条件。单击窗口中的“加号”按钮，可添加更多的限制条件。设置完成后，单击“好”按钮。
3. 新创建的智能播放列表出现在侧边栏中，可根据需要更改列表的名称。

10.4 将音乐 CD 光盘中的歌曲导入到 iTunes 中

将音乐 CD 光盘放入电脑光驱中，系统自动启动 iTunes，它获取 CD 中歌曲的演唱者、专辑名称、歌曲名称、播放时间等相关信息，并将信息显示在 iTunes 窗口中。

在 iTunes 窗口中，单击歌曲名称前的复选框勾选或取消勾选，只有勾选的歌曲才会被导入到 iTunes 中（按住键盘上的 Command 键，单击复选框可同时勾选所有歌曲或取消所有歌曲的勾选）。

单击 iTunes 窗口右下方出现的“导入 CD”按钮，将所勾选的歌曲导入到 iTunes 的资料库中。

10.5 共享 iTunes 的资料库

打开 iTunes 程序的偏好设置，在设置的“共享”选项卡中勾选“在我的局域网共享我的资料库”选项，可以与局域网中的用户共享 iTunes 的资料库。

而勾选“查找共享的资料库”选项后，系统会自动搜索局域网中其他用户共享的 iTunes 资料库，共享的资料库会显示在 iTunes 侧边栏的“共享”分类中。

10.6 调节音乐播放时的音质

在 iTunes 程序的菜单栏中选择“窗口→均衡器”，通过均衡器设置可以调节和增强音乐播放时的音质。

10.7 在 iTunes 中观赏影片

在 iTunes 中可以直接观看影片或电视节目。

在 iTunes 中观赏影片

在 iTunes 侧边栏的列表中选择“影片”，然后在右侧窗口中双击影片或电视节目的名称。系统马上开始在 iTunes 窗口中播放所选的项目，如图 10.3 所示。

图 10.3

鼠标停放在影片播放窗口上时，自动出现如图所示的播放控制工具条

10.8　可视化效果

在 iTunes 程序的菜单栏中选择“显示→显示可视化效果”或按 Command+T 键启用 iTunes 的可视化效果后，iTunes 窗口中会根据播放的歌曲显示动态的可视化效果。

适用于可视化效果的键盘快捷方式

Command+F- 全屏显示

I- 显示当前播放的歌曲信息

C- 切换自动循环

F- 切换冻结模式

L- 切换相机锁

N- 切换星云模式

P- 更改调色板

M- 切换模式（非常有趣）

iTunes 的可视化效果。在 iTunes 程序的菜单栏中选择“显示→可视化效果”，然后可以在子菜单中选择不同的可视化效果

图 10.4

10.9　烧录自己的音乐 CD 光盘

首先将歌曲导入到 iTunes 的资料库中，然后用刻录所需的歌曲创建一个播放列表，通过该播放列表刻录自己的音乐 CD 光盘。注意，不能直接选择资料库中的歌曲刻录光盘，必须先创建一个播放列表，接下来：

1　在光驱中放入 CD-R 空白光盘（新版本的苹果电脑支持刻录 CD+R 格式的光盘）。

2　注意，只能通过播放列表进行光盘刻录，所以先在 iTunes 中选择一个播放列表，然后将刻录所需的歌曲添加到所选的播放列表中，可随意添加任意歌手或专辑中的歌曲，歌曲的数量没有限制，但由于 CD 光盘的最大容量仅为 700MB 左右，所以所添加歌曲的总容量不能超过 700MB，在 iTunes 的状态栏中可以查看当前播放列表中歌曲的总容量。

3　在 iTunes 窗口右下方单击“刻录光盘”按钮（只有选择了播放列表后，才会出现该按钮）开始进行光盘刻录，如图 10.5 所示。

4　光盘刻录结束后，iTunes 侧边栏上会显示刻录的光盘的名称，名称旁显示有“推出”按钮。单击“推出”按钮退出光盘刻录结束。

图 10.5

提示——播放列表中可以添加大量的歌曲，即使歌曲总容量超过一张 CD 光盘的容量，当单击“刻录光盘”按钮时，iTunes 会提示你播放列表中的歌曲超过一张 CD 的容量，单击“好”按钮，iTunes 会在第一张 CD 光盘刻录满以后，弹出刻录好的光盘，然后提示你插入另一张空白光盘，继续刻录剩下的歌曲。

10.10　打印音乐 CD 盒标签

通过 iTunes 程序，可以使用多种方式打印音乐 CD 盒标签。

1　选择一个播放列表，按 Command+P 键开始打印。

2　在出现的如图 10.6 所示的窗口中，选择不同的选项后，在预览窗口中预览打印的效果。选择自己满意的选项后，然后选择喜欢的主题，开始打印。v

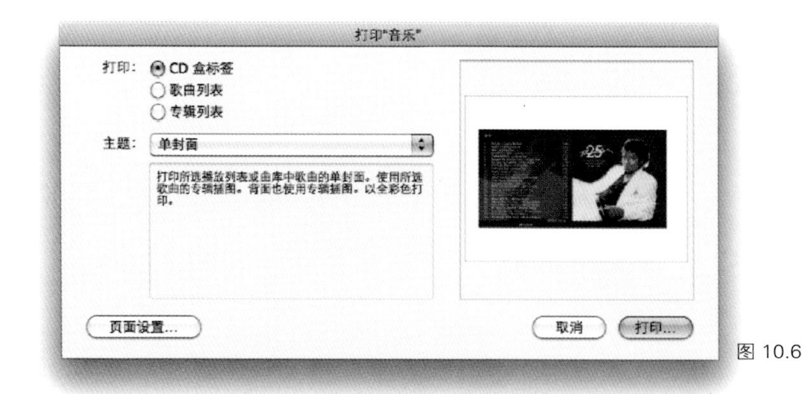

图 10.6

10.11 可以与 iTunes 整合使用的程序

iPhoto 在 iPhoto 中播放幻灯片时，可以从 iTunes 中选择背景歌曲。

iChat 在 iChat 的好友列表窗口和 Bonjour 列表窗口中，单击你的名称下方的三角形标志，在弹出的菜单中选择“目前 iTunes 的歌曲”后，聊天的好友可以看见聊天对象当前 iTunes 中播放的歌曲名称。

屏幕保护程序 在系统偏好设置界面中单击“桌面与屏幕保护程序“图标，在”屏幕保护”标签中选择“iTunes 插图”，可以将 iTunes 专辑封面作为电脑屏幕保护程序。

iPod 将 iTunes 中的歌曲同步到 iPod 中。

iPhone 将 iTunes 中的歌曲或影片同步到 iPhone 手机中。

无线设备 苹果公司出品的无线路由 AirPort Express 中内置了 AirTunes 程序，将 AirPort Express 插在任意的电源插座上，连接上音响设备，然后通过无线传输即可将电脑上 iTunes 中播放的音乐使用 AirPort Express 连接的音响设备播放出来。而如果你拥有 Apple TV，则还可以将 iTunes 中播放的内容传输显示到高清电视中。

Dashboard Dashboard 中包含一个 iTunes widget 程序。

11

课程目标

- 掌握图片的裁剪，颜色调整和调整图片大小的操作
- 为 PDF 文档做标注
- 搜索 PDF 文档和添加书签便于再次阅读
- 将 PDF 文档的文本复制到其他文档中，进行编辑
- 填写 PDF 格式的表格
- 屏幕截图
- 通过多种方式打印图片和文稿
- 转换图片文件的格式

第11课

预览程序

——各种图片，尽收眼底

苹果操作系统中用来浏览图片的小程序——预览程序，除了可以查看图片文件以外，还有许多更强大的功能，如查看和标注 PDF 文档，更改图片文件的格式，截取图片，调整图片的颜色和尺寸，屏幕截图，将数码相机、读卡器或扫描仪中的图片导入电脑中等。

11.1 打开单个图片文件或文件夹中的所有图片

默认情况下，双击图片或 PDF 文档，系统自动用预览打开所选文件。预览程序默认显示在 Dock 上（如果 Dock 上没有显示预览程序图标，可将其添加到 Dock 上）。

图 11.1

通过以下几种方法可以使用预览打开单个或多个图片文件

- 双击图片文件。
- 拖动单个或多个图片文件（或 PDF 文档）放在预览边栏上。
- 将图片文件或 PDF 文档拖放在 Dock 的预览程序图标上。将图片文件夹拖放在 Dock 的预览程序图标上时，预览打开该文件夹中的所有图片文件，并如图 11.1 所示将图片排列显示在边栏中。
- Control + 单击图片文件，在弹出的快捷菜单中选择“打开方式→预览”。

在预览程序的偏好设置中可以设置图片显示的方式

以“名片纸”方式浏览多个图片文件的方法是，单击边栏下方的“名片纸浏览方式”按钮，拖动窗口中的滑动条调整缩略图显示的尺寸。

图 11.2

11.2　图片排序或通过电子邮件发送图片

Control + 单击边栏中的图片，在弹出的快捷菜单中选择“排序方式按：”或“发送到 Mail”可以选择按照特定方式对图片进行排序或通过电子邮件发送所选的图片文件。另外，在该菜单中还可以选择将图片发送到 iPhoto 中，将图片移动到废纸篓中等选项。如果希望在边栏中查看更多图片，可以在上面所说的菜单中选择“栏”，然后设定边栏中显示缩略图的栏数。

11.3　旋转和缩放图片

如果打开的图片是倒转的，按 Command+L 键向左侧旋转图片或按 Command+R 键向右侧旋转图片。另外，在预览程序菜单栏上的“工具”菜单中，还可以水平或垂直翻转图片。调整图片后，在预览程序的菜单栏中，选择“文件→存储”保存所做的修改。

在预览程序的工具栏上单击缩放按钮（“+”和“-”按钮）可以缩放图片。

11.4　以幻灯片方式查看图片

将多个图片文件拖放到 Dock 上的预览程序图标上，打开文件。接下来在预览程序的菜单栏中选择“显示→幻灯片显示”。在出现的播放控制工具条中单击“播放”按钮开始幻灯片的播放。

单击控制工具条中的 X 按钮、暂停键或按键盘上的“Esc”键停止播放幻灯片。

11.5 双页显示或连续页面显示

如果选择以双页显示方式浏览 PDF 文档，显示的文档如打开的书籍，并排显示两页文档内容（文档首页和章节首页依然会以单页显示）。能否使用此方式查看文档取决于创建文档时，文档制作者是否采用了分页格式（该格式中包含双页显示方式）。实际上，在浏览使用分页格式制作的 PDF 文档时，还可以选择以非常实用的查看方式——单页方式查看文档，这样就可以在打印时，在一页纸上仅打印单页内容，而不必在一页中打印双页的文档内容，如图 11.3 所示。

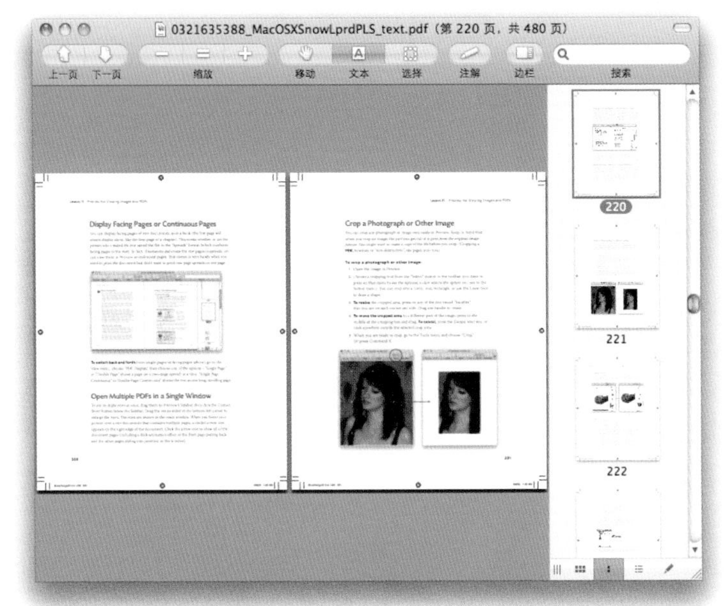

图 11.3

切换显示方式 在预览程序的菜单栏中选择“文件→ PDF 显示”，从子菜单中选择以“单页”或“双页”方式浏览文稿。而如果选择“单页连续”或“双页连续”，PDF 文档会显示为一个连续的长文档，此时需通过滚动条浏览每张 PDF 文档内容。

11.6 在单独窗口中同时查看多个 PDF 文档

将多个 PDF 文档拖入预览的边栏中后，单击边栏下方的“名片纸”按钮，接下来通过左下方的滑动条放大显示 PDF 文档的缩略图。当鼠标停放在 PDF 缩略图上时，多页 PDF 文档的缩略图右侧出现圆圈箭头图标，单击箭头图标展开 PDF 文档所有的页面（伴随有 PDF 主页分离，其他页面滑动打开的动画效果）。

11.7　照片或图片的裁剪

使用预览程序裁剪照片或图片是非常简单的事情。但切记在裁剪时，被裁掉的部分将永远从源文件中消失，所以在进行裁剪操作前，最好先备份文件（但 PDF 文档的裁剪操作不会破坏 PDF 文档的内容）。

裁剪照片或图片

1 使用预览程序打开图片文件。

2 在预览程序工具栏上单击“选择”按钮，如图 11.4 所示，在弹出的菜单中选择所需的裁剪工具——“矩形套索”、“椭圆套索”、“套索选择”或使用“智能套索”选择屏幕上勾画形状中的图片内容。

3 点按选择框四周的圆点，拖动调整选择框的大小。

4 点按选择框中间区域，将选择框移动到其他区域。按键盘上的“Esc”键或单击选择框外区域取消图片的选取。

5 图片选取完成后，在预览程序的菜单栏中选择“工具→裁剪”，或按 Command+K 键进行裁剪操作。

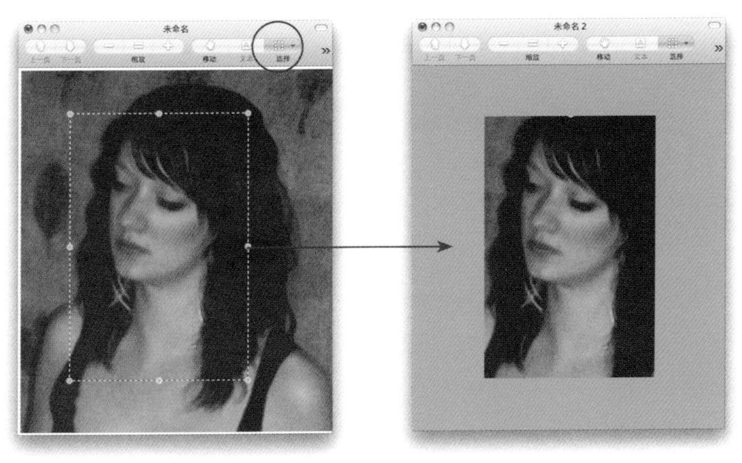

图 11.4

11.8 PDF 文档的裁剪

你可裁剪 PDF 文档中的任意部分，同时预览程序会保留在裁剪时删除的部分，以方便随时恢复裁剪操作，而且即使在裁剪后，存储过所做修改也可以将 PDF 文档恢复到初始状态。

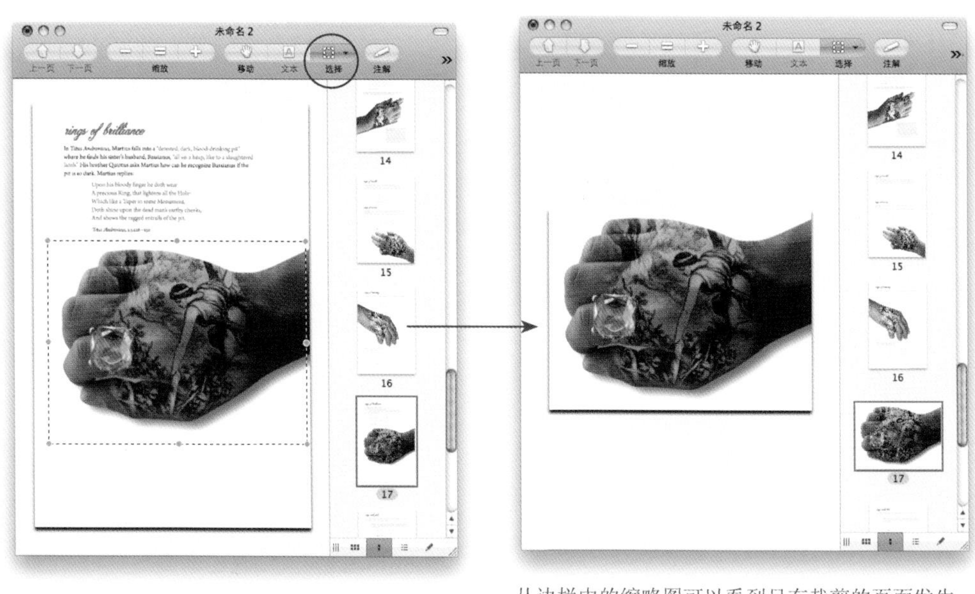

图 11.5

从边栏中的缩略图可以看到只有裁剪的页面发生了改变

裁剪 PDF 文档

1 使用预览程序打开 PDF 文档。

2 单击上图红圈中所示的“选择”按钮，如果预览窗口过小没有显示该按钮，拖动窗口右下角放大窗口或在预览程序的菜单栏中选择“工具→选择工具”。

3 拖动鼠标从上至下选取所需裁剪部分。明亮显示部分为裁剪部分。

4 点按选择框四周的圆点，拖动调整选择框的大小。

5 点按选择框中间区域，鼠标指针变成手的形状，此时可将选择框移动到其他区域。

6 如果裁剪的是多页 PDF 文档，仅有裁剪的页面会发生改变，其他页面不受影响。图片选取完成后，在预览程序的菜单栏中选择“工具→裁剪”，或按 Command+K 键进行裁剪操作。

7　裁剪后的页面会显示在主窗口和边栏中。其他页面内容不受影响。

切换显示完整页面和裁剪后页面

- 显示完整页面内容：在预览程序的菜单栏中选择“显示→ PDF 显示→介质框”。
- 仅显示裁剪后的页面内容：在预览程序的菜单栏中选择“显示→ PDF 显示→裁剪框”，如图 11.6 所示。

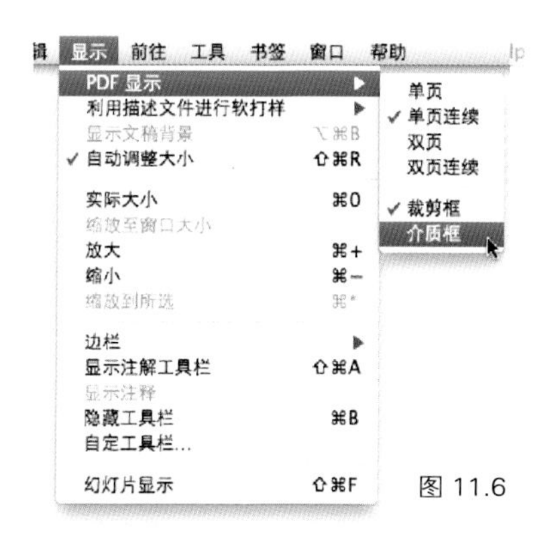

图 11.6

再次打开已经裁剪过的 PDF 文档时，显示的可能还是未裁剪的页面，通过上面介绍的方法查看裁剪后的页面。

11.9　搜索 PDF 文档

预览中的搜索功能非常强大。与在 Safari 和文本编辑程序中所使用的键盘快捷方式一样，按默认的键盘快捷方式 Command+F 键打开搜索窗口，搜索完成后，按 Command+G 键切换显示页面中的搜索结果。

搜索 PDF 文档

1　在打开的 PDF 文档界面中，按 Command+F 键，在出现的搜索框中输入搜索的关键字词。

2　单击工具栏上的“边栏”按钮，在边栏中查看搜索结果概览。通过边栏下方的按钮选择浏览搜索结果的方式。

3　随着在搜索框中的输入，预览程序开始在文档中高亮显示搜索到的结果，随着你继续输入，搜索结果实时发生改变。

4　在边栏的搜索结果概览中，单击搜索结果直接跳转到该结果所在的页面。单击“上一个”和“下一个”按钮或按 Command+G 键切换显示搜索结果，如图 11.7 所示。

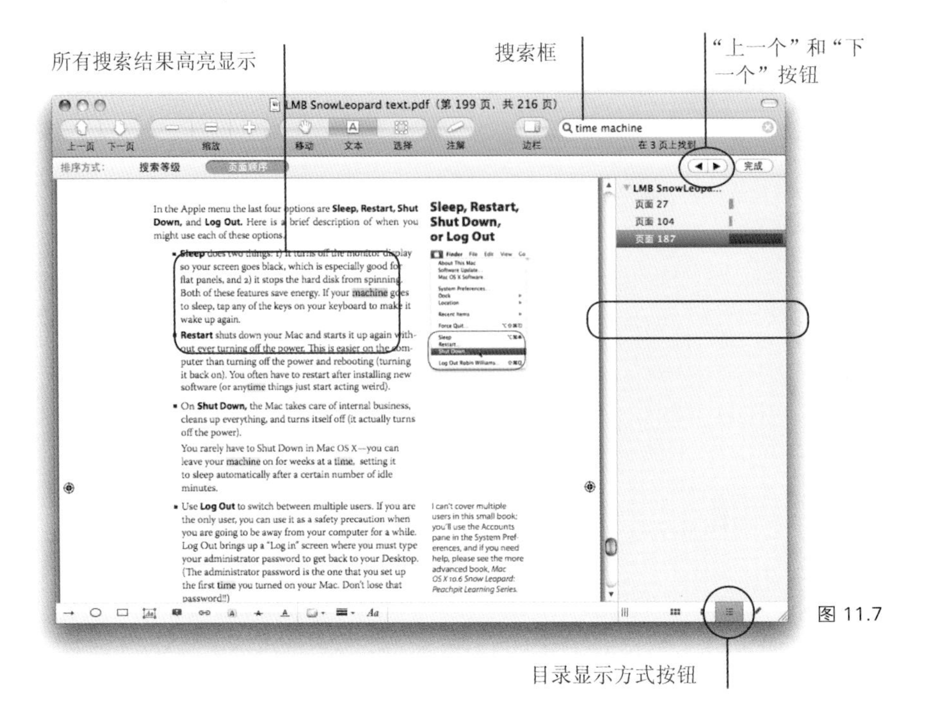

图 11.7

11.10 添加书签

使用预览程序浏览文档时，创建的书签不存储在浏览的文档中。在预览程序的菜单栏中选择“书签”，查看带有文档名称的书签列表（如图 11.8 所示），选择书签后，即使你当前在屏幕上没有打开该书签所对应的文档，系统会自动打开该文档，直接显示书签标注的页面。这对于查看不同文档中的书签页面来说，是非常方便的。

图 11.8

为浏览的文档或图片文件添加书签，按 Command+D 键（或在预览程序的菜单栏中选择“书签→添加书签”）。系统会要求你为添加的书签命名，将默认的书签名称改为易辨别的名称即可。

如果浏览多页 PDF 文档，可以为文档中不同的页面添加各自的书签，只需在需要添加书签的页面中按 Command+D 键即可。

打开书签 启动预览程序，在其菜单栏中选择“书签”，然后在菜单底部的书签列表中选择所需书签。

编辑书签名称或删除书签 在预览程序的菜单栏中选择“书签→编辑书签”打开预览程序偏好设置。

删除书签 选择书签后单击“删除”按钮，如图 11.9 所示。

编辑书签名称 双击书签，然后修改名称。

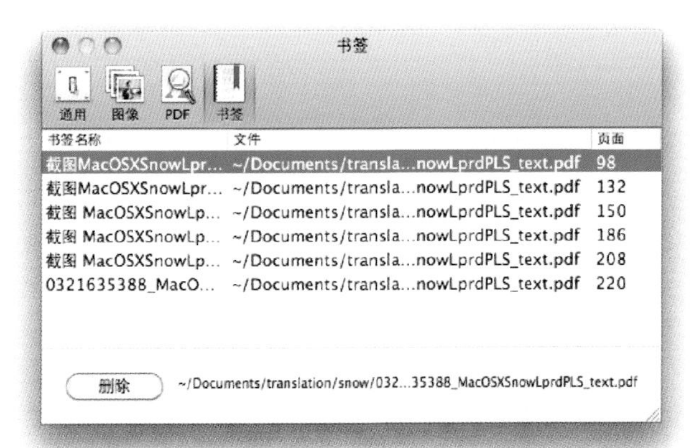

图 11.9

11.11 为 PDF 文档添加标注

你可以通过注解、高亮内容、图形标注等方式让读者关注 PDF 文档中的某些内容。首先确认“注解”按钮显示在预览程序的工具栏中。如果没有显示该按钮，在预览程序的菜单栏中选择“显示→自定工具栏”，然后在自定工具栏窗口中将“注解”按钮拖放到工具栏上。单击“注解”按钮，预览程序窗口下方出现标注所用的工具按钮。

为 PDF 文档添加文本标注

1 在打开的 PDF 界面中单击“注解”按钮，然后在窗口下方出现的标注工具按钮中单击“注释”按钮，如图 11.10 所示。

2 单击文档中需要注释的位置，预览程序在该位置添加注释图标，并在图标侧面出现一个文本注释框。

3　直接输入注释文本，文本会出现在侧面的文本注释框中。系统默认（可在预览程序的偏好设置中设置）自动在注释中添加注释者的名称和注释日期。稍后双击注释框，可以对注释内容进行修改。

4　在文档中点按注释图标，移动鼠标将注释图标拖放到其他位置，该注释图标对应的注释框也会随图标进行移动。

5　选择注释图标，按键盘上的删除键（Delete）删除注释。

图 11.10

添加椭圆或矩形图注

1　在打开的 PDF 界面中单击工具栏上的“注解”按钮，然后在窗口下方出现的标注工具按钮中，单击相应的按钮。

单击“椭圆”按钮添加椭圆形图注。

单击“矩形”按钮添加矩形图注。

2　单击按钮后，在文档界面上点按鼠标，拖动添加图注。

3　拖动图注四周的圆点调整图形的大小。

4　点按所添加的图注，拖动鼠标移动图形。

5　选择添加的图注，按键盘上的删除键（Delete）删除图注。

为文本添加高亮显示，下划线或删除线

1　在预览程序窗口下方出现的标注工具按钮中，单击相应的按钮（高亮显示，删除线或下划线）。

2　点按并拖动鼠标选择欲添加标注的文本。

取消所添加的标注的方法是，选择所使用的标注工具按钮，点按并拖动鼠标覆盖应用标注的文本。

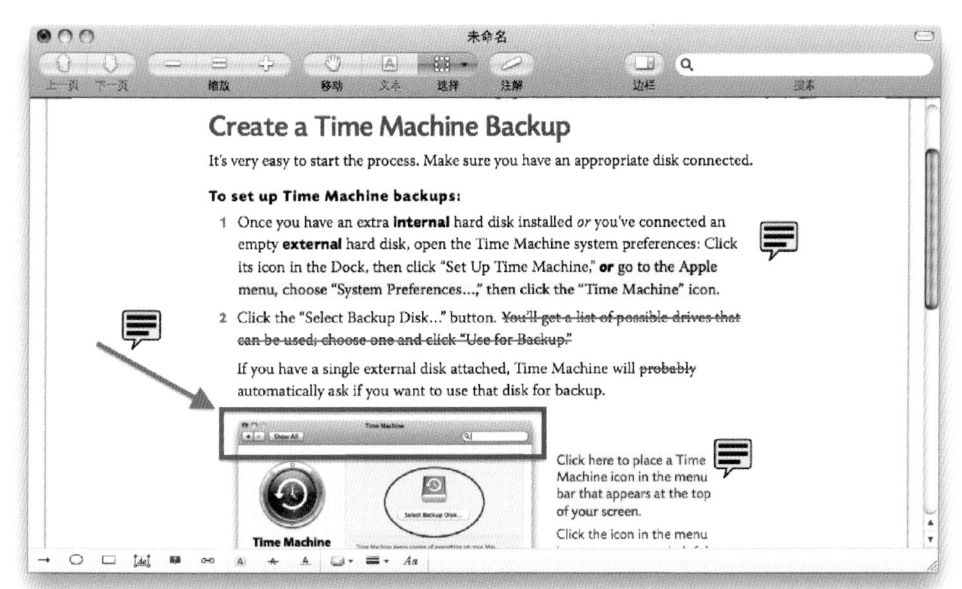

图 11.11

为 PDF 文档添加链接

你可以在任意的 PDF 文档中添加链接，链接的指向内容可以是任意网页或文档中的其他页面。单击 PDF 文档中的链接，系统自动启动 Safari 程序，打开链接的网页或者单击链接后，直接跳转到该文档中的其他页面。例如，可以为带有目录的报告文档添加链接，从而单击目录

即可跳转到目录对应的页面。另外，将添加有链接的 PDF 文档发送给其他人后，添加的链接依然有效。

创建链接

1 在打开的 PDF 界面中单击工具栏上的“注解”按钮，然后在窗口下方出现的标注工具按钮中单击“链接”按钮，如图 11.12 所示。

2 点按鼠标，拖动覆盖 PDF 文档中的文本或图片，将所选内容创建为链接。所选文字内容与链接所指向的网页或页面无关，链接的网页或页面需要你手动输入或设置。

3 选择后，系统自动打开检查器，显示“注解”设置界面。如果没有出现检查器窗口，在预览程序的菜单栏中选择“工具→显示检查器”。

图 11.12

如果检查器显示的不是“注解”设置界面，在检查器的工具栏上单击“注解”标签。

4 在“链接类型”的下拉菜单选择创建链接的类型：“PDF 内链接“或“URL”。

如果链接指向的是网页，请选择“URL”，然后在文本输入框中输入完整的网页地址，输入时需要输入地址前的 http://，如图 11.13 所示。

如果链接指向的是文档内的页面，请选择“PDF 内链接”，如图 11.14 所示，然后拖动预览窗口的滚动条，当窗口中显示的是需要链接的页面时，在设置界面中单击“设定目的位置”按钮。

5 设置后，单击链接以测试链接是否工作正常。正常情况下，浏览 PDF 文档时，PDF 中的链接是不可见的。如果希望查看 PDF 文档中的链接，单击“链接”按钮显示链接，链接显示为灰色条状框。

图 11.13

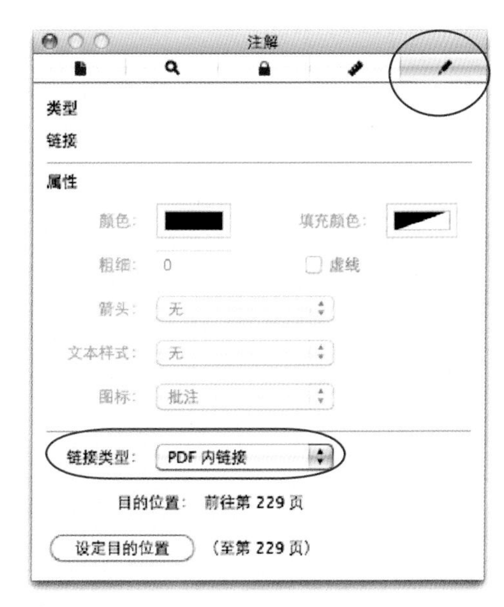

图 11.14

11.12　将 PDF 文档中的文本复制到其他文稿中

只要创建 PDF 文档的创建者没有加密文档，其他人就可以复制 PDF 文档中的文本，然后将其粘贴到其他文稿中，再进行编辑。或者以图片格式复制一段文本，将其做为图片粘贴到其他文稿中，调整其大小后做为文本中的一部分。

复制文本

1 在预览程序的工具栏上选择“文本”按钮或按 Command+2 键，如图 11.15 所示。

2 点按并拖动鼠标覆盖欲复制的文本。

按住键盘上的 Option 键，点按拖动鼠标以选择竖向文本，如分栏格式的文本。

3 在预览程序的菜单栏中选择“编辑→复制”或按 Command+C 键复制文本，打开并将文本粘贴（Command+V 键）到其他文稿中。

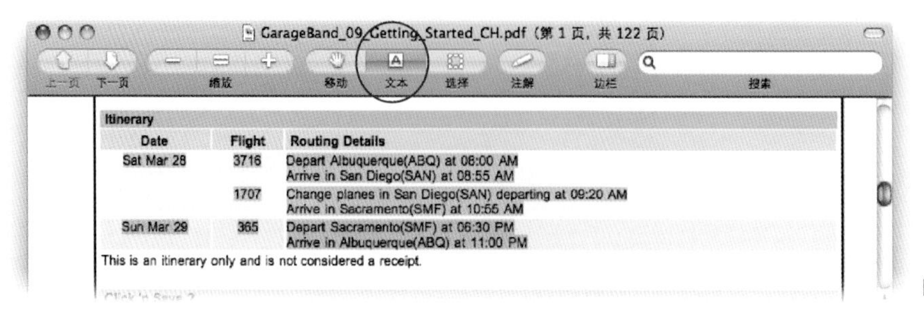

图 11.15

以图片格式复制文本的方法是在预览程序的工具栏上，单击“选择”按钮，然后点按并拖动鼠标选择欲复制的文本。接下来在预览程序的菜单栏中，选择“编辑→复制”（或按 Command+C 键），如图 11.16 所示。

打开其他文稿，按 Command+V 键或在预览程序的菜单栏中选择“编辑→粘贴”将复制的图片格式文本粘贴到文稿中。

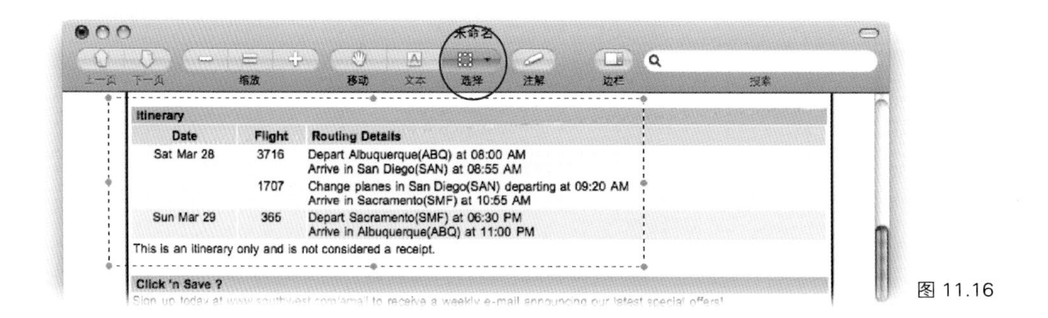

图 11.16

11.13 调整图片或照片的颜色

通过预览程序，你可以对图片或照片文件进行简单的编辑工作，如裁剪图片，调整图片尺寸，旋转图片和重新采样图片（改变图片的像素值），此外预览程序还配备了比较强大的图片调整工具。最好的学习方法就是亲身进行实践，切记在开始实践前先备份文件，以防不测。图片编辑工具位于预览程序的“工具”菜单中。

调整图片的颜色

1　使用预览程序打开一张图片文件。

2　在预览程序的菜单栏中选择“工具→调整颜色”，出现如右图所示的设置界面。

3　拖动各选项后的滑动条对图片进行调整，调整的效果实时可见。随时可以单击“全部复原”按钮将图片恢复到初始状态。

4　对调整满意后，按 Command+S 键保存当前所做修改，然后继续对图片进行调整，根据需要再进行存储，如图 11.17 所示。

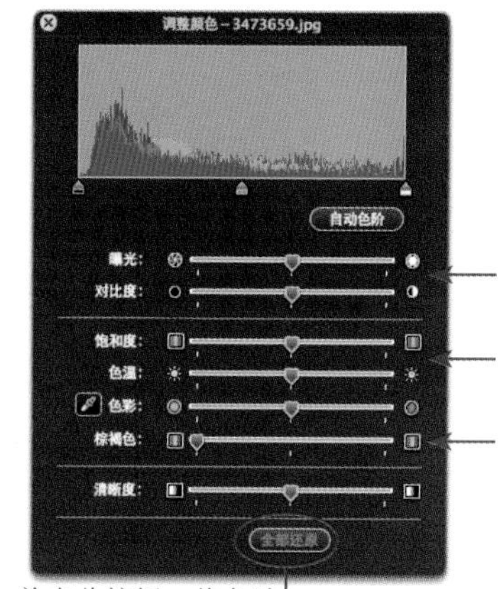

单击此按钮，将各选项恢复为默认值

图 11.17

原始图片

图 11.18

调整后的图片

图 11.19

11.14　填写 PDF 格式表格

从因特网上下载 PDF 格式表格后，可以通过键盘输入填写表格，然后将表格打印出来，而无需先打印空白的表格，再手动进行填写。PDF 表格必须留有空白信息栏供你进行填写，即无法在已经填入数据，并保存后的 PDF 表格中输入任何数据。

如果已经填写了 PDF 表格并进行过存储，则无法对其再进行任何修改，所以在填写表格前，必须保证保存的是空白的 PDF 表格。

填写 PDF 表格

1 使用预览程序打开 PDF 表格，下图显示的是从 IRS（Internal Revenue Service- 美国国税局）网站上下载的纳税表格。

2 单击图中所示的“文本”按钮。

3 单击需要输入数据的区域，出现插入点标志并显示文本输入框，如图 11.20 所示。

4 输入文字时，定期保存一下进度（或根本不进行存储，以免稍后需要修改）。

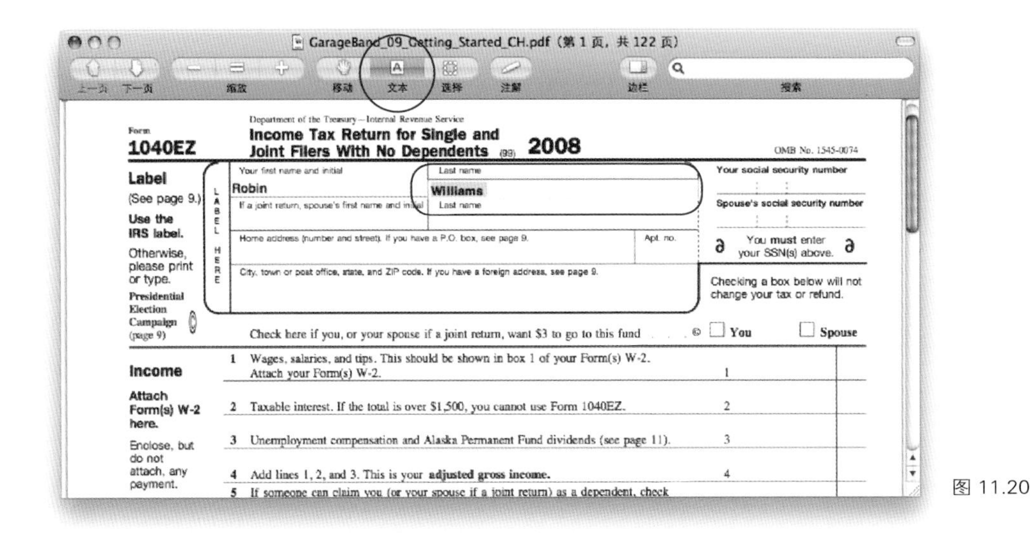

图 11.20

11.15 从数码相机或扫描仪中导入图片

如果电脑上连接了图片设备，如数码相机、读卡器或扫描仪，你可以通过预览程序将设备中的图片导入到电脑中。在预览程序的菜单栏中选择“文件→相机中导入”或选择“从扫描仪导入”即可。如果连接的扫描仪设备没有出现在“从扫描仪导入”的子菜单中，请在因特网上搜索该扫描仪设备的最新驱动程序，下载并安装最新驱动程序后，电脑应该可以识别连接的扫描仪设备，该扫描仪设备名称会出现在“从扫描仪导入”的子菜单中。

11.16 屏幕截图

屏幕截图指的是你的电脑当前屏幕上所显示项目的图片，将截图发送给其他人可以让帮助解决电脑问题的人了解电脑上的情况，或向其他人展示电脑的特殊之处。预览程序通过“抓图”软件进行屏幕截图。

截取屏幕图片

1　启动预览程序，无需打开任何文件。

2　在预览程序的菜单栏中选择“文件→拍摄屏幕快照”，从子菜单中进行选择。

从所选部分：鼠标指针变成十字形状，点按并拖动鼠标在屏幕上选择需要截图部分，松开鼠标键完成截图。

从窗口：鼠标指针变成照相机图标，鼠标移动到不同窗口上时，鼠标所在窗口会蓝色高亮显示。当需要截图的窗口高亮显示时，单击鼠标截取该窗口完整的图片。无论当前是否能在屏幕上看到整个窗口，用此方法截取的是整个窗口的图片。

从整个屏幕：预览程序开始 10 秒钟到计时，此时可以将屏幕上的项目调整到所需状态，如可以调出特定菜单和子菜单，待 10 秒钟倒计时结束，预览程序自动截取整个屏幕的图片。

截图的图片立刻自动显示在预览窗口中，在预览程序的菜单栏中选择“文件→存储为”，然后命名文件，选择文件格式和存储的位置后保存截图。

图 11.21

11.17 打印或发送传真

通过预览程序不但可以打印任意的图片文件或文档，还可以打印成组图片或整个文件夹中的图片文件。

如果使用预览程序打开了多个图片文件，在边栏或“名片纸”浏览界面中选择需要打印的图片，接下来在预览程序的菜单栏中选择“文件→打印”（打印单个图片）或选择“打印选定的页面”（在同一页面中打印所选的多个图片文件），出现下图所示的对话窗口，选择所需的选项后，单击“打印”按钮开始打印，如图 11.22 所示。

在上图预览窗口中可以预览当前设置的打印效果

左图中显示的是当在设置界面中，勾选“填满纸张”选项后，图片打印的效果。该选项可以在需要时放大或裁剪图片

图 11.22

传真单个图片或所选多个图片文件

目前生产的电脑并没有全部配备内置调制解调器设备，如果电脑中没有配备该设置是无法发送传真的。另外还必须有一条正常工作的电话线，你不可以使用网络连接，通过因特网来发送传真。

如果你的苹果电脑配备了内置调制解调器设备，并连接了电话线，系统会自动配置设置以发送传真。如果电脑是通过电话线拨号上网，则必须等从网络断开后，才可以发送传真。

1 在预览程序的菜单栏中选择“文件→打印”。

2 在打印对话窗口中单击左下方的“PDF”按钮。

3 然后在出现的菜单中选择“传真 PDF”。

4 输入接收传真的号码，选择所需选项，其选项类似打印时的选项。

5 单击“传真”按钮，开始发送传真。

11.18　转换图片文件的格式

如果需要特定格式的图片文件，可以通过预览程序转换图片文件的格式，在预览程序的菜单栏中选择“文件→存储为”，在“格式”的下拉菜单中（如图 11.23 所示），选择所需的文件格式，每个文件格式有特定的设置参数供你选择。

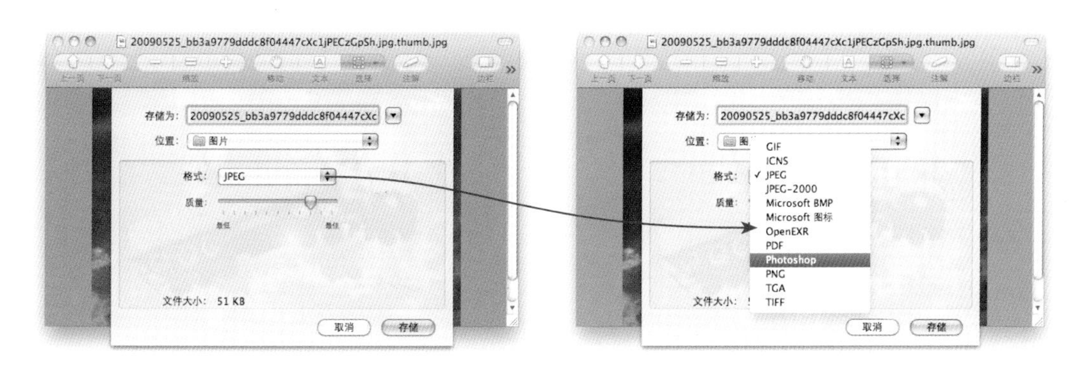

图 11.23

12

课程目标

- 使用刻录文件夹收集文件，刻录CD或DVD光盘
- 为DVD节目创建书签
- 从任何文件创建PDF文档
- 使用字体册安装和预览字体
- 使用便笺记录点滴生活
- 使用Photo Booth拍摄照片和视频

第 12 课

各种实用小程序

苹果操作系统中有许多小程序经常被忽略，但这些程序都具备非常实用的功能，本课将主要介绍你可能会用到的一些工具软件。

通过刻录文件夹将需要刻录的文件收集在一起，然后再统一刻录到光盘中。DVD 播放器程序也包含一些让人称道的功能，尤其是当你使用 DVD 光盘作为课堂教学工具的时候，更能体会到其功能的强大。而通过任何文件创建 PDF 文档将是一件简单的事情。字体册让字体管理变得更加简单，而其他如便笺和 Photo Booth 程序则即实用又有趣。

好好了解一下你可能一直都忽略的功能吧！

12.1　通过刻录文件夹刻录 CD 或 DVD 光盘

在日常的电脑使用过程中，你可能会需要将重要的工作备份到光盘中，切记备份时不要忘了备份从因特网上下载的程序、字体和其他文件。

下面将介绍如何将数据文件刻录到光盘中（与将歌曲和影片刻录到光盘中不同）。一张 CD 光盘的容量大约为 700MB，单面 DVD 光盘包装上标的容量可能是 4.7G，但实际容量只有 4.3G。

通过刻录文件夹刻录光盘可以说是最简单的一种方法了，将需刻录文件拖入刻录文件夹中，待文件收集完成后，再统一将文件夹中的文件刻录到光盘中。系统自动为拖入刻录文件夹的文件创建一个快捷方式，即刻录文件夹中保存的仅是文件的快捷方式，所以当刻录完成后，你可以将刻录文件夹直接删除，而不会删除源文件。

刻录文件夹的最大优点是可以收集需要刻录的文件而无需马上进行刻录，比如可以在忙于一个项目的时期内进行文件的收集，而当项目结束时，只需将该刻录文件夹中的内容刻录到光盘中即可。

创建刻录文件夹、收集文件、刻录光盘

1　打开 Finder 窗口，选择需要创建刻录文件夹的窗口。例如，在 Finder 窗口的侧边栏上单击用户的主文件夹或“文稿”文件夹。如果想将刻录文件夹创建在桌面上，在 Finder 窗口的侧边栏上单击“桌面”（可随时将创建的文件夹移动到其他任意位置）。

2　在 Finder 的菜单栏中选择“文件→新建刻录文件夹”。

3　所选窗口中出现新创建的刻录文件夹，文件夹的图标上带有刻录图标，如图 12.1 所示。

图 12.1

我在主文件夹中创建了一个刻录文件夹，然后将其拖放到 Finder 窗口的侧边栏上，便于随时访问该文件夹。

4 将刻录文件放入刻录文件夹中，留待日后刻录到光盘中的方法是，将所需刻录的文件或文件夹的源文件拖放到刻录文件夹中，系统会自动在刻录文件夹中为添加的文件创建快捷方式，源文件依然存储在文件原位置中。

5 将刻录文件夹内的文件刻录到光盘中的方法是，首先插入空白的 CD 或 DVD 刻录光盘。

接下来，在侧边栏上单击“刻录文件夹”，刻录文件夹窗口上方的工具条上显示有“刻录”按钮。系统提示为刻录的光盘命名，命名后在刻录文件夹窗口中，单击“刻录”按钮。

提示——将刻录文件夹拖放到 Finder 窗口的侧边栏上时，该文件夹名称旁显示有刻录图标，单击该图标即可开始文件刻录。

提示——根据需要可以创建任意多的刻录文件夹，如普通文件夹一样，你可以对其进行重新命名，这样可以方便地为不同的项目创建各自的刻录文件夹。

查看刻录文件夹内文件的总容量

1 单击选择刻录文件夹。

2 按 Command+I 键显示文件夹的简介。

3 单击“刻录”旁的三角形标志。

4 单击“计算”按钮，统计刻录文件夹当前文件的总容量。

另外，在刻录文件夹窗口下方的状态栏上，可以查看文件夹中的文件数目和刻录所需的磁盘空间。

提示——如果不想刻录，并从光驱中取出空白光盘，可 Control + 单击（或右键单击）光盘图标，在弹出的快捷菜单中选择“推出［光盘名］光盘”。

图 12.2

12.2　DVD 播放程序

DVD 播放程序

DVD 播放程序除了可以播放 DVD 光盘节目，允许你如控制电视一样控制 DVD 的播放以外，还具备一些特殊功能。

12.2.1 显示缩略图工具条和播放控制工具条

以全屏方式播放节目时（Command+F 键），同时：

1 鼠标移动到屏幕下方，出现 DVD 播放控制工具条。

2 鼠标移动到屏幕上方，出现缩略图工具条，显示 DVD 章节、书签和视频剪辑。

3 鼠标移动到屏幕最上方，出现 DVD 播放程序的菜单栏。

以上所说的内容可以在浮动的 DVD 播放器界面中，DVD 程序菜单栏上的“窗口”和“控制”菜单中找到对应操作命令（如果没有使用全屏模式播放 DVD，则需要记住这些命令的位置）。

12.2.2 为 DVD 节目添加书签

书签的作用是观看者可以直接跳转到节目中标示的影片位置，而不受 DVD 节目制作时的章节的限制。

添加书签

1 播放 DVD 节目。

2 在 DVD 播放程序的菜单栏中选择“窗口→书签”打开书签窗口。当节目播放到欲添加书签位置时，在书签窗口中单击窗口下方的“加号”按钮或在 DVD 播放器程序的菜单栏中选择“控制→新建书签”。

3 在出现的对话框中，重新命名添加的书签，方便辨认。

添加书签后，在 DVD 播放程序的菜单栏中选择“前往→书签后”，选择所需书签即可直接从书签的位置开始播放节目。如果添加了多个书签，可以在书签窗口中将其中一个书签设置为“默认书签”。选择书签的缩略图，然后单击齿轮图案的“操作”按钮，在弹出的菜单中选择“设为默认”。添加的书签没有保存在 DVD 光盘中，而是存储在电脑中，所以如果将 DVD 光盘借给其他人，其他人无法看到所添加的书签。

12.2.3 创建视频剪辑

通过这个神奇的功能，你可以使用 DVD 节目片段创建视频剪辑，然后选择仅播放该视频剪辑。视频剪辑功能和书签功能对教师或培训人员来说是非常实用的，在培训时可略过 DVD 节目中不需要的部分，直接播放所需视频片断。或通过此功能方便地反复观看 DVD 节目中自己的舞蹈片段或练习影像。

创建视频剪辑

1 使用 DVD 播放程序播放 DVD 节目。暂停播放，接下来将进度条拖到欲创建视频剪辑开始的位置，然后在 DVD 播放程序的菜单栏中选择“窗口→视频剪辑”。

2　在打开的视频剪辑窗口中（如图 12.3 所示），单击“加号”按钮。

图 12.3

图 12.4

3　在打开的“新建视频剪辑”窗口中（如图 12.4 所示），单击“设定”按钮设置视频剪辑开始的位置，接下来单击播放按钮（或拖动播放头），待影片播放到视频剪辑结束的位置，暂停播放，单击窗口下方的“设定”按钮设置剪辑结束位置，然后单击“存储”按钮，保存该视频剪辑。

观看创建的视频剪辑的方法是，在 DVD 播放程序的菜单栏中选择“前往→视频剪辑”，在子菜单列表中选择所需的视频剪辑。在全屏播放模式下，鼠标移动到屏幕上方，在出现的缩略图工具条中，单击左上角的“视频剪辑”按钮，查看视频剪辑的缩略图。

12.2.4　调整视频播放的效果

在 DVD 播放程序的菜单栏中选择“窗口”，在该菜单中选择对应的选项。通过其界面中的滑动条可以调整影片播放时的颜色、声音和视频缩放。

12.2.5　创建自定义的封套图片

你可以将任意图片作为 DVD 封套图片，当停止影片播放时，封套图片就会显示在屏幕上。

添加自定义图片作为封套图片

1　使用 DVD 播放程序播放 DVD 节目。

2 在 DVD 播放程序的菜单栏中选择“文件→获得光盘信息”。

3 在出现的窗口中单击工具栏上的“封套图片”图标，如图 12.5 红圈中所示。

4 将硬盘中的任意图片拖放到相框中单击“好”按钮即可，如图 12.5 所示。

图 12.5

记住，添加的图片仅存储在电脑中，对 DVD 光盘没有任何修改，所以只有在添加图片的电脑上播放该光盘时，才会显示添加的封套图片。

12.2.6 回到 Finder 界面

在全屏模式下观看节目时，通过以下几种方法可以在不停止节目播放的情况下，退出全屏模式：鼠标移动到屏幕最上方，在出现的 DVD 播放程序的菜单栏中选择“前往→切换到 Finder”，按 Command+Option+F 键，按“Esc”键，按 Command+F 键或在 DVD 播放程序的菜单栏中选择“显示”，然后选择一个屏幕尺寸选项（该菜单中包含“退出全屏模式”选项）。

12.3 创建 PDF 文档

推出 PDF（Portable Document Forma，移动文档格式）格式的目的就是为了让大多数人不受所使用电脑操作系统的限制，能够打开查看该格式文档的内容，而且在查看时，其文档中的图表、图片、字体和所有格式都可以完好地保留下来。另外，由于 PDF 格式文档通常可以压缩成容量比较小的文件，所以不但可以快速在因特网上传播，还可以更加有效地存储在电脑中。

多数程序中都可以创建 PDF 文档：在程序中打开的文档界面中，在程序的菜单栏中选择“文件→打印”，然后单击“PDF”按钮，如图 12.6 所示。

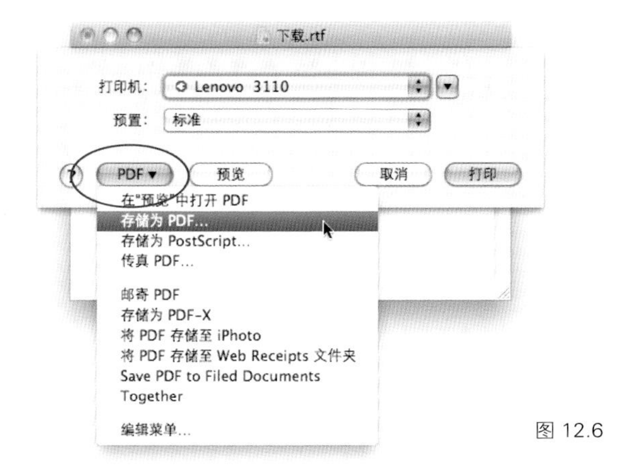

图 12.6

存储为 PDF 将文件存储为常见的 PDF 格式，便于与其他人分享。文档中的图片为全尺寸图片，并内嵌了阅读文档所需的字体。存储时，在设置窗口中单击“安全选项”按钮可以为打开，复制或打印 PDF 文档设置密码保护，如图 12.7 所示。

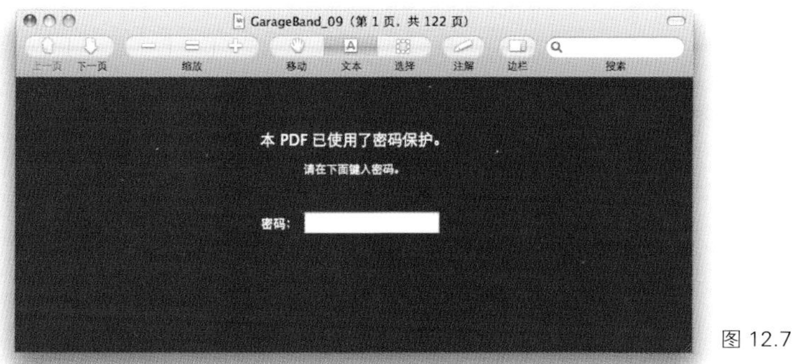

图 12.7

查看受密码保护的 PDF 文档时，需要输入密码，然后按回车键

存储为 PostScript

选择该选项以 ASCII 格式将文件存储为 PostScript Level 2 的文件，该文件打开时看到是许多的代码。但可以将该格式文件直接发送到 Postscript 打印机上进行打印或使用 Acrobat Distiller 程序打开查看文档内容。除非需要该格式文件，否则不要选择该选项。

传真 PDF 如果你已经设置过传真的参数，选择该选项后，系统自动将所选文稿创建为 PDF 文档，并打开传真对话窗口，在窗口中输入接收传真方的电话号码和信息，就可以将该 PDF 文档传真给对方。记住，发送传真时必须将电话线连接在电脑上。

邮寄 PDF 系统自动将所选文稿创建为 PDF 文档，然后启动 Mail 程序，将该 PDF 文档添加在邮件正文中，准备发送。该选项非常节省时间，但我注意到 AOL 或 PC 用户经常无法阅读该方法创建的 PDF 文档。

存储为 PDF-X

由 Adobe 公司创建的 PDF-X 标准适用于高端打印，所以除非你对此有要求，否则不建议选择该选项，而且使用其他的高级软件创建 PDF-X 格式的文件效果会更好。

将 PDF 存储至 iPhoto

系统自动将所选文稿创建为 PDF 文档，然后启动 iPhoto（如果电脑中安装了该程序），提示你选择存放该文档的相册（或创建一个新的相册），然后将该文档存储在所选相册中。

如果拥有 iPhone 手机，可以通过此方法将 PDF 文档存储在 iPhone 手机中。你可能曾试着将 PDF 文档直接存储在手机中，而手机提示不支持该格式文档。但通过 iPhoto 却可以完成此项任务。下次在同步 iPhone 时，在 iTunes 的“照片”选项卡中，选择已经存储 PDF 的相簿同步即可。虽然通过这种方法存储在 iPhone 手机上的 PDF 文档看起来有点模糊，但如果你需要随身携带 PDF 文档，最起码多了一个选择。

12.4 字体册

字体册可以用来安装所需的新字体，关闭不常用的字体，并且可以在安装字体前预览字体。

12.4.1 预览未安装的字体

如果获得了新的字体或磁盘上有未知的字体文件，只需双击字体文件，系统自动启动字体册，预览所选字体。单击预览窗口下方的“安装字体”按钮可安装所预览的字体，如图 12.8 所示。

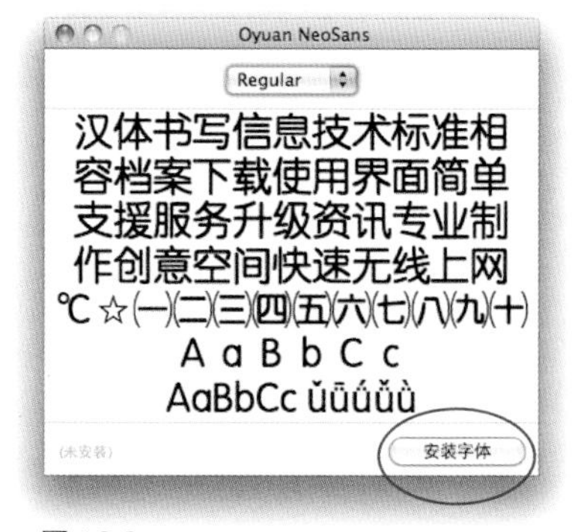

图 12.8

12.4.2 字体的安装

除可用上面所说方法安装字体以外，还可以：

1 启动字体册程序（该程序位于用户的“应用程序”文件夹中）。

2　在“字体集”分栏中选择“用户”（仅安装该字体的账户才可以使用此字体）或“电脑”（该电脑中的所有账户都可以使用所安装的字体）。

3　在字体册程序的菜单栏中选择“文件→添加字体”。

4　找到需安装的字体文件，双击该字体文件。字体册程序自动将所选字体文件从所在文件夹中移动到“Fonts”文件夹中。如果安装后，安装的字体没有显示在列表中，则需要先退出字体册程序后，再重现启动程序，安装的字体即会显示在列表中。

你可以在字体册的偏好设置中，设置系统默认安装字体的位置。

12.4.3　预览已安装的字体

在字体册程序窗口的“字体”分栏中单击选择字体，即可在右侧的预览窗口中预览所选字体。拖动预览窗口右侧的滑动条缩放字体，或直接在“大小”文本输入框中输入字体的大小。

在字体册程序的菜单栏中，打开“预览”菜单，然后选择：

- “字样”显示字体的大小写和数字。
- “字库”显示字体的所有内容（字母、数字、标点符号等）。
- “自定”，可在字词册窗口中输入任意文字内容，以查看该字体的显示效果。拖动窗口右侧的滑动条缩放字体，如图 12.9 所示。

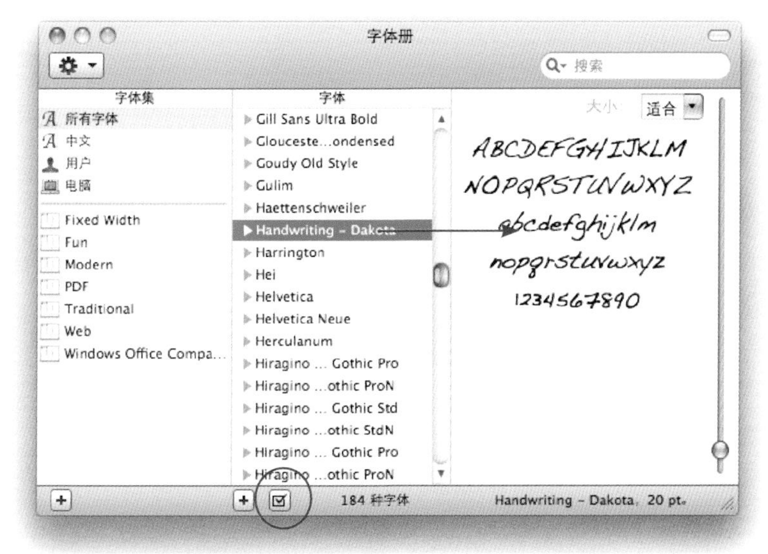

图 12.9

停用某字体的方法是，在“字体”分栏的列表中单击选择欲停用字体，然后单击其分栏下方的复选框，当复选框中的勾选取消后，所选字体在列表中模糊显示，其名称后显示为“关”（如图 12.9 所示）。

12.4.4 创建个人字体集

通过字体集可以方便地查看你常用的字体，而免去再在长长的字体列表中费劲寻找的麻烦。

创建字体集的方法是，在“字体集”分栏下方单击“加号”按钮，然后命名新建的字体集。接下来单击该分栏中的“所有字体”，查看电脑中安装的所有字体，将所需字体从“字体”分栏中拖放到新创建的字体集的名称上，将所选字体添加到字体集中。

停用字体集的方法是，在“字体集”分栏中选择欲停用字体集后，在字体册程序的菜单栏中选择“编辑→停用［所选字体集的名称］”。

12.5 便笺

通过便笺程序，你可以随意在屏幕上创建便笺，就如同将便笺贴在电脑显示器四周一样（我的孩子说我那贴满便笺的显示器看起来就象一朵大雏菊花），如图 12.10 所示。

便笺

图 12.10

在上图例中可以发现以下特性

- 图中所显示的购物清单使用的是“符号列表”格式。该格式的创建方法是单击选择便条后，按 Option+Tab 组合键，接下来 Control + 单击便条，在弹出的快捷菜单中选择“列表”，在出现的设置窗口中选择列表所用的符号或编号格式，另外还可以为列表添加前缀或后缀，从而可以使用如（1），Act 1 或• A •等其他组合编号格式，选项中还提供了希腊和亚洲字符格式。

- 注意，输入列表第一项时，要先按 Option+Tab 键。输入一项后，按回车键继续输入下一项目。继续按 Option+Tab 键可以增加列表的缩进。

  连续按回车键两次结束列表格式输入。

  通过上面所说的方法，在快捷菜单中选择“列表”后，在列表设置窗口中可随时更改项目符号或编号的格式。

- 如同其他的苹果系统程序一样，通过字体窗口（按 Command+T 组合键）可以更改文本的字体、字号和颜色等设置。

  系统默认使用便条中第一行的文字内容做为便条的标题。双击便条的标题栏，便条“卷起”，仅显示标题栏。再次双击便条的标题栏，便条恢复为正常显示状态。

- 鼠标停放在便条上，屏幕上显示该便条创建和修改时间的提示信息。
- 将电脑中任意图片拖放到便条上即可将图片添加到便条中。
- 一个便条中可以输入多页文本内容或添加多页图片，但便条上不会显示滚动条，需沿文本向下拖动鼠标或通过键盘上的箭头方向键或 PageUP 和 PageDown 键滚动浏览便条的所有内容。如果使用的是带滚轮的鼠标，还可以通过滚轮滚动浏览便条的内容。如其他窗口一样，拖动便条右下角可调整便条的大小。
- 便条中的人名“Brianna”下显示有红色下划线，这表明当前启用了拼写检查功能。Control + 单击便条，在弹出的快捷菜单中选择“拼写和语法”，然后从子菜单中选择所需选项。
- 如果对便条的格式，如字体、字号和便条颜色有特定要求，可以按照要求设置一个便条后，在便笺程序的菜单栏中选择“便条→用做默认”，则以后创建的便条都会自动采用你设为默认便条的格式，而无需再对便条进行设置。
- 如希望开启电脑时，系统自动显示所有创建的便条，可以在系统偏好设置的“账户”中，将便笺程序添加到“启动项目”中。
- 在便笺程序的菜单栏中选择“文件→打印”，在弹出的对话窗口中设置打印选项后，其打印选项与其他文稿的打印选项相同，即可开始打印便条。如希望同时打印多个便条内的内容，可以先将所有需打印便条的内容复制粘贴到一个便条中，然后再进行打印。

Photo Booth

12.6 Photo Booth

通过 Photo Booth 程序自拍照片或视频即方便又有趣，所拍的照片可以用作 iChat 好友图片或账户图片。此外，还可以将拍摄的照片或视频片段发送给朋友共享，上传到网页上，通过预览程序转换文件格式或以幻灯片方式浏览所拍照片。

12.6.1 拍摄照片

1 启动 Photo Booth（该程序位于“应用程序”文件夹中）。

2 单击“拍照”按钮（三个拍摄模式按钮中第一个按钮）。

3 然后单击红色的拍摄按钮。

拍照时，工具栏变为红色时间工具条，发出声音开始倒计时。拍照时屏幕闪动。你可以使用该程序拍摄多张照片，而所拍照片的缩略图顺序排列在窗口下方。

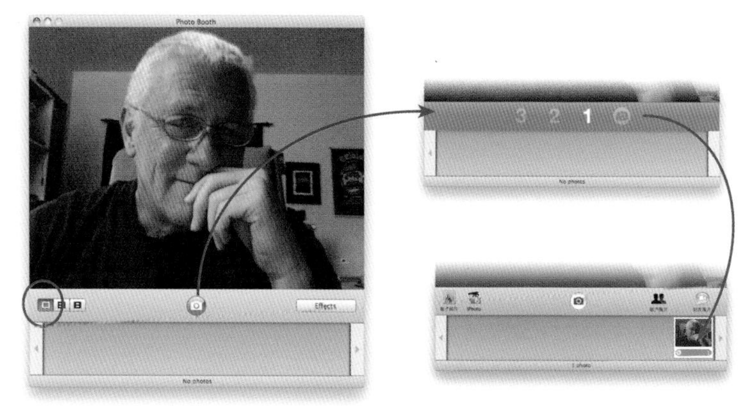

图 12.11

4 单击所拍照片的缩略图在主窗口中查看所选照片，此时工具栏上出现下图所示的功能按钮：依次为通过邮件发送照片，将照片存储到 iPhoto 中，将照片设置为账户图片和将照片设置为 iChat 好友图片。

单击缩略图上的 X 标志删除所选照片或选择缩略图后，按键盘上的删除键（Delete）

图 12.12

12.6.2　拍摄视频片段

1　单击“录制影片剪辑”按钮（图中最右侧带有胶片图案的按钮）。

2　工具栏中间的拍照按钮变成红色视频录制按钮。

单击红色视频录制按钮开始录制视频

拍摄视频时，工具栏上显示有录制时间，此时红色视频录制按钮变为停止录制按钮（如下图所示）。停止视频录制后，窗口下方出现刚录制的视频片段的缩略图。

3　停止视频录制后，在窗口下方选择视频片段缩略图，然后单击工具栏上出现的功能按钮。

- 单击“电子邮件”图标，将录制的 QuickTime 格式视频添加为邮件附件发送给其他人分享。由于视频文件容量比较大，一秒视频片段的大小约为 1MB，所以尽量拍摄短时间的视频片段。
- 将录制视频的缩略图拖放到桌面或电脑其他文件夹中，将该视频保存为 QuickTime 格式影片。
- 将录制视频中的单幅画面设置为电脑账户或 iChat 好友图片的方法是，选择视频片段的缩略图，拖动影片进度条到所需画面，然后单击“账户图片”或“好友图片”按钮。鼠标移动到视频预览窗口上，出现影片进度条。

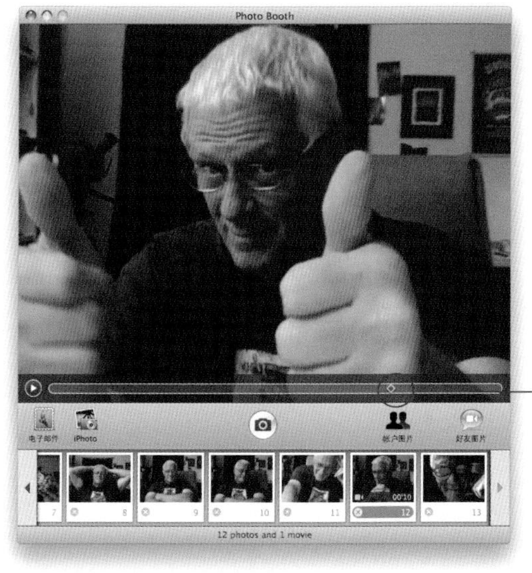

图 12.13

影片进度条。前后拖动此播放头标志向前或向后查看视频中的单副画面

所有照片和视频片段的缩略图显示在窗口的下方。视频片段缩略图以左下角的摄像头图标作为标识

12.6.3 拍摄特效照片

Photo Booth 提供了多种特殊效果供你拍摄照片或视频片段时使用，即必须在拍摄前选择拍摄时所需的特效，照片拍摄后是无法再添加特效的。

1 单击图 12.14 红圈中所示的“效果”按钮，打开效果选择窗口。窗口中间为没有应用特效，正常情况下的效果预览图，单击该预览图取消特效，恢复正常拍摄状态。

2 单击“效果”按钮左右两侧的箭头浏览所有的特效。

3 单击选择所需特效，窗口中显示全尺寸预览画面（如图 12.15 所示）。

4 在工具栏上单击左侧 3 个按钮选择拍摄类型（照片、四张连拍或视频片断），然后单击红色按钮进行拍摄。采用特效拍摄的照片也以缩略图方式显示在窗口下方。

选择“四张连拍”拍摄时，Photo Booth 连续拍摄四张照片组成一张 JPEG 格式的照片，选择该类型照片后，在 Photo Booth 程序的菜单栏中选择“文件→导出”，将拍摄的四张照片转换成 GIF 格式图片。

5 选择所拍摄照片的缩略图，然后点击工具栏上的功能按钮与其他人进行分享。

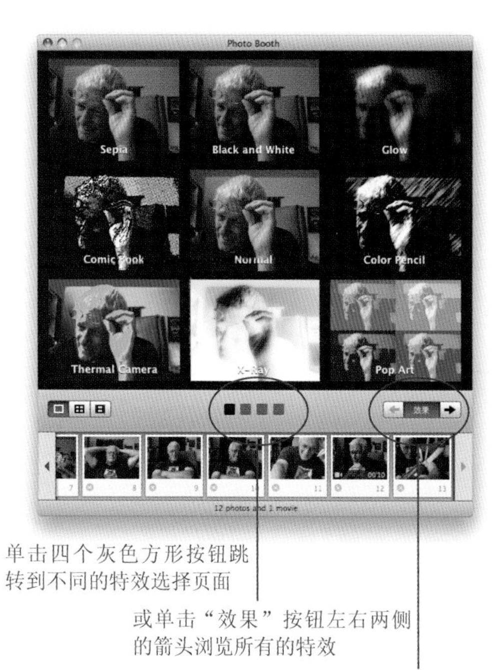

图 12.14

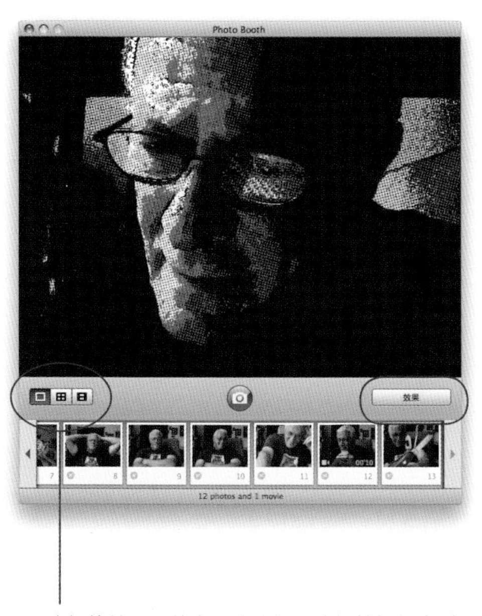

图 12.15

12.6.4 创建自定义背景

在特效选择窗口中，最后一页的特效为用户背景，你可以将自己的照片或视频片段设置为背景进行照片或视频片段的拍摄。

使用自定义背景进行照片或视频的拍摄

1 在工具栏中的 4 个灰色方形按钮中，单击最右侧的方形按钮显示用户自定义背景页面。

2 将自己的照片或视频片段拖放到窗口中任一或多个空白相框中。

3 单击选择创建的自定义背景。

4 开始拍摄照片或录制视频片段。屏幕上提示你离开屏幕以便 Photo Booth 程序将自定义背景替换为拍摄背景。按照提示离开屏幕。

5 屏幕上再次提示“以检测到背景”时，回到屏幕前。单击红色拍摄按钮开始拍照或拍摄视频。

提示——在 Photo Booth 程序的菜单栏中选择“显示→开始幻灯片播放”，可以以幻灯片方式预览所有拍摄的照片。按键盘上的“Esc”键退出幻灯片播放。

12.7 QuickTime Player

多媒体软件 QuickTime X 可以用来播放和编辑电影和音频文件。当双击 QuickTime 格式文件时，系统会根据文件的具体编码格式启动 iTunes 或 QuickTime Player 进行播放。后缀名为 .mov 的文件是 QuickTime 格式的电影文件，后缀名为 .m4a 的文件是 MPEG4 编码的音频文件，后缀名为 .m4v 的文件是 MPEG4 编码的视频文件，而后缀名为 .dv 的文件是数码摄像机拍摄的视频文件等。

如果双击打开的多媒体文件是使用旧版本 QuickTime 7 程序创建的文件，则系统可能会在弹出的提示信息中提供下载 QuickTime 7 程序的网址，便于你下载 QuickTime 7 来播放所选文件。

图 12.16

如果说使用 iTunes 播放影片是正常的，那么使用 QuickTime Player X 播放影片可以说是一种美的享受。QuickTime Player 支持截取影片（编辑影片播放时间），通过菜单命令自动将影片添加到 iTunes 资料库，在线 MobileMe 空间（需拥有 MobileMe 账户）或上传到 YouTube 上（需拥有免费的 YouTube 账户）。此外，通过 QuickTime Player 还可以录制视频、音频或进行屏幕录制（拍摄电脑屏幕上所进行的操作）。

12.7.1 播放电影或音频文件

1 单击 Dock 上 QuickTime Player 图标启动 QuickTime Player 程序。如果 Dock 上没有该程序图标，可以在“应用程序”文件夹中双击 QuickTime Player 程序图标。

2 在 QuickTime Player 程序的菜单栏中选择“文件→打开文件”，选择所需播放的电影或音频文件。QuickTime Player 程序使用一个非常精美的播放窗口开始播放电影节目，窗口中显示有播放控制工具条。而使用简洁的播放窗口来播放音频文件，即便是简洁的窗口中也包含了各种播放控制按钮（如图 12.17 所示）。

图 12.17

3　单击“播放”按钮开始节目播放。当鼠标移出播放窗口，播放控制工具条和标题栏会消失，此时播放窗口变为一个无框的窗口（如图 12.18 所示）。鼠标移回到窗口上，窗口中重新显示播放控制工具条和标题栏。

图 12.18

12.7.2　影片共享

QuickTime Player 程序可以快速方便地将影片发送到 MobileMe 画廊或 iTunes 中。

1　使用 QuickTime Player 打开一个电影文件。

2　在播放控制工具条上，单击下图红圈中的共享按钮，在弹出的菜单中选择所需选项：将影片添加到 iTunes 资料库中，发送到 MobileMe 画廊中（需要付费成为 MobileMe 会员）。也可以在 QuickTime Player 程序的菜单栏中选择“共享”，然后选择所需的选项。

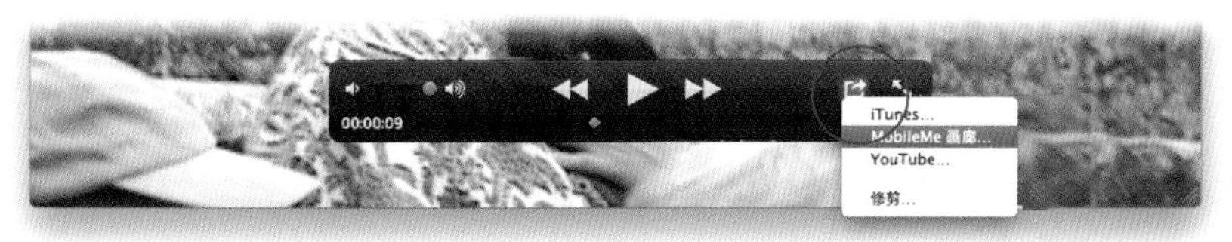

图 12.19

12.7.3　截取影片或音频文件

QuickTime Player 程序允许你轻松保存或分享电影或音频的片段。

1　使用 QuickTime Player 打开一个电影文件。

2　在播放控制工具条上，单击下图红圈中所示的共享按钮，从弹出的菜单中选择“修剪”或在 QuickTime Player 程序的菜单栏中选择“编辑→修剪”。

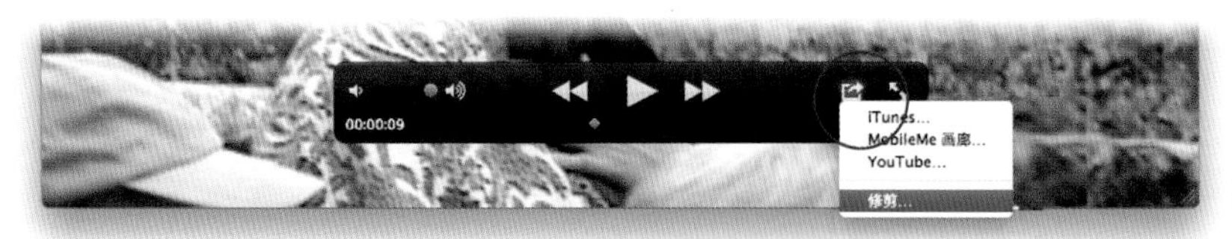

图 12.20

在影片播放窗口下方，显示黄色高亮的影片缩略图时间线。

3 拖动左右两侧黄色边框选择所需影片片段，灰色的“修剪”按钮将黄色高亮显示，单击“修剪”按钮。

你可以将截取的影片片段存储在电脑中或在 QuickTime Player 程序的菜单栏中选择“共享”，然后将影片存储到 iTunes 资料库或 MobileMe 画廊中。

图 12.21

4 截取音频文件的方法是，在 QuickTime Player 中打开一个音频文件后，在 QuickTime Player 程序的菜单栏中选择“编辑→修剪”，窗口中出现黄色高亮边框环绕的音波工具条。拖动左右两侧黄色边框选择所需音频片段，然后单击“修剪”按钮。截取音频片段后，你可以选择将其存储在电脑中或分布到因特网上与其他人分享。

12.7.4 录制视频

如果电脑中内置了 iSight 摄像头或连接了外置的摄像头设备，通过 QuickTime Player 程序可以录制视频，然后按照以上介绍的方法与其他人分享。

1 启动 QuickTime Player 程序后，在 QuickTime Player 程序的菜单栏中选择“文件→新建影片录制”。

2 单击控制工具条上的红色录制按钮。如果窗口中没有显示控制工具条，需将鼠标移动到影片录制窗口上。当鼠标从窗口中移出，窗口中的控制工具条自动隐藏。

3 再次单击红色的录制按钮，停止视频录制。工具条中的按钮变为播放控制按钮，通过这些按钮播放新录制的视频节目。

4 在 QuickTime Player 程序的菜单栏中选择“文件→存储为”，存储录制的视频。如果你没有保存直接关闭了视频录制窗口（单击窗口左上角的红色关闭按钮），则 QuickTime Player 程序自动将录制的视频保存在用户主文件夹下的“影片”文件夹中。

图 12.22

12.7.5 录制音频

如果电脑中内置了麦克风设备或连接了外置麦克风设备，通过 QuickTime Player 程序可以进行音频录制。

1 启动 QuickTime Player 程序后，在 QuickTime Player 程序的菜单栏中选择“文件→新建音频录制”。

2 在“音频录制”窗口中单击红色录制按钮。

3 再次单击红色录制按钮，停止音频录制，如图 12.23 所示。

图 12.23

12.7.6 屏幕录制

如果为了演示教学，需要录制电脑屏幕上的操作或录制因特网上的节目等其他原因，可以通过 QuickTime Player 程序录制屏幕的操作。

1 启动QuickTime Player程序后，在QuickTime Player程序的菜单栏中选择“新建屏幕录制”。

2 在打开的“屏幕录制”窗口中（如图 12.24 所示），单击红色录制按钮，弹出下方右图所示的对话窗口，确认进行屏幕录制操作。

3 单击“开始录制”按钮进行屏幕录制。单击菜单栏上的“停止录制”按钮（在图 12.25 窗口中单击“显示给我看”按钮，高亮显示菜单栏中的“停止录制”按钮）或按 Command+Control+Esc 键停止屏幕录制。

如果没有在程序菜单栏上的“文件”菜单中，选择存储选项对文件进行过存储或从“共享”菜单中，选择过共享选项，则 QuickTime Player 程序自动将录制的文件存储在主文件夹下的“影片”文件夹中

图 12.24

图 12.25

以为不同播放设备或因特网传播所优化的视频格式存储或导出拍摄的视频

在 QuickTime Player 程序的菜单栏中选择“文件→存储为”，在出现的对话窗口中，命名录制的文件，选择存储文件的位置。接下来在“格式“的下拉菜单中（如图 12.26 所示），选

择文件存储的格式。无论从文件大小和影片质量来说，每个选项都是适合不同播放设置的最优设置。如选择“iPhone”选项，QuickTime Player 所存储的影片为适合 iPhone 手机屏幕播放的最高质量的影片。而如果选择“iPhone（蜂窝电话）”选项，则所存储的影片虽然适合 iPhone 手机屏幕播放，但影片质量相对较差，从而缩小了存储文件的容量，便于通过无线网络发送该文件。

图 12.26

此外，在 QuickTime Player 程序的菜单栏中还可以选择“存储用于 Web”选项，或在“共享”菜单中选择将文件添加到 iTunes 资料库或 MobileMe 画廊（需要 MobileMe 会员账户）中。

13

课程目标

- 掌握苹果操作系统中所有程序的通用功能
- 拼写和语法检查
- 字体册
- 特殊字符
- 颜色调板
- 语音功能
- 内置词典

第 13 课

Mac OS X 操作系统应用程序的通用功能

在苹果操作系统中，所有的程序具备一些相同的功能：如拼写和语法检查、颜色调板、字体面板和词典等。本课中将不再针对某个特定程序，而是集中介绍这些所有程序通用功能的使用方法。

多数第三方软件开发商出品的程序同样具备这些通用功能，善用这些功能将让你的电脑操作变得轻松有趣。

13.1 拼写检查功能

“拼写检查”的选项位于程序菜单栏中的“编辑”菜单中，其子菜单中各个选项的功能如图13.1 所示。

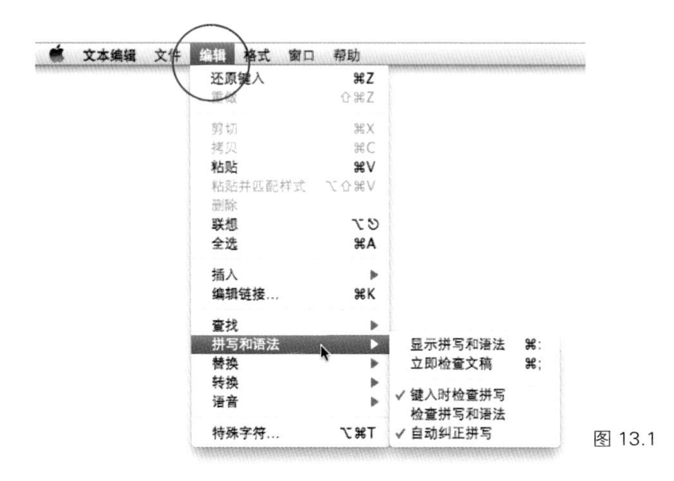

图 13.1

显示拼写和语法

选择该选项后出现下图所示的拼写检查器窗口。拼写检查器可以搜索整个文档，为系统认为拼写错误的单词提供正确的拼写建议。

如果希望拼写检查器同时提示可能的语法错误，请在窗口的右下角勾选“检查语法”选项，如图 13.2 所示。

图 13.2

使用提供的拼写建议替换拼写错误的单词：在图中的下方窗口列表中，双击拼写正确的单词或在上方的文本输入框中，手动输入拼写正确的单词。

暂时忽略错误的拼写：如果拼写检查器不断提醒你同一单词拼写错误，但你坚持使用该拼写，可以在拼写检查器窗口中单击“忽略”按钮，拼写检查器在该文档中不再提示此单词拼写错误，但在新的文档中还将继续提示。

学习新的单词拼写：通常情况下，拼写检查器无法识别大多数人的姓名拼写（如下图所示）或特定的专业术语。如果需要经常使用特定的单词，而拼写检查器将其识别为错误的拼写（拼写检查器只能识别当前所用词典中包含的单词），可以在窗口中单击“学习”按钮，系统将该单词添加到词典中，以后不再提示该单词拼写错误，如图 13.3 所示。

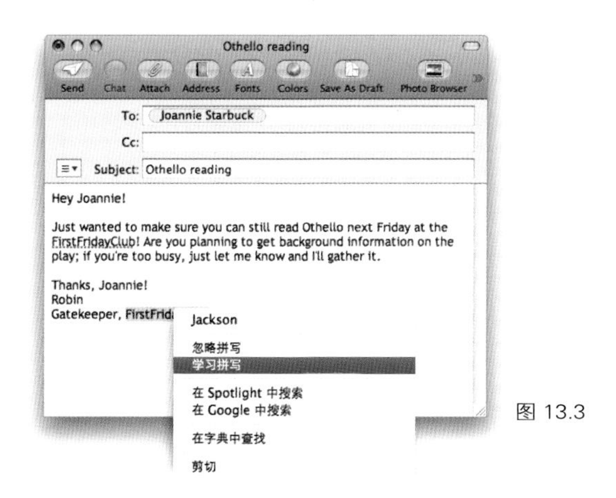

图 13.3

或在当前没有打开拼写检查器窗口的情况下，Control + 单击（或右键单击）提示拼写错误的单词（系统会以红色下划线标示拼写错误的单词），在弹出的快捷菜单中，选择“学习拼写”。系统将所选的单词添加到词典中，以后不再提示该单词拼写错误，而且当此单词出现拼写错误时，在弹出的快捷菜单中，系统会提供正确的拼写建议。

拼写和语法检查子菜单中，更加实用的选项

以下是在程序菜单栏上选择“编辑→拼写和语法检查”后，其子菜单中的几个实用选项。

立即检查文稿

选择该选项开始检查文档中的拼写和语法错误，或按键盘快捷方式（Command+ 分号键）开始检查文档，而不必打开“拼写和语法”对话窗口。每当搜索到拼写错误的单词时，搜索停止。虽然系统提示单词拼写错误，但很可能是人名的拼写，无需更改。

键入时检查拼写

系统随着你的输入，以红色下划线标示拼写错误的单词。任何当前系统所用词典中没有包含的单词都会被标示为错误的拼写，如多数的人名、城市名和比较专业的术语。

检查拼写和语法

选择该选项后，系统自动选择“拼写和语法”窗口中的“检查语法”选项。其功能如该选项名称所示，系统会根据标准的语法规则检查文档中所用的语法，并提示可能的语法错误。

与使用红色下划线标示错误的拼写不同，系统使用绿色下划线标示语法错误的字词。鼠标移动到标示错误的单词上，停三秒钟后，屏幕上出现的提示信息中给出出现错误的原因，根据个人需要选择是否修改标示的错误，如图 13.4 所示。

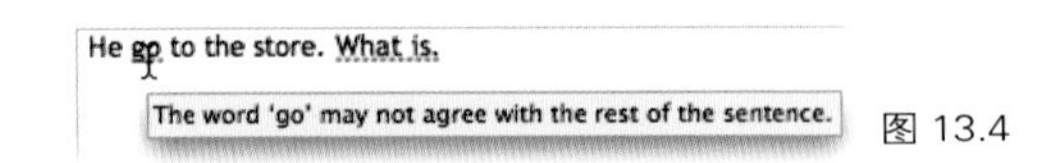

图 13.4

无需打开拼写检查对话窗口，快速更改拼写错误

1 Control + 单击（或右键单击）拼写错误的单词（无需提前高亮选择单词）。

2 在弹出的快捷菜单中（如下图所示），菜单上方显示的是所选单词的正确拼写建议列表。

3 在列表中单击选择正确的单词拼写，系统立刻使用所选单词更正标示的拼写错误，同时快捷菜单自动隐藏。

如果菜单中没有提供拼写建议，可以手动输入正确拼写的单词或在快捷菜单的下方，选择“拼写和语法→立即检查文稿”开始检查拼写，如图 13.5 所示。

即使拼写检查器提示某单词拼写错误，也请根据自己的判断来决定是否需要修改。如某些情况下，拼写检查器会将伊丽莎白女王一世时代的十四行诗或不常见人名中的单词标示为拼写错误，此时可以不必进行更改

图 13.5

13.2 字体面板

在任何程序的界面中，按 Command+T 键都可打开字体面板。如果你打开的字体面板界面与图中显示的不同，可能是因为面板中没有显示字体预览窗口或效果工具栏，如图 13.6 所示。

13.2.1　预览

- 显示预览窗口和（或）效果工具栏：如果字体面板中没有显示以上两项内容，请单击“操作”按钮（下图红圈中所示），在弹出的菜单中选择“显示预览”，然后再次单击该按钮，在菜单中选择“显示效果”。

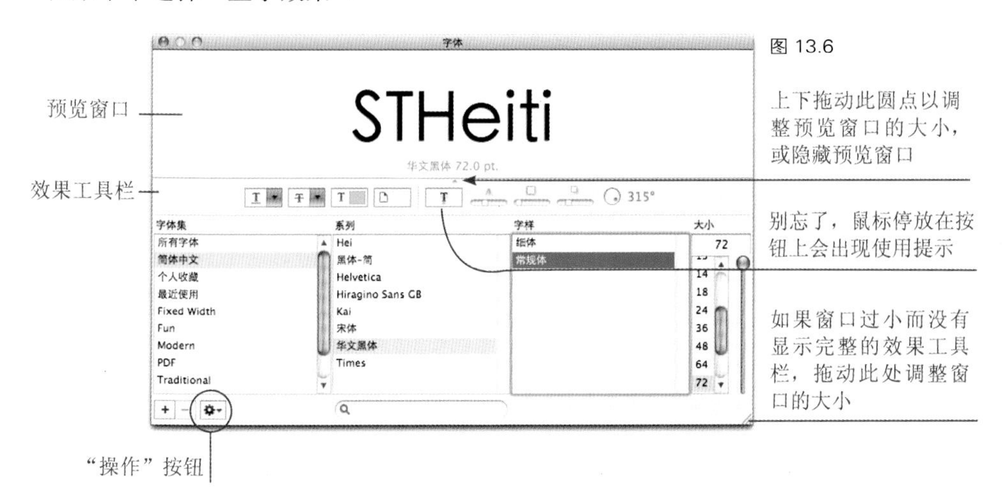

图 13.6

在任何程序中，在打开的字体面板中可选择字体系列、字体的样式（即“字样”，见上图中使用提示下方）及字体的大小。字体面板中的选择将应用到文档中所选的文本。注意，在选择字体和字体大小时，必须先在文本中选择需要更改的文本。或将插入点标志（文档中不停闪动的竖条）位于需要输入文本的位置后，选择需要的字体和字号，则输入的文本会使用所选择的字体和字号。

预览所做的修改

在文档中选择所需文本后，在字体面板中设置选项后，可以在预览窗口中马上看到文本的变化。

13.2.2　效果工具栏

通过下图所示的 5 个按钮可以为所选文字添加适宜的阴影效果。在文档中选择所需文本后，单击“文字阴影”按钮（T 图案按钮），然后拖动其余 4 个工具按钮的滑动条调整阴影的效果（阴影透明度，阴影模糊度，阴影偏移量和阴影的角度），如图 13.7 所示。

图 13.7

13.2.3 字体集

字体册中内置了几种字体集，字体集是所有字体中部分字体的一个集合。创建字体集不会对字体有任何影响，仅是将字体分类存放以便于你快速找到所需的字样，而免去在长长的字体列表中费劲寻找的麻烦。

创建字体集：在字体面板“字体集”分栏下方，单击“加号”按钮，然后命名新的字体集。在“系列”分栏中，选择所需系列的名称后，将其从“系列”分栏中拖放到新建字体集的名称上。

13.2.4 个人收藏

如果经常使用特定的字体系列、字样、字号和颜色，可以将该字体设置存储为个人收藏，然后将其添加到“个人收藏”字体集中方便以后随时调用。在文档中选择设置好格式的文本或在字体面板中设置好格式，然后单击“操作”按钮，在弹出的菜单中选择“添加到个人收藏”。

如果需使用个人收藏的字样，在字体面板中的列表中单击选择“个人收藏”字体集，浏览收藏的字体设置。选择所需文本后，在字体面板中选择需要使用的设置即可。

13.3 字符调板

许多字体中包含了大量你不知道但很可能会愿意使用的字符。不同的字体包含不同的特殊字符。

图 13.8

例如，以下显示的是字体“Zapfino”中的“&”。

如何才能知道字体中包含何种字符呢？这就需要使用“字符调板”。

在多数程序的菜单栏上的“编辑”菜单中，其菜单底部的选项通常是“特殊字符”，选择该选项打开对页图所示的字符调板。

在文档中插入特殊字符

1 启动文本编辑程序（位于“应用程序”文件夹中），屏幕上显示空白的文档界面，文档中闪动的插入点的位置为输入字符的位置。输入所需文字，当需要输入特殊字符时。

2 在文本编辑程序的菜单栏中选择“编辑→特殊字符”。

3 在字符调板中的“显示”（见对页红圈中所示）下拉菜单中选择“字形”。

4 选择“字形目录”标签。

5 在该标签中选择字体和字样。

6　滚动页面选择所需的字形（“字形”指的是任何形状的符号，如上图例中显示的是字符“&”的不同字形。

7　双击所需字符，在文档中插入该字符。

提示——单击字符调板窗口上的绿色按钮，将窗口最小化后可以节省显示空间，方便随时调用。

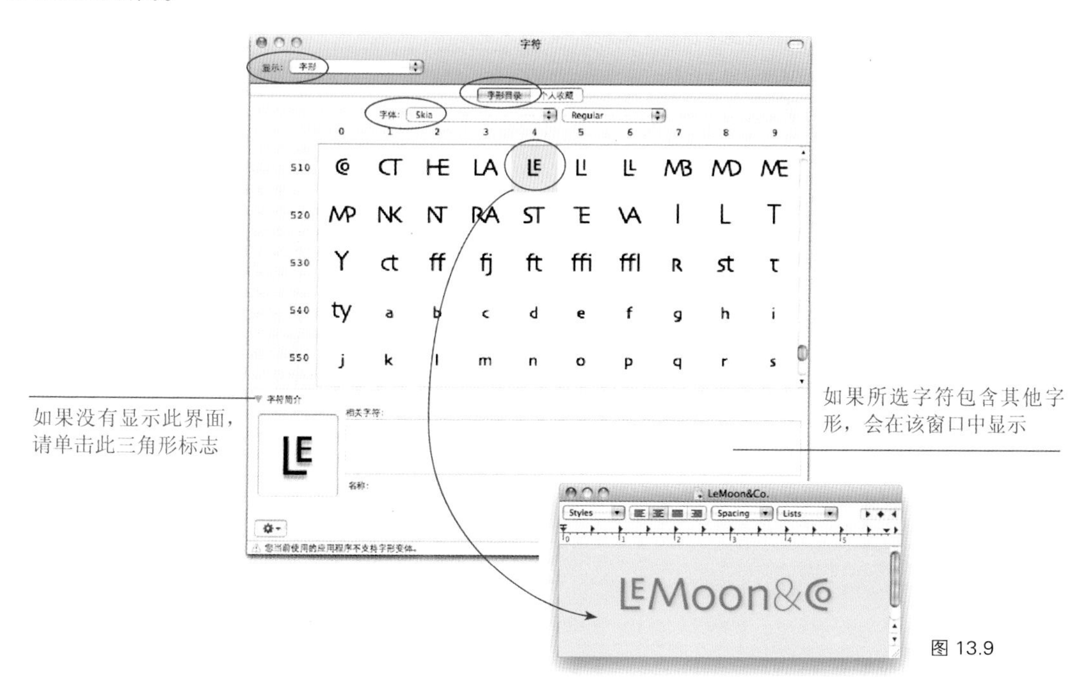

图 13.9

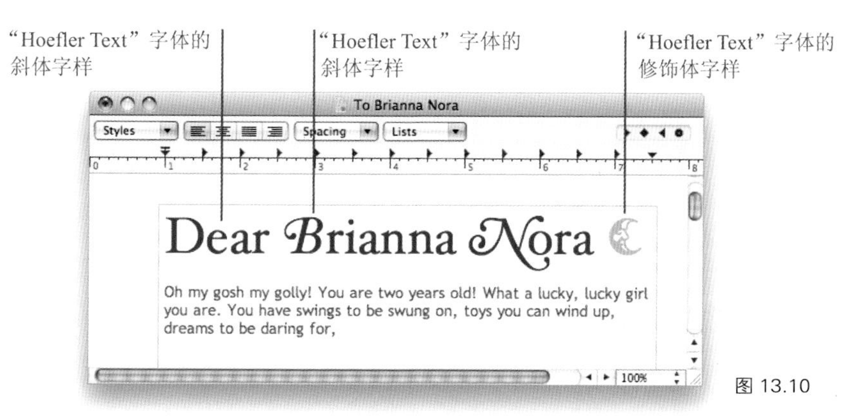

图 13.10

13.4 颜色调板

在字体调板中单击下图所示的颜色按钮或点击工具栏上的“颜色”图标，打开看似简单的颜色调板。在 Mail 程序、文本编辑程序和其他程序中，选择文本后，可以选择文本的颜色。

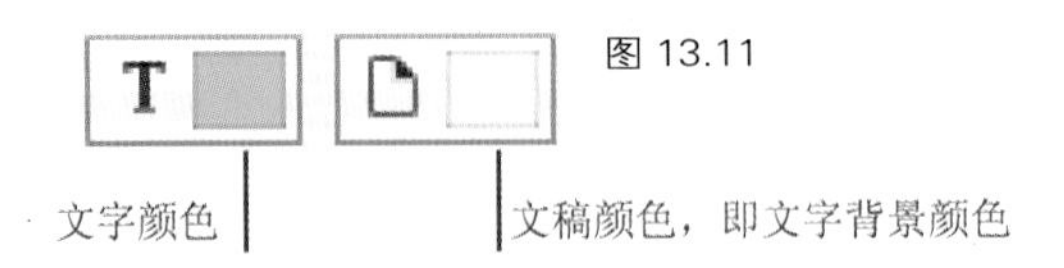

图 13.11

- 单击颜色调板工具栏中的按钮选择颜色模式。
- 单击“放大镜“图标，鼠标指针变为放大镜，移动鼠标找到所需的颜色后，单击鼠标将所选颜色添加到颜色调板中。
- 在“色轮”模式中，移动色轮中的圆点选择所需颜色，上下拖动右侧的滑动条调整颜色的阴影。
- 在“颜色调板”模式中，从“调板”选项的下拉菜单中选择“从文件新建”，然后选择一张照片或图片，或直接将 Finder 窗口中的图片拖放到调板界面中，移动鼠标在图片上选取所需的颜色，如图 13.12 所示。

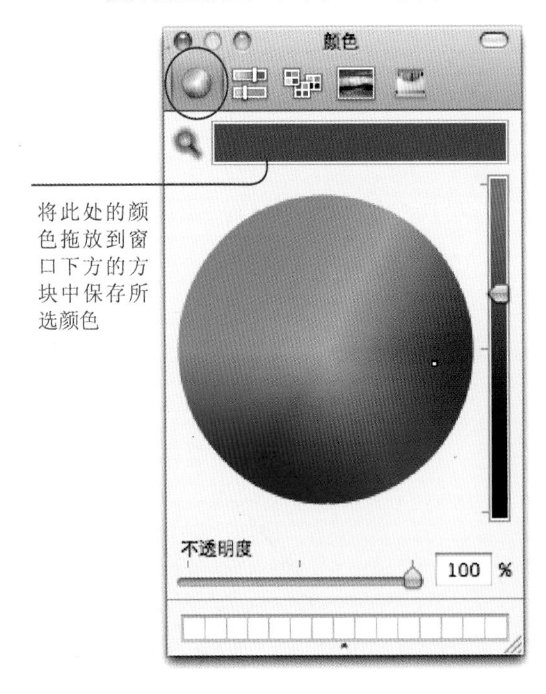

图 13.12

13.5　语音功能

许多程序尤其是需要处理大量文本的程序都具备朗读所选文本的功能。苹果操作系统中的多数程序及一些第三方程序如 Adobe InDesign 均支持该功能。根据程序的不同，你需要在程序菜单栏上的“编辑”菜单中选择“语音→开始讲话”或在程序菜单中（屏幕上方黑色苹果标志右侧的菜单），选择“服务→语音→开始讲话”后，电脑即开始朗读所选的文本。另外还可以 Control + 单击（或右键单击）选择文本，在弹出的快捷菜单中选择“语音→开始讲话”。

你可以在 iChat、Safari、Mail、文本编辑程序、地址簿或 iCal 程序中体验一下这个很酷的功能。此外除可以朗读所选文本外，在菜单的“服务”选项中还有许多实用的命令，如选择“作为语音轨道添加到 iTunes”选项后，系统将所选文本转换为音频文件添加到 iTunes 的“音乐”资料库中，转换的音频文件默认名称为“Text to Speech”，双击该名称后，可以重新命名文件。

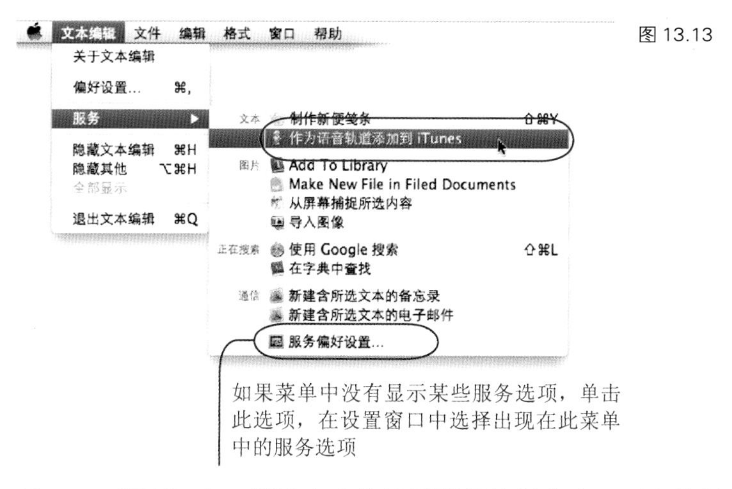

图 13.13

在有些程序（如 Mail 程序）中，朗读文本前无需提前选择文本，而有些程序则只有选择文档中的内容后，“服务”选项中才会出现语音功能的选项。

朗读电子邮件

1　在 Mail 程序中，打开一封电子邮件。

2　单击邮件中的文本区域。

3　在 Mail 程序的菜单栏中选择“编辑→语音→开始讲话”。

4　系统开始朗读邮件全部的文本内容。如果仅需朗读部分文本，在选取菜单命令前先选择需要朗读的文本。

5 在系统偏好设置的“语音”选项卡中可以设置朗读所用的嗓音。

使用“服务”选项：首先选择程序中或 Safari 网页中的文本，然后在菜单栏上的程序菜单中选择“服务”，从其子菜单中选择所需的选项。

13.6 打印前预览打印效果

在打印前，可以预览创建的任意文档或需要打印的文本。打开文档开始打印（按 Command + P 键，或在程序菜单栏上选择“文件→打印”）。

如果出现的是如下图所示的简易打印对话窗口单击“预览”按钮。系统自动启动预览程序，使用预览程序来预览文档的打印效果，可以在预览程序中直接打印预览的文件。

如果出现的是完整的打印对话窗口（单击图 13.14 红圈中所示的三角按钮显示完整的对话窗口），则提供了更多的打印选项。由于此时窗口中已经包含了预览窗口，所以不再显示“预览”按钮。

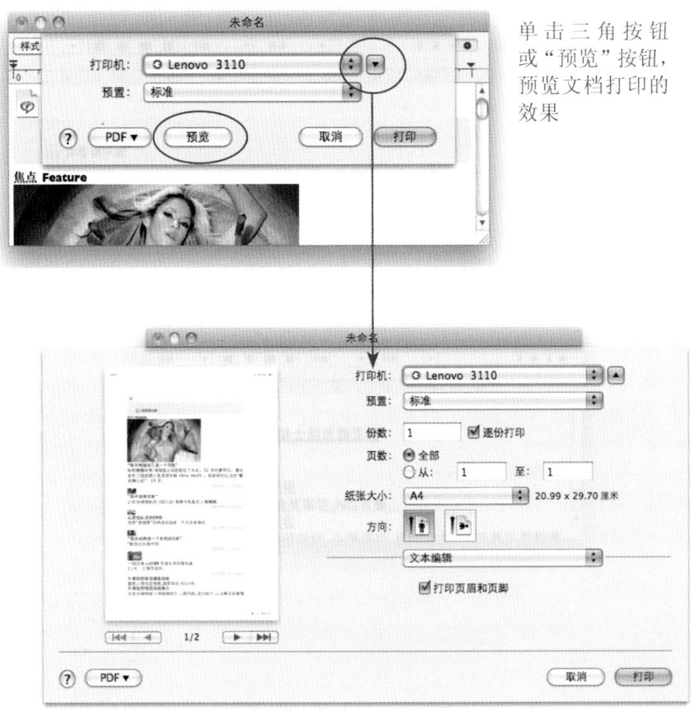

单击三角按钮或“预览”按钮，预览文档打印的效果

图 13.14

13.7　创建单页或多页 PDF 文档

在上图显示的打印对话窗口中有一个“PDF”按钮，单击该按钮，在弹出的菜单中提供了多种创建 PDF 文档的选项。

字典

13.8　字典功能

由于我经常要使用字典程序，所以我将词典程序添加到我的 Dock 上。词典程序不仅仅是词典，同时包含了同义词手册和苹果字典，此外还能连接维基百科资料库（需在连接网络）。字典程序位于“应用程序”文件夹中，将该程序图标拖放添加到 Dock 上，可以在需要时一键启动字典程序。

图 13.15

字典有一个特殊功能让其与众不同。在字典程序偏好设置中，选择图 13.16 所示的“打开字典面板”选项。

现在，在所有的苹果程序中（符合苹果操作系统标准的程序），Control + 单击一个单词，即可通过弹出的快捷菜单在词典中搜索所选的单词。

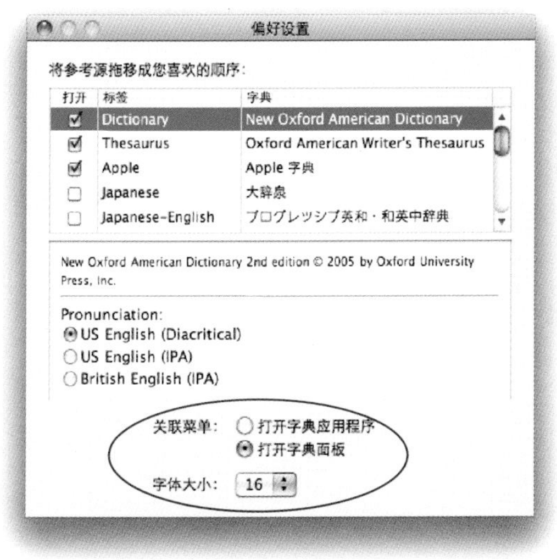

图 13.16

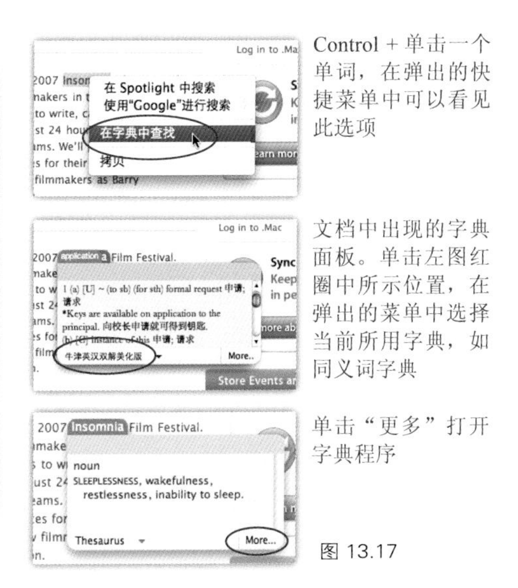

Control + 单击一个单词，在弹出的快捷菜单中可以看见此选项

文档中出现的字典面板。单击左图红圈中所示位置，在弹出的菜单中选择当前所用字典，如同义词字典

单击“更多”打开字典程序

图 13.17

14

课程目标

- 通过键盘快捷方式切换前台打开的程序
- 使用键盘快捷方式退出或隐藏程序
- 利用 Spaces 功能管理多个打开的窗口
- 在不同程序间拖放文本或文件
- 善用页面代理
- 利用“服务”选项提高工作的速度和效率

第 14 课

同时使用多个程序

目前为止，我们已经大概了解了 Mac OS X 操作系统中主要程序的使用方法及程序间协同工作的情况。下面我们进一步了解如何同时使用多个程序进行工作。如如何跳转到不同的程序界面，怎样在不同程序窗口中拖放文本数据和文件，以及 Spaces 功能及“服务”选项等。

一旦了解了在不同程序和窗口间移动数据是一件轻松的操作，你一定会越来越多地去进行实践，这会让你觉得自己不再是曾经的“菜鸟”了，而是一名电脑操作的高手。

Snow Leopard 操作系统的“服务”选项不但可以在一个程序中，完成正常情况下需要启动另外程序才能完成的工作，而且还将“服务”提升了一个档次，可以实现更多的功能。例如，现在你可以通过“服务”选项在文本编辑程序中打开网页或将在 Safari 程序界面中选择的文本添加为 Mail 程序的备忘录。

14.1 同时使用多个程序进行工作

在 Mac OS X 操作系统中，你可以同时启动多个程序和打开多个窗口，以便在工作中随时调用所需数据。虽然在 Dock 上单击程序图标即可将所选程序窗口切换显示到前台，但如果通过快捷方式则更方便快捷。

14.1.1 切换不同的程序界面

无论当前所在哪个程序界面，你都可以无需鼠标操作，而在下图所示的程序切换工具条中，单击程序图标直接跳转到所选程序的界面中。

按住键盘上的 Command 键，然后按一下 Tab 键，出现如图所示的程序切换工具条，工具条中显示的是当前所有打开程序的图标。

图 14.1

继续按住键盘上的 Command 键，然后按 Tab 键或左右箭头方向键，从左向右切换选择下一个程序图标。

继续按住键盘上的 Command 键，同时按住键盘上的 Shift 键，然后按 Tab 键，从右向左切换选择下一个程序图标。

或者按 Command+Tab 键调出程序切换工具条，然后将鼠标停放到程序图标上，高亮选择该程序。

无论采取何种方法选择，当程序切换工具条中的程序图标高亮显示时，松开键盘按键，所选程序在前台显示，成为当前工作的程序。

如果此时前台显示的程序没有打开任何的窗口，则屏幕看起来似乎没有任何变化，但可以通过程序菜单判断当前前台的工作程序。在当前工作程序界面中，按 Command+N 键打开新的程序窗口。

14.1.2 在两个程序界面间切换

鉴于大多时间是在两个常用程序界面中进行工作，而通过下面介绍的键盘快捷方式，你可以快速在两个程序界面间进行切换，而无需使用程序切换工具条。

当你在一个程序界面中工作时，如需切换到其他程序界面，可以使用前面介绍的方法或在

Dock 上单击其他程序的图标。而按 Command+Tab 键可以在两个程序界面间进行切换，这听起来似乎与在所有程序界面间切换的键盘快捷方式相同，但此快捷方式的操作技巧是按住键盘上的 Command 键，然后只按一下 Tab 键，紧接着松开所有的按键。

14.1.3　退出或隐藏程序

按 Command+H 键隐藏当前工作程序的所有窗口。按 Command+Q 键退出当前工作的程序。

以上介绍的两种键盘快捷方式与切换程序的键盘快捷方式组合使用，可以退出或隐藏当前工作的程序。

按 Command+Option+H 键隐藏除当前工作程序以外的所有程序。

按住键盘上的 Option 键，单击其他程序的图标则可以切换到所选程序界面的同时，隐藏当前工作程序的界面。

14.1.4　键盘快捷方式

表 14.1

Command+ 连续按 Tab 键	切换选择下一个打开的程序
Command+Tab 键	在两个打开程序的界面间切换
Command+H 键	隐藏当前工作的程序
Command+Option+H 键	隐藏除当前工作程序以外的所有程序
Command+Q 键	退出当前工作的程序

14.2　Spaces 功能

如果使用 Command+Tab 键盘快捷方式和 Expose 功能依然无法满足工作的需要，可以启用苹果操作系统的 Spaces 功能，该功能支持最多 16 个独立虚拟桌面。你可以在一个空间内打开某项目所需的所有窗口，而在另外的一个空间中处理电子邮件，在其他空间进行 iChat 在线聊天和使用 Safari 浏览因特网，这样的好处是可以在独立空间内集中进行工作，而无需在不同的程序窗口中切换。当选择某工作项目的空间时，其他与该项目无关的所有窗口都会隐藏起来。

Spaces

启用 Spaces 功能前必须先对其进行设置。如果 Spaces 程序图标显示在 Dock 上，单击该图

标启动 Spaces 功能，系统提示 Spaces 功能尚未设置，在提示窗口中单击“设置 Spaces”打开系统偏好设置中的“Expose 与 Spaces”设置窗口，然后对其进行设置。如果 Spaces 程序图标没有显示在 Dock 上，可以在“实用工具”文件中将其程序图标添加到 Dock 上。在打开的“Expose 与 Spaces”设置界面中（如下图所示），选择“Spaces”标签，勾选其中的“启用 Spaces”选项后，勾选“在菜单栏中显示 Spaces”选项便于使用者在菜单栏中查看当前所在的 Spaces 空间。

如果 Spaces 程序图标没有显示在 Dock 上，在“实用工具”文件中双击 Spaces 程序图标对 Spaces 进行设置。如希望将 Spaces 程序图标添加到 Dock 上，可以直接将“实用工具”文件夹中的 Spaces 程序图标拖放添加到 Dock 上。单击 Dock 上的 Spaces 程序图标，屏幕上显示所有的 Spaces 空间，单击所需空间的缩略图进入该空间。另外可以通过菜单栏上的 Spaces 程序图标选择所需空间（选择代表 Spaces 空间的数字），但该方式无法同时查看所有的空间。

为了节省 Dock 空间，你可以按键盘上的 F8 键查看所有空间的缩略图。

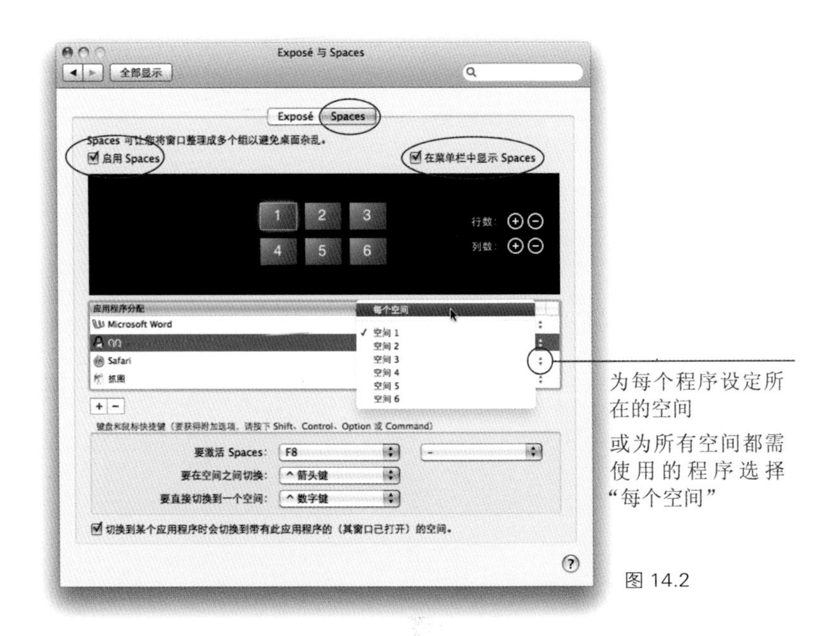

图 14.2

添加或删除空间：单击“行数”或“列数”的“加号”按钮和“减号”按钮。虽然最多可以使用 24 个空间，但建议先试用 4 个或 6 个空间，待熟悉后再增加空间的数目。

为程序指定空间：单击“应用程序分配”栏下方的“加号”按钮，在弹出的菜单中选择“其他”，然后在“应用程序”文件夹中选择所需的程序。按住键盘上的 Command 键，可单击选择多个程序。

选择后，单击“添加”按钮。

指定空间：程序添加到列表中后，在程序后面的“空间”分栏中单击空间名称为所选程序指定空间。

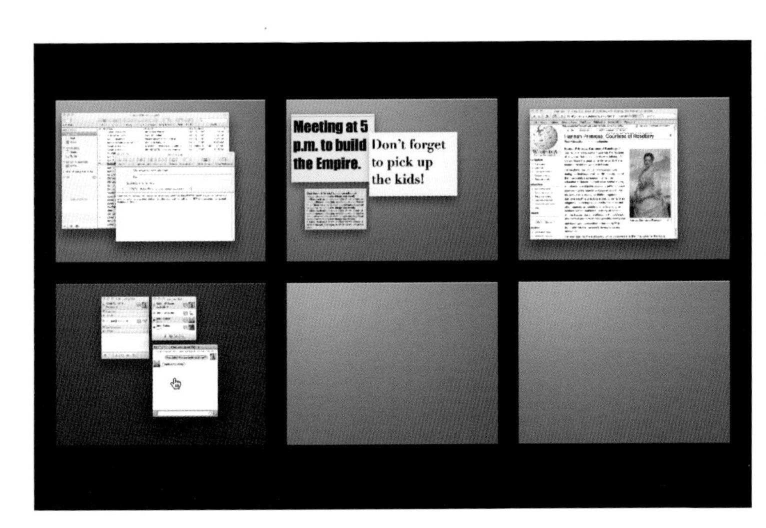

在任意空间内，按键盘上的F8键激活Spaces空间的Expose功能，此时每个空间内重叠的窗口自动缩小，整齐排列在其所在空间的缩略图中，便于分辨并选择所需空间

图14.3

一旦设置了Spaces空间，刚开始使用时可能有点摸不到头脑，一旦熟悉后，该功能会成为工作中必不可少的好帮手。以下为在不同空间间切换的键盘快捷方式。

- 显示所有的Spaces空间：如上所述，按键盘上的F8键（可能需要同时按fn+F8键）。单击进入所需的空间。
- 切换不同的Spaces空间：除按照上面所说激活Spaces空间的Expose功能后，再选择所需空间以外，你可以按住键盘上的Control键，然后按左右箭头方向键选择上一个或下一个空间。
- 直接进入所需空间：按Control + 数字键（代表空间的数字），如Control +2键，直接进入所需空间。
- 如果在Spaces的设置中，勾选了“在菜单栏上显示Spaces”选择，菜单栏右侧会出现带有数字的Spaces图标，单击该图标，在列表中选择所需空间，即可直接切换到所选空间中。

可以将一个空间中的文件拖放到其他空间中，如果当前窗口中无法看到拖放软件的目地程序窗口，可以将文件拖放到目地程序在Dock上的图标上，则屏幕马上切换到目地程序所在的空间。

在本例中，我将便条中的文本拖放到Mail程序的图标上，屏幕马上切换到Mail程序所在空间，系统自动创建新的电子邮件并将拖放的文本添加到邮件正文中

如前面所述，通过Expose功能同时查看所有空间的缩略图，然后可以在不同空间的缩略图中拖放文件。

另外，即使程序分布在不同的空间中，还可以通过每个程序菜单中的“服务”选项在不同程序间转移数据。

提示——键盘上的功能键提供了许多实用的键盘快捷方式，如按F8键激活Expose功能，即可查看所有的Spaces空间。如果按键盘上的功能键不起作用，需在系统偏好设置的“键盘”选项卡中，勾选“将F1、F2等键用做标准功能键”选项。而如需使用功能键对应的特殊功能，如调节音量大小和屏幕亮度等，需按住键盘上的fn功能键后，再按对应的功能键。而如果取消选项“将F1、F2等键用做标准功能键”前的勾选，则正好与刚才情况相反，直接按功能键可以使用该键对应的特殊功能，而按住键盘上的fn功能键后，再按功能键才可以使用该键对应的标准功能，如查看所有的Spaces空间，显示桌面等Expose功能。

14.3 拖放让工作更简单

通常情况下，日常工作时屏幕上会打开多个程序窗口，并需要经常在不同窗口间移动数据，在苹果操作系统中通过拖放操作移动数据让你的工作更轻松：从一个程序中将所选数据拖放到另一个程序窗口中。以下为拖放操作的几个例子，请按照操作步骤试着操作一下，待熟悉后可以在更多情况下使用该技巧。如果拖放操作没有效果，对程序不会造成任何影响。

14.3.1　在文档中移动文本数据

在文本编辑程序或 Mail 程序中，无需通过复制和粘贴来移动文本数据，简单地拖放操作即可完成所需工作。

1　首先选择需要移动的文本：点按并拖动鼠标覆盖所需文本即可高亮选择文本。

2　文本高亮选择后，在高亮文本任何位置点按鼠标，按住鼠标键一两秒钟时间，然后拖动鼠标。

3　注意观察鼠标插入点标志，即不断闪动的竖线的位置，随着鼠标指针的移动，插入点标志也开始移动。当鼠标插入点标志位于需要插入所选文本的位置上时，松开鼠标键，则所拖动的文本插入到插入点位置上。

不要忘记，在粘贴数据时可以使用菜单栏“编辑”菜单中的“粘贴并匹配样式”选项。

按住键盘上的 Option 键后，拖动所选文本可以在同一文档中，复制并移动所选文本（源文本保留在原位置）。

如果是将文本从一个文档中拖放到另一个文档中的情况下，在拖动时无需按住键盘上的 Option 键，因为系统会在移动文本时自动复制所选文本。

提示——通常选择文本或项目后，点按鼠标时默念从 1 到 3，然后拖动时的操作效果是最好的。

14.3.2　将文本从一个程序移动到另一个程序中

你不但可以在同一程序窗口中拖放数据，还可以将数据从一个程序移动到另一个程序中。例如可以选择文本编辑程序中创建的文档，然后将其拖放到 Mail 程序的邮件窗口中。

此时系统自动复制所选的文本，在第一个程序中保留源文本，无需在拖动时按住键盘上的 Option 键。

14.3.3　在桌面上创建文本剪辑

你是否曾经想过将网页或电子邮件中的文本保存在电脑中？只需选择需要保存的文本，然后将其拖放到桌面、任意文件夹或 Finder 窗口中，系统自动将其保存为“[文件名].textClipping”的文件（前提是设置了显示文件的扩展名）。

文本剪辑自动使用保存文本内容的前几个字来命名文本剪辑

图 14.5

双击文本剪辑即可查看文本剪辑的内容或将文本剪辑拖放到大多数文本处理程序，如文本编辑程序或邮件的窗口中，文本剪辑的内容自动显示在窗口中。

14.3.4 添加邮件收件人的地址

将地址簿或地址面板中的人名拖放到邮件窗口的收件人栏中，即可自动添加收件人地址，另外还可以将电子邮件地址拖放到邮件其它分栏中以添加邮箱地址。

同时添加多个邮件地址：在地址簿或地址面板中按住键盘上的 Command 键，单击选择多个人名，然后松开 Command 键，拖动其中的一个人名放到邮件窗口中的收件人栏中，则已选择的其他人的电子邮件地址也会添加到收件人栏中。

添加组别：将组别名称拖放到收件人栏中。

14.3.5 通过电子邮件发送联系人信息

将地址簿或地址面板中的人名拖放到邮件正文中，拖放的联系人信息显示为如下图所示的“vCard”图标，然后即可通过电子邮件将其联系人信息发送给任何使用 Mac OS X 操作系统的用户。

收件人将该联系人卡片拖放到地址簿程序中，或双击该“vCard”图标即可将收到的联系人信息添加到地址簿程序中。

14.3.6 创建网页快捷方式

在 Safari 程序中可以将网页地址存储为网页快捷方式，便于以后再次浏览该网页内容。地址栏中网址的左侧显示有网站的小图标（如图 14.6 红圈中所示），将该图标拖放到 Dock 上（Dock 分割线右侧），桌面或任意文件夹中，即可创建该网页的快捷方式，根据存放位置的不同，其快捷方式的图标也不同，如图 14.6 所示。

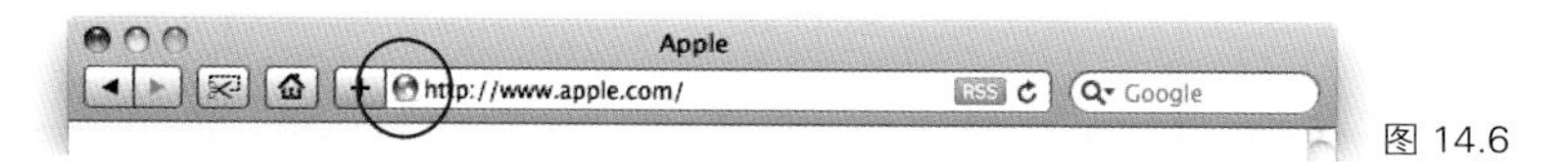

图 14.6

如果将网站的小图标拖放添加到 Dock 上，创建的快捷方式的图标看起来象一个弹簧。单击该图标启动 Safari，浏览该快捷方式对应的网页。

如果将网站的小图标拖放到 Finder 中，创建的快捷方式的图标类似文档的图标。双击该图标，将其拖放到任意 Safari 窗口的中间区域（注意，不要拖放到地址栏中，而是窗口中显示网页的中间区域），或将其拖放到 Dock 上的 Safari 图标上即可启动 Safari 程序，浏览该快捷方式对应的网页。

桌面、Finder 窗口或文件夹中的网页快捷方式图标

图 14.7

14.3.7　将文件发送给好友分享

将文件拖放到 iChat 好友列表中的好友名称上，按回车键即可将该文件直接发送给好友。这种方式非常适用于发送一张照片或一个文档的情况。

也可以使用 iChat 聊天窗口发送文件，将文件拖放到聊天窗口的文本输入栏中，按回车键将输入的文本和拖放的文件发送给对方。聊天对方只需在 iChat 聊天窗口中单击显示的链接即可将文件下载到桌面上。

该方法同样适用于发送联系人信息。在地址簿程序中，将联系人信息拖放到好友列表中的好友名称上，或拖放到聊天窗口中的文本输入框中进行文件发送。

14.3.8　邀请其他人参加 iCal 事件

在 iCal 程序界面中，将地址簿程序或地址面板（在 iCal 程序的菜单栏中选择“窗口→地址簿或地址面板”）中的联系人拖放到 iCal 事件上，即可将该联系人自动添加为“被邀请人”，请确认该联系人名称出现在“被邀请人”信息栏中。同样方法可以将组别添加为“被邀请人”。在事件简介窗口下方单击“发送”按钮向“被邀请人”信息栏中的联系人发送电子邮件以更新 iCal 事件的最新动态。

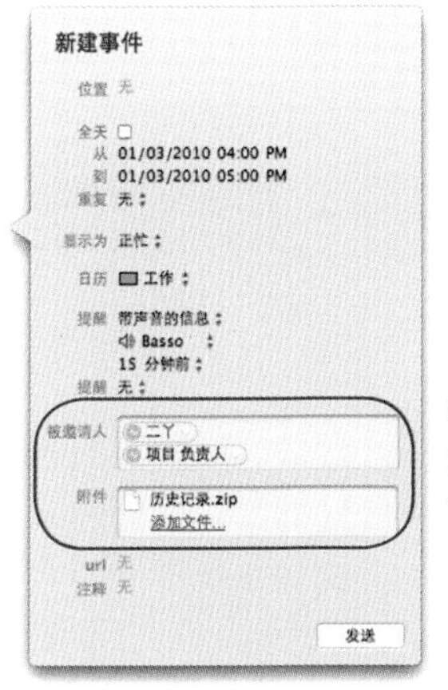

将联系人地址或文件拖放到对应信息栏中

图 14.8

14.3.9 将文件存储到指定文件夹中

存储文件时，将 Finder 窗口中的文件夹拖放到“存储为”对话窗口中，系统自动将文件的存储的位置设置为拖放的文件夹。

14.3.10 善用页面代理

你可能没有注意到，在所有创建的文档的标题栏上都显示有一个微小的文档图标（创建文档后，需存储过文档以后才会出现该图标），该图标被称作“页面代理”，此图标可以完成很多的功能。

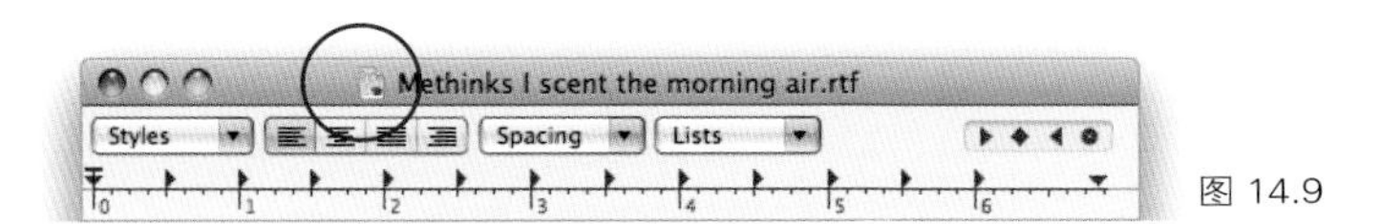

图 14.9

确认在操作下面介绍的技巧时已经保存过文档。如果此时文档窗口中，红色按钮上显示有黑色的圆点或页面代理图标为灰色，说明需要首先存储文档。

拖动文档标题栏上的页面代理图标，将其放在桌面上、任意文件夹图标上或放在任意窗口中，可以在所选位置上创建文档的快捷方式。

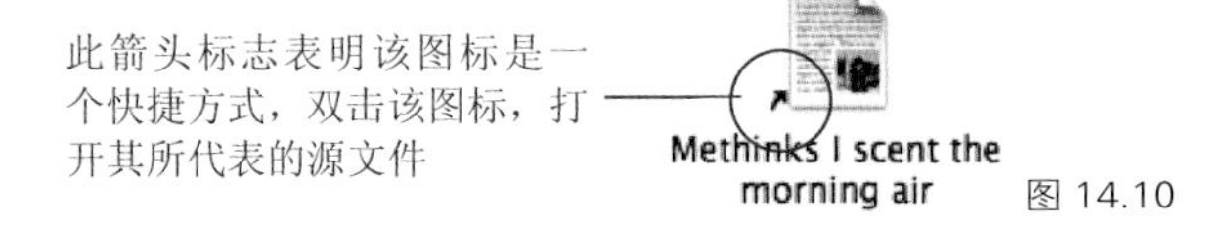

图 14.10

按住键盘上的 Option 键后，拖动文档标题栏上的页面代理图标，将其放在桌面上，任意文件夹图标上或任意窗口中，可以在所选位置上复制该文档。此时，在拖动页面代理时，图标上显示有绿色的“加号”按钮标志，表明系统已经复制该文档。

通过 iChat 或 Bonjour 网络发送文档：将页面代理拖放到 iChat 好友列表或 Bonjour 好友列表的好友名称上。

或者将页面代理拖放到聊天窗口中的文本输入框中，发送文件。收件人收到接收文件的信息提示后，单击提示中的“存储文件”按钮，即可保存该文件。

发送文档：将页面代理拖放到邮件正文中的任意位置。

将整个文档拖放到其他程序中：拖动页面代理到其他程序的窗口中。例如，可以将 Word 文档的页面代理拖放到文本编辑程序或网页的页面中。拖放的文本会插入到鼠标插入点标志所在位置（网页中不显示插入点标志）。

14.3.11　使用其他程序打开文档

将文档文件（或上面所说的页面代理）拖放到 Dock 上或 Finder 窗口中的程序图标上，即可使用所选程序打开文档。如果拖放的目的程序可以打开所拖放的文档，其程序图标会高亮显示。当不希望使用系统默认程序打开所选文档时，这是一个很实用的功能。

例如，如希望使用文本编辑程序打开 Word 文档，只需将 Word 文档拖放到 Dock 上或“应用程序”文件夹中的文本编辑程序图标上即可。

或将 PDF 文档拖放到 Safari 窗口中间区域或拖放到 Safari 的程序图标上，Safari 程序会打开该 PDF 文档，将文档内容显示在页面中。

14.3.12　善用“弹出式”文件夹

利用拖放操作和“弹出式”文件夹可以更方便地对 Finder 窗口进行管理。“弹出式”文件夹指的是在拖放文件时，鼠标停放在文件夹图标上时，该文件夹会自动打开。通过“弹出式”文件夹可以文件拖放到一个文件夹的多级文件夹中。拖动文件，然后将鼠标停放在某文件夹上，系统自动打开该文件夹，继续重复此操作，可一直打开文件夹中的多级文件夹，当打开目地文件夹后，松开鼠标键，将文件存储在目地文件夹中，此时刚才所打开的所有文件夹窗口会自动关闭。

在 Finder 的偏好设置中（位于 Finder 菜单栏上的“Finder”菜单中），你可以设置鼠标停放打开文件夹的时间。或者即使在 Finder 的偏好设置中没有勾选“弹出和载入文件夹和窗口”的选项，即没使用“弹出式”文件夹时，你可以在拖放文件时，当鼠标停放在文件夹图标上时，按键盘上的空格键马上打开该文件夹。

14.3.13　在不同程序间拖动数据、图片或文件

你可以试着拖放任何类型的数据！

将网页中的图片拖放到文本编辑程序的文档或电子邮件中。

将桌面或文件夹中的图片文件拖放到程序的文本区域中，该方法不仅局限于苹果公司出品的程序，同样适用于多数的第三方程序。例如，当我正在使用 Adobe InDesign 制作本书时，我将右图显示的图片从 Finder 中直接拖动到本页面中：

图 14.11

Mac
Booda
Dakota
Jane
Reilly
Maximus

此外，还可以将任意程序中的文本内容和图片文件拖放到其他程序中。所有的拖放操作并不一定有效果或效果与预想的不同，但你可以在自己常用的程序中试着操作以发现更多实用的操作方法。

将文本从一个程序拖放到其他程序的新建窗口中时，甚至不必先启动目地程序。例如，在网页中选择一段文本后，将其拖放到Dock上的Mail程序图标上，系统启动启动Mail程序，并将拖放的文本添加在新邮件窗口的正文中。或将其拖放到文本编辑程序程序的图标上（我已经将文本编辑程序添加到Dock上），文本编辑程序自动启动，以拖放的文本创建一个新的文档窗口。再将邮件中的文本拖放到Safari程序图标上，Safari马上自动通过谷歌搜索引擎搜索所拖放的文本，并显示搜索结果。神奇吧！

14.4 善用“服务”选项

每个程序菜单栏上的程序菜单中都包含一个名为“服务”的选项。该选项子菜单中的可用操作命令根据当前启动的程序和在程序中选择的数据内容（选择的情况下）而不同。

图 14.12

Control + 单击（或右键单击）一个窗口或窗口中已经选择的项目（文本或图片），在弹出的快捷菜单中也可以选择“服务”选项中的操作命令。此类操作命令位于快捷菜单的底部，如“作为语音轨道添加到iTunes”、“新建邮件备忘录”和“以所选文本创建新邮件”等。

由于“服务”选项中的命令是随使用环境发生变化的，所以只有与当前使用程序或当前浏览内容相关的操作命令才会出现在“服务”选项中（位于程序菜单或Control + 单击项目所弹出的快捷菜单中）。

你自定义在“服务”选项中出现的操作命令：在系统偏好设置的“键盘”选项卡中，选择“键盘快捷方式”标签，在左侧的分栏中选择“服务”选项的分类，然后在右侧分栏的操作命令列表中，勾选希望出现在菜单中的操作命令，取消勾选则在菜单中隐藏该命令。

如果已经打开了上图所示的菜单，可以单击菜单底部的“服务偏好设置”选项。打开偏好设置进行设置。

个性化你的电脑

15

课程目标

- 自定义 Dock
- 根据个人喜好设置 Finder 窗口
- “弹出式”文件夹
- 为文件添加颜色标签
- 自定义侧边栏和桌面
- 使用系统偏好设置自定义电脑

第 15 课

个性化电脑以满足自己的需要

现在我们已经了解了各种基本使用方法及电脑的基本设置，下面我们将介绍如何设置电脑以满足个人工作的需要。你希望将 Dock 放在屏幕的侧面而不是屏幕底部？让桌面更加缤纷多彩？自己设置 Finder 窗口的内部显示，以彩色标示文件或放大图标的尺寸？ 这些要求都可以实现，而且苹果系统中还为你提供了更多个性化的设置。

15.1 自定义 Dock

默认情况下，Dock 在启动电脑时以固定大小显示在屏幕的底部。但如同苹果系统中其他的所有项目，你可以根据个人需要对 Dock 进行设置，如将 Dock 显示在屏幕两侧，或隐藏 Dock，仅在需要时才显示在屏幕上，以及调整 Dock 上的图标大小。

通过以下 3 种方式可以对 Dock 进行个性化设置：系统偏好设置、苹果菜单中的 Dock 选项或 Dock 自带的隐藏菜单。

15.1.1 通过系统偏好设置对 Dock 进行设置

1 在 Dock 上单击系统偏好设置的图标，或在苹果菜单中选择“系统偏好设置”。

2 在系统偏好设置界面中单击 Dock 图标，打开 Dock 选项卡，如图 15.1 所示。

图 15.1

3 在该选项卡中可以调整 Dock 的大小，打开或关闭 Dock 的放大显示功能（如图 15.2 所示），调整放大显示的比例，选择 Dock 在屏幕上的显示位置等。

图 15.2

放大显示功能

如果打开了 Dock 的放大显示功能，则当鼠标移动到 Dock 的图标上时，图标会放大显示（如图 15.3 所示），拖动“放大比例”的滑动条可以调整图标放大时的比例，你可以将滑动条（如图 15.1 所示）拖动到“最大”位置，然后将鼠标停放在 Dock 上（不要单击鼠标），看一下图标放到最大的效果。

最小化窗口时的特效

在“最小化窗口时使用”的下拉菜单中，可以选择当单击窗口上黄色最小化按钮时，窗口缩小到Dock上时的特效：“神奇效果”或“缩放效果”。另外，在单击窗口上黄色最小化按钮时，按住键盘上的Shift键，窗口将以慢动作缩小到Dock上。

将窗口最小化为应用程序图标

选择该选项后，窗口最小化到Dock上时，隐藏在该程序图标后，仅以该程序图标做为代表，从而节省Dock上的空间。点按Dock上的程序图标可以查看该程序所有已经最小化到Dock上的窗口，该功能被称为Dock的Expose功能。

弹跳打开应用程序

选择该选项后，单击Dock上的程序图标启动程序时，该程序图标会在程序启动时上下跳动。你也可以在设置中关闭此功能。

自动显示和隐藏Dock

选择该选项后，Dock隐藏起来。当鼠标移动到Dock所在的屏幕边缘时，Dock将重新显示，而且仅当鼠标停放在Dock上时，Dock才会保持显示在屏幕上，一旦鼠标移开，Dock会自动隐藏。

15.1.2 调整Dock上的图标和Dock的大小

- 在Dock上点按并拖动白色横格状的Dock分割线（如图15.3所示）可调整Dock上图标和Dock的大小。

15.1.3 通过苹果菜单或Dock菜单设置Dock

- 在菜单栏上的苹果菜单中选择“Dock”，然后在其子菜单中选择所需选项。
- 在Dock上，Control+单击图15.3中所示的Dock分割线，在弹出的快捷菜单中选择所需选项以设定Dock在屏幕上的位置或其他功能。

图15.3

15.2 自定义 Finder

苹果系统允许你对 Finder 的一些特性进行设置。你一定以为相关的设置需要在系统偏好设置进行，但因为 Finder 本身就是一个应用程序（Finder 为运行桌面的程序），所以对 Finder 的设置，需要在其程序的偏好设置中进行。

15.2.1 “通用”选项的设置

1 在 Finder 的菜单栏中选择“偏好设置”，在打开的设置界面中选择“通用”选项卡，如图 15.4 所示。

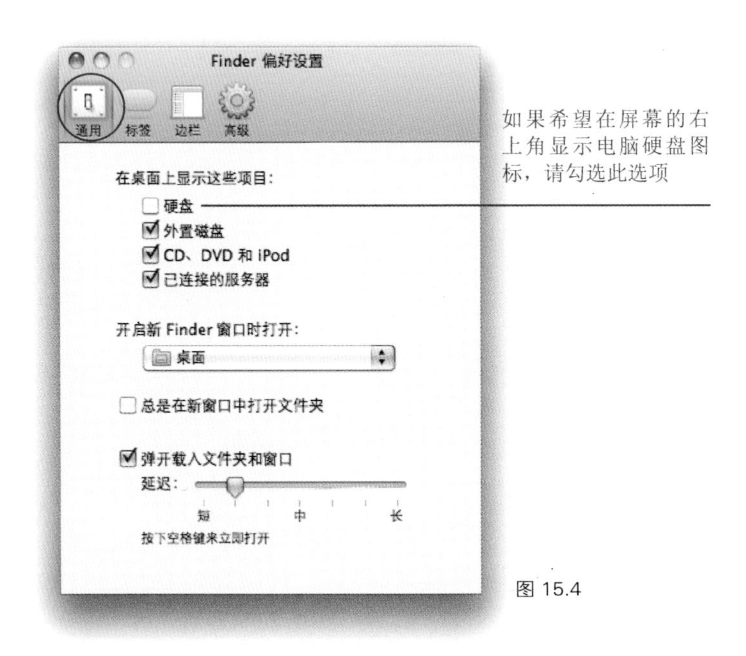

图 15.4

2 由于在 Finder 窗口的侧边栏上，其上方区域可以显示电脑硬盘，可移除的光盘和服务器项目，所以可以设置在桌面上不再显示此类项目。或可以根据自己需要，选择在桌面上显示的项目，如光盘图标等。

3 每次打开一个新的 Finder 窗口时，窗口中显示的是设定文件夹的内容，而不是你最后打开窗口的内容。在“通用”选项卡中，你可以设定单击 Dock 上的 Finder 图标或按 Command+N 键打开新窗口时，窗口中所打开的目标文件夹。在“开启新 Finder 窗口时打开”的下拉菜单中，设定目标文件夹，由于每次打开新的 Finder 窗口时，希望浏览我主文件夹的内容，所以我设置的是主文件夹，但你可以根据个人需要设定任意文件夹，如硬盘的根目录文件夹，“文稿”文件夹或工作项目所在的文件夹。

4 如果在工作中感觉仅打开一个 Finder 窗口无法满足工作需要，可以在“通用”选项卡中勾选“总是在新窗口中打开文件夹”的选项，则每次双击一个文件夹图标时，系统都会打开一个 Finder 窗口。

而无论是否选择了上面所说的选项，按住键盘上的 Command 键，双击文件夹，系统都会打开一个 Finder 窗口，并在打开的新窗口中显示所选文件夹的内容。

5 如果勾选了“弹开载入文件夹和窗口”选项，则当拖动文件时，只要将鼠标停放在文件夹图标上即可自动打开该文件夹，即将拖动的文件停放在文件夹图标上，不要单击鼠标键，该文件夹会自动“弹开”，当打开目地文件夹后，松开鼠标键将拖动的文件放入该文件夹中，系统自动关闭所有“弹开”的文件夹，回到操作初始窗口界面中。使用此方法拖放移动文件非常方便，无需先打开文件夹，然后再拖动文件。

拖动“延迟”滑动条设置鼠标停放以打开文件夹的时间，如果觉得文件夹打开的时间过快，将“延迟”滑动条向“长”位置拖动。

即使在设置中没有选择“弹出和载入文件夹和窗口”的选项，你也可以在拖放文件时，当鼠标停放在文件夹图标上时，按键盘上的空格键马上打开该文件夹。

15.2.2 为文件和文件夹添加颜色标签

你可以为任意的文件、文件夹或程序添加颜色标签，便于对文件进行管理和搜索所需的文件。

1 在 Finder 的菜单栏中选择“偏好设置”，单击“颜色”图标。

2 根据需要为颜色标签命名，无需使用所有的颜色标签。

3 添加颜色标签：选择一个文件，在 Finder 的菜单栏中，打开“文件”菜单，在菜单最底部选择所需的颜色。鼠标停放在颜色方块上，显示该颜色标签的名称，如图 15.5 所示。

或者 Control + 单击（或右键单击）任意文件，在弹出的快捷菜单中，选择一个颜色标签，单击 X 标志移除颜色标签。

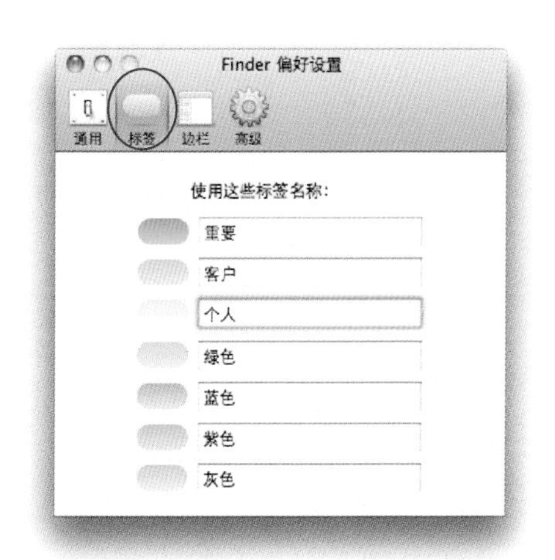

图 15.5

参见关于如何在以列表方式浏览的窗口中添加“标签”分栏的内容

图 15.6

15.2.3 设定在 Finder 窗口侧边栏上显示的项目

1 在 Finder 的菜单栏中，选择“偏好设置”，然后单击“边栏”图标。

2 在该选项卡中，只有勾选的项目才会显示在 Finder 窗口的侧边栏中，没有勾选的项目则不会显示。“通用”选项卡和“边栏”选项卡中的选项需要协调使用，例如，最好不要设定同时在桌面和侧边栏中隐藏电脑硬盘的图标，如图 15.7 所示。

图 15.7

15.2.4　显示或隐藏文件扩展名和关闭清空废纸篓的警示

1　在 Finder 的菜单栏中选择“偏好设置”，然后单击“高级”图标。

2　文件扩展名是指文件名称后三四个字母的缩写。当勾选了“显示所有文件扩展名”选项后，在“存储为”的对话窗口中勾选不再显示“隐藏扩展名”的选项，如图 15.8 所示。

3　取消“清倒废纸篓之前显示警告”选项前的勾选，则每次清倒废纸篓时系统不再弹出警告提示信息。

4　选择“安全清倒废纸篓”选项可彻底清除废纸篓中的文件，删除的文件将无法再通过技术手段恢复。

图 15.8

15.3　自定义 Finder 窗口的显示

Finder 窗口中显示的图标太大？文件名称显示太小？需要查看更多的分栏信息或是少显示一些分栏？以列表方式查看文件时，重新调整分栏顺序？以分栏方式查看文件时，关闭预览分栏？所有这些都可以自己进行设置。

15.3.1　自定义图标浏览方式

1　打开一个 Finder 窗口，单击图 15.9 红圈中所示的“图标浏览”按钮。

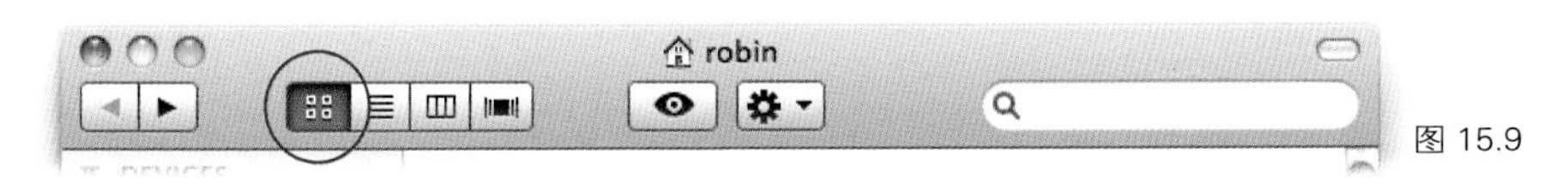

图 15.9

2　在 Finder 的菜单栏中选择“显示→查看显示选项”，出现图 15.10 中所示的设置窗口。

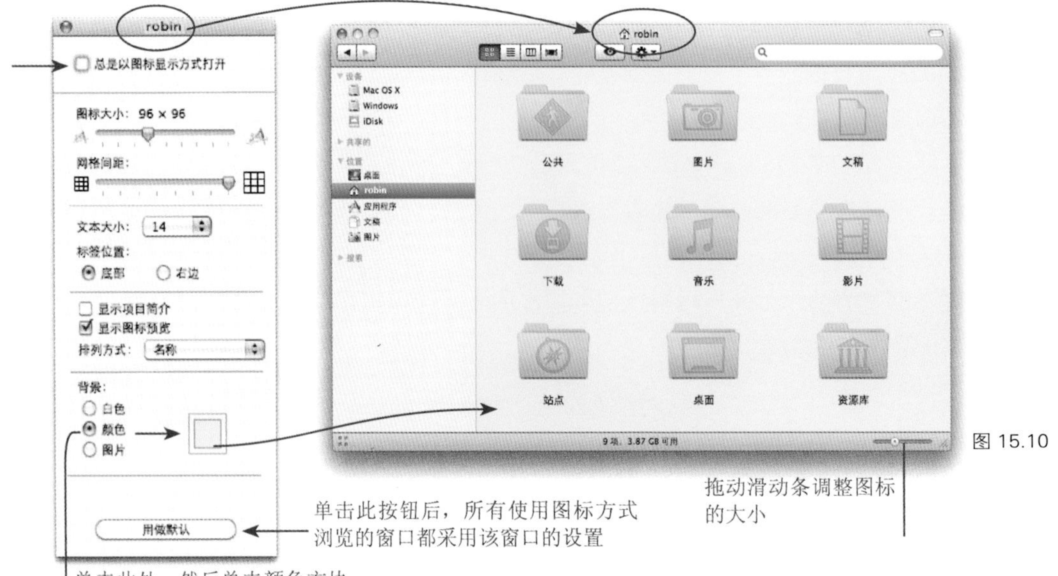

图 15.10

3　选择“总是以图标显示方式打开”选项，则每次打开该文件夹时，窗口都会采用图标显示方式。在设置窗口的标题栏上，显示的是当前设置的窗口，所有设置都将应用于此窗口。

4　此外，拖动“图标大小”和“网格间距”的滑动条可分别设置图标大小和图标间距。

提示——按住键盘上的 Command 键，移动图标时，图标会自动按照最近的网格排列。任何时候在 Finder 的菜单栏中选择“显示→整理”，窗口中的图标会自动按照网格进行排列。

- 在“文本大小”的下拉菜单中设定文件名称的文字大小。
- 在“标签位置”中选择标签（文件名称）的位置位于图标左侧或右侧。系统默认文件名称显示在图标底部。

5　显示项目简介：选择该选项后，图标底部会显示文件信息。例如，文件夹中包含的文件数目、图片文件的尺寸等。

显示图标预览：显示图片、照片甚至文档文件的缩略图预览。

排列方式：在列表中选择文件的排列方式，如无序排列或“贴紧网格”排列。选择“贴紧网格”后，窗口中的所有图标按照网格成行成列排列。

另外，在“排列方式”的下拉菜单中选择特定的排列方式。例如，选择“名称”则拖放或存储在该文件夹中的文件自动按照名称首字母沿网格排列。选择“种类”则所有文件按照文件的类型，如程序、文件夹、文稿等类别分组排列。该菜单中的“标签”选项指的是文件的颜色标签，而不是在步骤 4 中所说的标签（文件名称）。

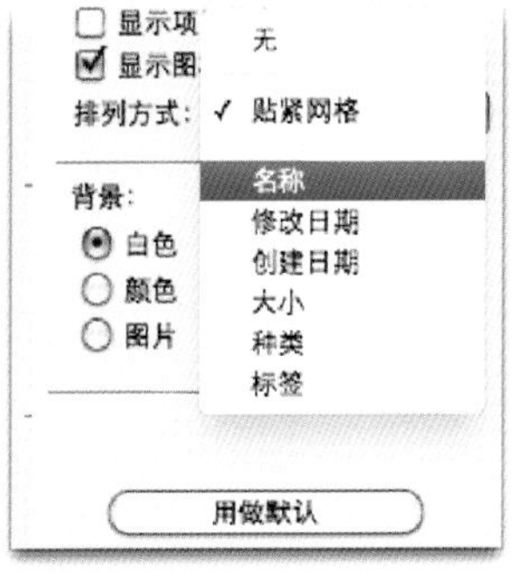

图 15.11

提示——选择“贴紧网格”后，无法随意放置文件，文件会自动沿最近的网格排列。但是按住键盘上的 Command 键后，可将文件拖放到窗口中的任意位置。

6　背景：选择“颜色”，该选项旁出现颜色方框，单击颜色方框调出颜色调板，然后选择 Finder 窗口的背景颜色，如图 15.11 所示。

选择“图片”，为 Finder 窗口设定图片背景。

选择“白色”，移除 Finder 窗口的背景颜色和设定的背景图片。

15.3.2　自定义列表浏览方式

1　打开一个 Finder 窗口，单击图 15.12 红圈中所示的“列表浏览”按钮。

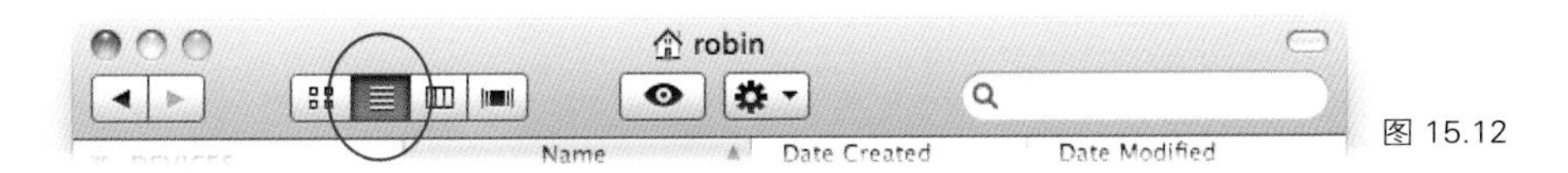

图 15.12

2　在 Finder 的菜单栏中选择“显示→查看显示选项”，出现图 15.13 中左侧所示的设置窗口。

图 15.13

3 选择“总是以列表显示方式打开”选项，则每次打开该文件夹时，（图 15.13 所示中为用户主文件夹）窗口都会采用列表显示方式。

4 设定“图标大小”，文件名称的“文本大小”和窗口中显示的分栏。在该设置窗口中，可以选择在 Finder 窗口中显示“标签”分栏。

5 使用相对日期：选择该选项后，在“修改日期”和“创建日期”分栏中会以“今天”或“昨天”替代实际日期。

计算所有大小：取消该选项的勾选，则在“大小”分栏中仅显示文档和图片文件的大小，而不会显示文件夹中所有文件的大小。系统在计算包含多个文件的文件夹的大小时，需要更多的计算时间。

15.3.3 添加注释和显示注释分栏

因为多数人并不知道该功能，所以更提不上在日常的操作中使用这个优秀功能了。在列表浏览方式的“查看显示选项”窗口中，可以选择在 Finder 窗口中显示“注释”分栏，但该分栏中的信息在哪里呢？

其实你可以在任何文件的“简介”窗口中（如图 15.14 左图所示），添加文件的注释，如给收到该文件的人的留言，提醒自己的备忘录，文件详情或与该文件有关的待办事项提醒等。苹果操作系统的 Spotlight 可以搜索注释中的内容。

打开简介窗口，为文件添加注释：选择一个文件，按 Command+I 键（I 为英语单词“简介”的首字母）或 Control + 单击（或右键单击）一个文件，在弹出的快捷菜单中选择“显示简介”，在打开的简介窗口中，在图 15.14 中所示的“Spotlight 注释”栏中输入注释。

输入注释后，在以列表浏览方式浏览的窗口中，注释的内容会显示在“注释”分栏中（如图 15.14 右图所示）。

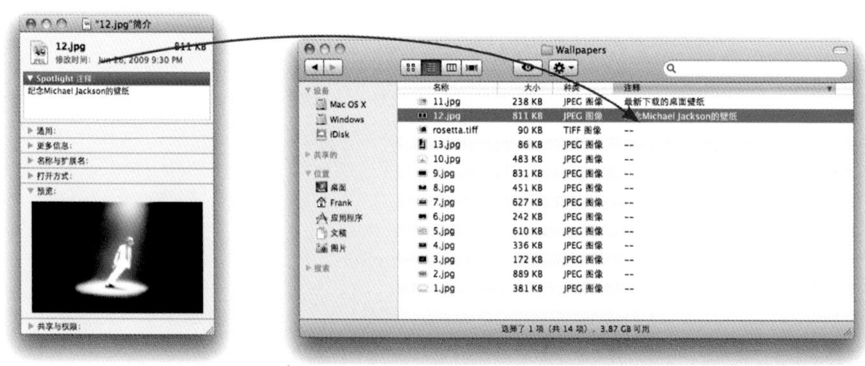

图 15.14

提示——当需要为多个文件添加注释时，无需重复打开每个文件的简介窗口。先选择一个文件，不要按Command+I键，而是按Command+Option+I键打开文件检查器窗口。现在选择任一文件，文件检查器窗口就会显示所选文件的简介信息。

提示——如果喜欢使用快捷菜单，可以Control + 单击（或右键单击）一个文件，然后按住键盘上的Option键，则快捷菜单中的“显示简介”选项变为“显示检查器”。

15.3.4 管理以列表方式显示的窗口中的分栏

1 在以列表方式显示的窗口中，单击任一分栏，列表中的项目按照所选分栏信息进行排列。例如，如果窗口中不同类型的文件混杂排列在一起，你可以单击“种类”分栏，则窗口中的所有文件会按照文件类型自动分组排列，便于你进行管理。文件排列时所采用的分栏会高亮显示。

2 单击任一分栏上的三角形标志（或箭头标志），文件会按照分栏信息顺向或反向排列。例如，如希望文件按照文件名称首字母反向排列：首先单击“名称”分栏，然后再单击该分栏名称右侧的三角形标志。

而如果希望文件按照文件的“大小”顺向或反向排列，首先单击“大小”分栏，然后再单击该分栏名称右侧的三角形标志，则文件会按文件“大小”以刚才排列顺序的反向进行排列。

3 点按任意分栏（“名称”分栏除外）后，左右拖动分栏可横向调整分栏排列的顺序（“名称”分栏除外）。在移动时，其他分栏自动为拖动分栏让出位置，待分栏移动到所需位置时，松开鼠标键即可。

4 点按任意分栏间的分割线，当鼠标指针变成双向箭头标志时，左右拖动可调整分栏的宽度。

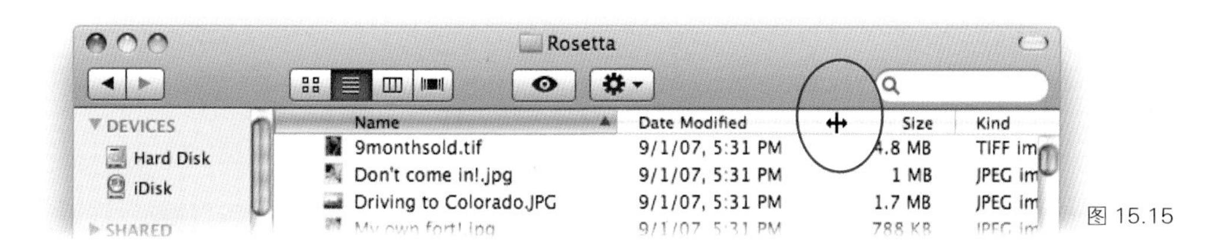

图 15.15

15.3.5 自定义分栏浏览方式

1 打开一个 Finder 窗口，单击图 15.16 红圈中所示的“分栏浏览”按钮。

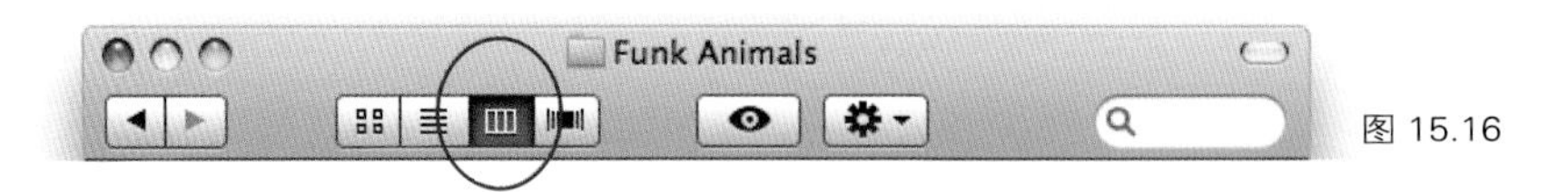

图 15.16

2　在 Finder 的菜单栏中选择“显示→查看显示选项”，出现图 15.17 左侧所示的设置窗口。

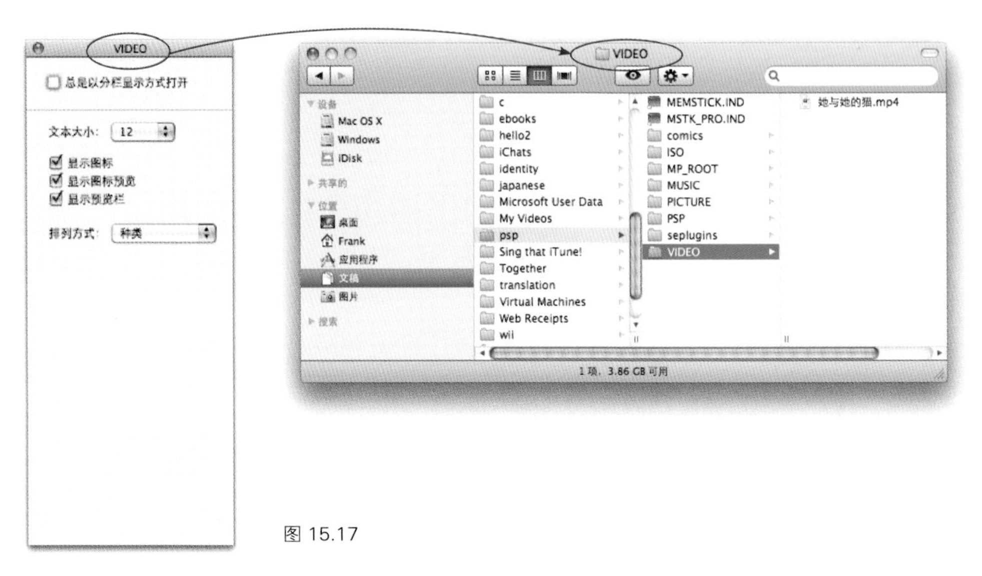

图 15.17

3　设定文件名称的“文本大小”。

取消“显示图标”选项前的勾选，则只显示文件的名称，这样界面看起来更清晰。但别忘了文件的图标能够透露许多文件的相关信息，所以如果无法看到文件图标，就会错过这些显而易见的信息。但如果文件夹中都是照片或文档文件，那么是否显示图标则无关紧要了。

取消“显示预览栏”选项的勾选，则窗口中不会显示所选文件，如照片文件的的预览图。

15.3.6　自定义 Cover Flow 浏览方式

1　打开一个 Finder 窗口，单击图 15.18 红圈中所示的“分栏浏览”按钮。

图 15.18

2 在 Finder 的菜单栏中选择“显示→查看显示选项”。

图 15.19

3 你无法更改浏览文件时的文件图标，但是可以更改文件名称的“文本大小”。

取消“显示图标预览”选项前的勾选，则在窗口中的列表部分中，文件将只显示文件图标，而图片格式的文件图标将显示为文档文件的图标，而不会显示该图片文件的预览图。

15.3.7 自定义桌面的显示方式

1 单击桌面上的空白区域，以确定没有选择任何的 Finder 窗口、其他类型的窗口和文件图标。

2 在 Finder 的菜单栏中选择“显示→查看显示选项”。

在该窗口中可以调整图标的大小、文件名称的文本大小、标签的位置、显示更多文件信息、显示图标预览、贴紧网格排列文件或设定桌面的文件按照文件的“名称”、“种类”或“标签”等条件进行排列。

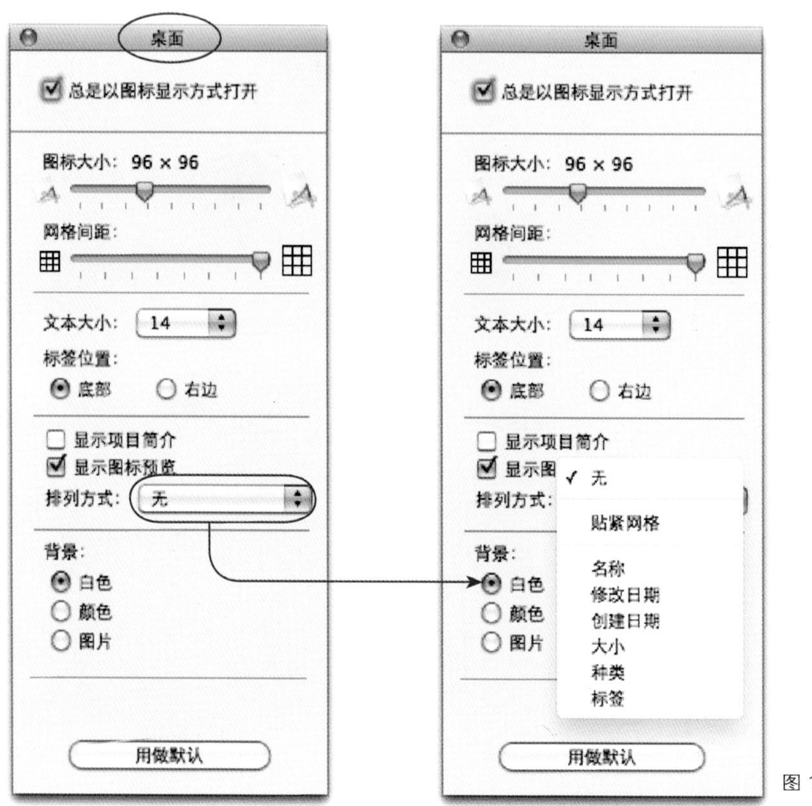

图 15.20

15.4 善用系统偏好设置

在系统偏好设置中，你可以对苹果操作系统的许多功能进行设置。不喜欢当前的桌面壁纸？希望电脑能快一些、慢一些或干脆总也不进入休眠状态？当身处另外的时区中，想更改时间？每次操作出错时，希望电脑能大声提示你的错误？所有这些及更多的功能都可以在系统偏好设置中进行设置（不用忘了，每个程序都有自己的“偏好设置”）。

单击 Dock 上的系统偏好设置图标或在苹果菜单中，选择“系统偏好设置”打开系统偏好设置窗口。

系统偏好设置图标

图 15.21

如希望系统偏好设置窗口中的图标按照下图所示的字母顺序进行排列，而不是按照分类进行排列，需在系统偏好设置的菜单栏中选择“显示→按字母顺序显示”

图 15.22

15.4.1 通用设置 vs. 个人设置

如果按照第 18 课介绍的方法在电脑中设置了多个账户，则使用账户登录的用户会发现自己无法更改系统偏好设置中的某些设置，这是因为如果更改了该设置会影响到其他账户的使用。这些无法更改的设置为“通用设置”，仅有拥有电脑管理员账户的用户有权更改这些设置。非管理员账户仅可以更改与自己账户相关的设置，因为这些设置不会对其他账户的使用造成影响。所以如果你发现自己无法更改系统偏好设置中的某些设置，则说明你使用的不是管理员账户。

15.4.2 如何设置系统偏好设置

打开系统偏好设置后，在窗口中单击图标以打开图标所代表的选项卡。大多数的选项仅通过其选项名称就可以辨别其功能。

1 按照前面所说的方法打开系统偏好设置窗口。在窗口中单击“键盘”图标。

2 在图 15.23 所示的“键盘”选项卡中，单击“键盘”标签查看关于键盘的选项。

3 在该设置界面中可以调节当你按下键盘时，字符重复的速率。

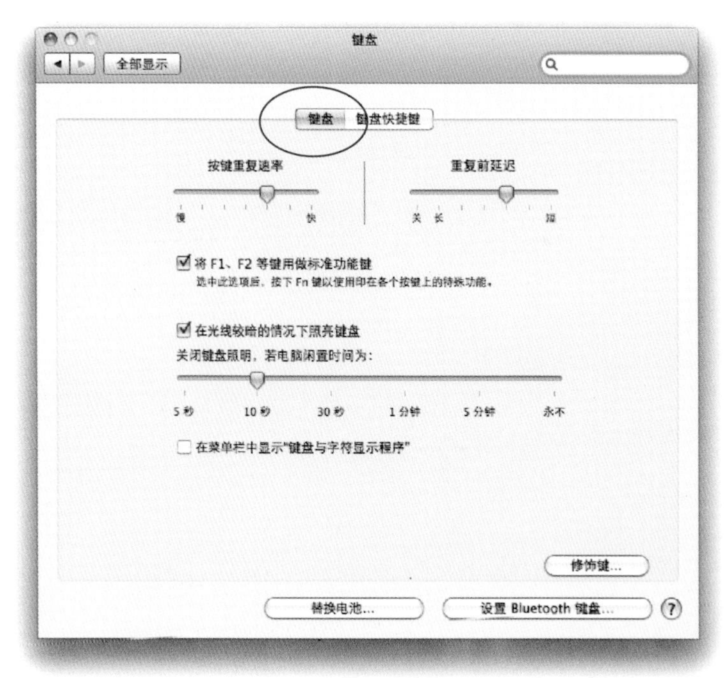

图 15.23

“重复前延迟”指的是当键按下时，输入字符前的等待时间。如果经常输入重复字母或空格，则可以适当将延迟时间调长，如果按键的力度比较大，则可以将“重复前延迟”的蓝色滑块拖到“关”的位置，再按键就不会出现重复输入字符的情况。

4　“将F1、F2等键用作标准功能键”选项允许你将F功能键设置为标准功能键或特殊功能键。标准功能指的是F功能键系统默认的功能，如系统默认按F11键显示桌面。而“特殊功能”指的是F功能键上印着的特殊功能，如F3键上印有Expose功能（仅指新版本的键盘）。如果取消“将F1、F2等键用作标准功能键”选项前的勾选，则可以按F功能键使用按键对应的特殊功能，如调节系统音量大小或屏幕亮度。而勾选该选项后，按F功能键只能使用其系统默认的标准功能，如按F11键显示桌面。无论怎样设置，如果按F功能键所使用的功能与自己所想不同，同时按fn功能键即可。

现在单击“键盘快捷键“标签，查看（或自定义）操作系统中各种操作的默认键盘快捷方式。

1　在左侧分栏中选择键盘快捷方式的分类。在右侧分栏中通过勾选启用或禁用所选的键盘快捷方式。

2　更改键盘快捷方式：双击键盘快捷方式的设定按键，然后按下欲使用的键盘快捷方式的按键进行更改。

3　删除键盘快捷方式：选择键盘快捷方式，单击“减号”按钮。

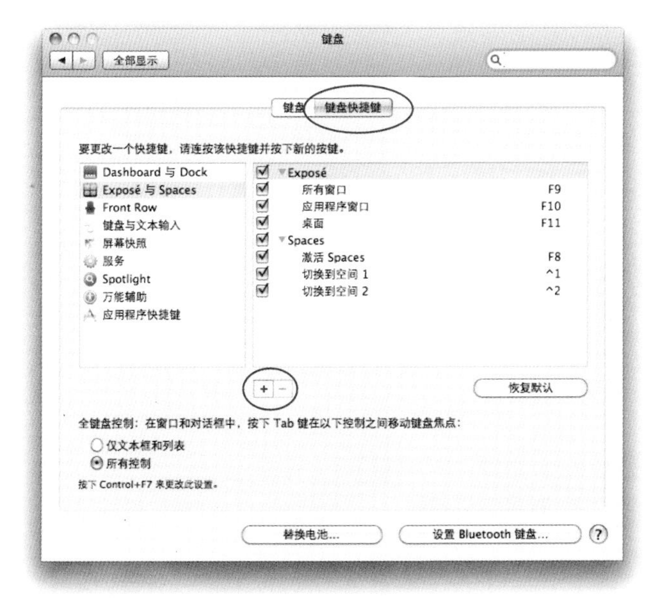

右侧分栏中显示的是左侧分类中系统默认的键盘快捷方式

在左侧分栏中，选择键盘快捷方式的分类，然后单击红圈中所示的“加号”按钮，添加自定义的键盘快捷方式

图 15.24

在系统偏好设置窗口中，单击“鼠标“图标打开图 15.25 所示的鼠标设置选项卡。其中大多数的选项仅通过其选项名称就可以辨别其功能。“追踪速度”是指鼠标移动时，鼠标指针移动的速度。“滚动速度”为滚动鼠标滚轮的速度。通过“鼠标主键”设定将鼠标左键或右键作为单击鼠标时的主键。如果勾选了缩放选项，并在下拉菜单中设定了辅助键，则可以通过鼠标的滚轮来缩放屏幕上显示的内容。

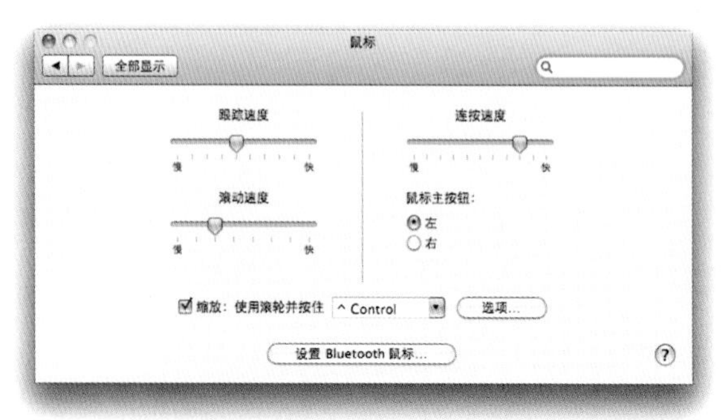

图 15.25

“追踪速度”越快，鼠标移动的距离越短。即“追踪速度”越快，所花费的力气越小，轻轻移动鼠标即可移动到所需位置。

更改桌面壁纸和颜色，是另一个即有趣又实用的系统偏好设置。

1 打开系统偏好设置窗口在窗口中单击“桌面与屏幕保护程序”图标，然后选择图 15.26 红圈中所示的“桌面”标签。

2 在左侧的列表中选择一个文件夹，此文件夹中的内容显示在右侧窗口中。

3 在右侧窗口单击任意图片，即可将该图片设置为桌面的壁纸。

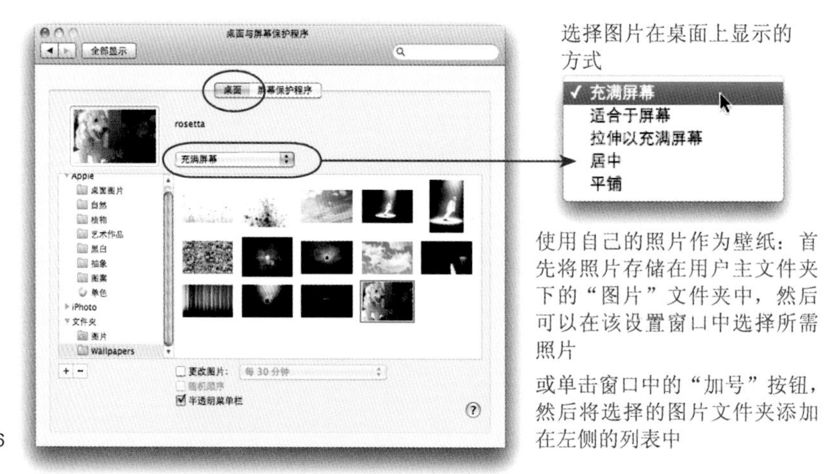

图 15.26

当身处不同时区时，可以在系统偏好设置中更正电脑的日期和时间。另外还可以选择在菜单栏中显示日期和星期几等选项。

1 打开系统偏好设置窗口，在窗口中单击“日期与时间”图标。或者如果当前已打开了系统偏好设置的窗口，可以在系统偏好设置的菜单栏中选择“显示→日期与时间”。

2 单击“日期与时间”标签，在该标签中设置日期和时间。而在“时钟”标签中可以选择如“在菜单栏中显示日期与时间”等选项。

图 15.27

如果你使用的是保持在线状态的宽带网络，则“自动设定日期与时间”选项非常实用（如果使用的是拨号网络，可以忽视该选项），选择该选项后，电脑自动通过网络根据卫星数据更新电脑时间，甚至可以自动调整为夏令时时间。

“时区”标签中显示的是一幅世界地图，便于你设置所在时区。电脑可以自动根据联网信息确认你当前所在的大致位置，设定正确的时区。

所选的时区

图 15.28

15.4.3 定位所需的系统偏好设置

有时即使知道可以在系统偏好设置对某项功能进行设置，但不确定所需选项位于哪个选项卡中，此时可以通过 Spotlight 进行搜索。

在系统偏好设置的搜索框中输入关键字，随着输入，符合条件的系统偏好设置图标会高亮显示，而在搜索框下显示有可能选项的列表。输入的关键字越多，则搜索到的结果越精确。

如图 15.29 所示，我正在搜索所有与语音或使用声音相关的系统偏好设置。

在搜索结果列表中，选择所需选项，所对应的系统偏好设置图标闪动两下，然后打开设置窗口。

图 15.29

另外不要忘记苹果电脑中还有其他可以自定义和个性化你的电脑的设置，如系统偏好设置中的“Expose 与 Spaces”和所有程序的偏好设置。你的电脑，你做主！

16

课程目标

- 了解 widget 程序的种类
- 显示和隐藏 widget 程序
- 调出所需 widget 程序
- 从屏幕上或 widget 程序工具条中移除 widget 程序
- 翻转 widget 程序，对 widget 程序进行设置
- 显示多个 widget 程序的副本
- 更改调出 widget 程序的键盘快捷方式
- 获得更多 widget 程序

第 16 课

Dashboard——重要信息随手拈来

想知道伦敦当前的时间或父母居住城市的天气情况？想了解女儿乘坐的航班是否准时起飞，起飞的机场，甚至实时查看航班飞行的路线？

在 Dashboard 中，单击一个按钮就能获得以上这些相关信息，这仅是其众多功能中的一个例子而已。Dashboard 中的信息是通过其界面中显示的 widget 程序提供的，苹果操作系统中内置了一些常用的 widget 程序，你还可以从因特网上下载更多其他实用的 widget 程序。

16.1 Dashboard 概述

Dashboard 通过其所包含的 widget 程序为你提供所需的信息。在你需要时，Dashboard 可以快速显示在屏幕上，而轻点鼠标键后，Dashboard 即从屏幕上快速消失。图 16.1 显示的是打开 widget 程序工具条的 Dashboard 界面（打开 Dashboard 时，widget 程序工具条不会自动打开，需要手动调出）。

启动 Dashboard 时，其灰色界面覆盖整个桌面，并显示当前已经打开的 widget 程序，此时桌面上显示的所有窗口或程序都隐藏在 Dashboard 界面下方。在 Dashboard 中查看所需信息后，单击屏幕上的任意空白区域关闭 Dashboard 界面，即可回到正常的桌面中。

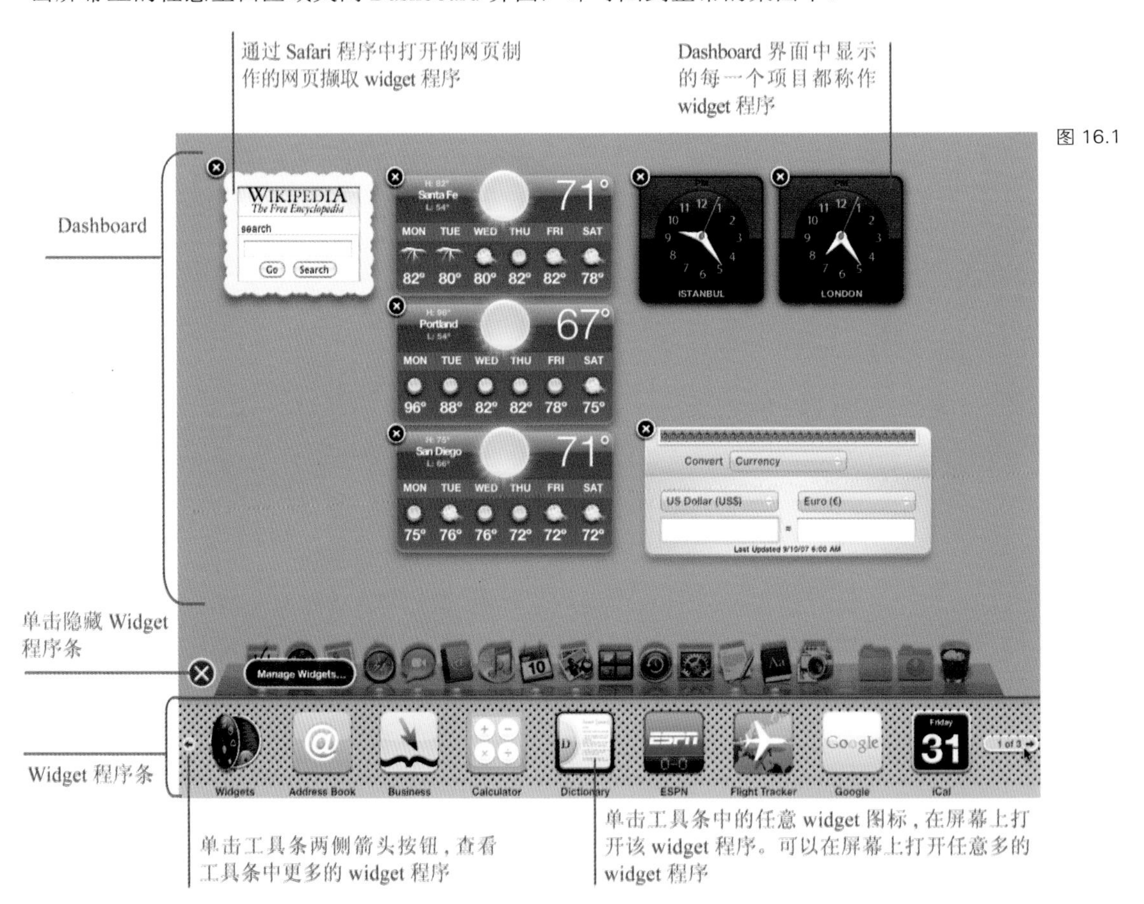

图 16.1

16.2　了解不同种类的 widget 程序

Dashboard 界面中总共有 3 种类型的 widget 程序。因为每一个 widget 程序都即有趣又容易操作，所以多数用户根本不会留意 widget 程序的类型。

- 信息类的 widget 程序所提供的信息来自于因特网，所以只有在电脑连接网络时，此类 widget 程序才可以正常工作。通过该类 widget 程序可以查看世界各地的天气情况，任意航班的实时情况，当前所购买股票的价格等。

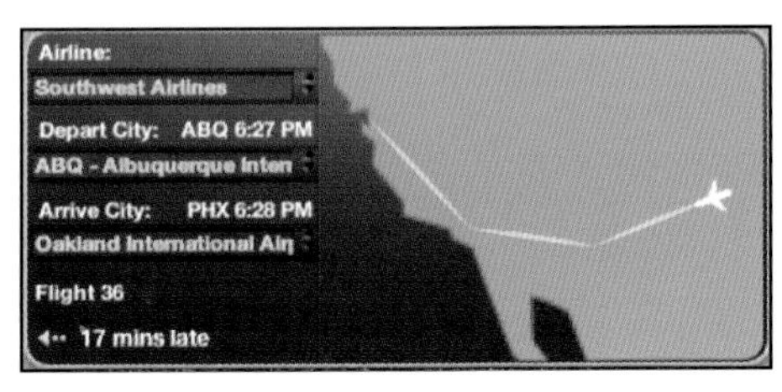

图 16.2

- 应用程序类的 widget 程序可以用来控制电脑中其所对应的应用程序，通常可以在隐藏程序主界面的情况下，通过 widget 程序即可使用程序的主要功能，从而节省屏幕空间。例如，在隐藏 iTunes 程序窗口的情况下，widget 程序的精简界面中提供了控制 iTunes 的播放、停止等按钮，而且还可以选择 iTunes 的播放列表或收听因特网广播节目。如果对应的应用程序需要连接因特网才可以正常工作，则对应的 widget 程序也必须在连接网络情况下才可以正常工作。

图 16.3

- 辅助类 widget 程序为一些工具类程序，如时钟、计算器、便条或计时器等。部分该类程序同样需要连接因特网，但所有此类 widget 程序都可以独立工作，无需依赖电脑中的应用程序。

图 16.4

16.3 启动 Dashboard 和其所包含的 widget 程序

Dashboard 为系统内置程序，单击 Dock 上的 Dashboard 图标或按键盘上的 F12 键启动 Dashboard。

如果使用的是苹果笔记本电脑，键盘中没有 F12 键，或系统默认将 F12 键设置为其他功能时，你可以更改启用 Dashboard 的键盘快捷方式

图 16.5

16.4 在 Dashboard 界面中打开 widget 程序

首先启动 Dashboard，单击屏幕左下方的“加号”按钮打开 widget 程序工具条（此时“加号”按钮变成 X 按钮，单击 X 按钮关闭 widget 程序工具条）。

图 16.6

打开 widget 程序　在 widget 程序工具条中，单击 widget 程序的图标打开该程序。

查看已经安装的 widget 程序　单击 widget 程序工具条两侧的箭头标志。

调整 widget 程序在屏幕上的位置　在 Dashboard 界面中，点按 widget 程序界面的任意区域，拖动将其移动到所需位置即可。即使关闭 Dashboard 界面后，拖动的 widget 程序依然保留在移动的位置上。

16.5 在 Dashboard 界面中关闭 widget 程序

按住键盘上的 Option 键，单击 widget 程序左上角出现的 X 标志，关闭 widget 程序。

或当 widget 程序工具条打开时，单击 widget 程序左上角的 X 标志。该操作仅是关闭 widget 程序，其程序依然保留在 widget 程序工具条中，供你下次使用。

16.6　关闭 Dashboard

单击 widget 程序以外的区域，或再按一下启动 Dashboard 的键盘快捷方式（系统默认为 F12 键）关闭 Dashboard。再次启动 Dashboard 后，上次打开的 widget 程序依然显示在原位置上。

16.7　使用 widget 程序

不同的 widget 程序具备不同的功能，你可自行体验各个 widget 程序的功能，如启动“单位转换 widget 程序”，查看一下该程序可以进行转换的计量单位。

鼠标移动到 widget 程序附近时，多数（不是全部）的 widget 程序窗口上会出现字母 i 标志，该标志为 widget 程序设置按钮。各个程序窗口上的设置按钮位置不同，单击该按钮，widget 程序界面翻转出现设置选项。

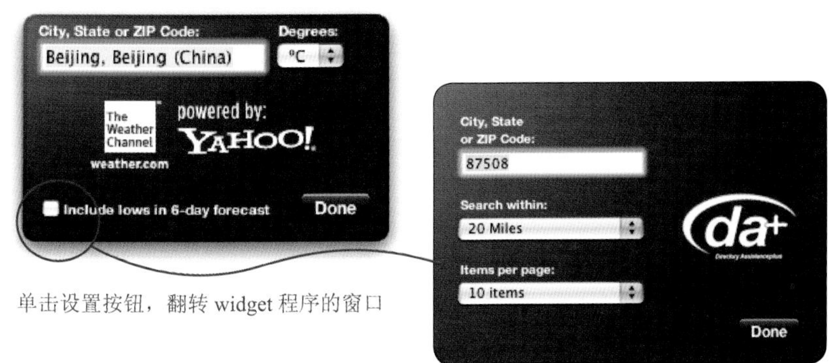

单击设置按钮，翻转 widget 程序的窗口

图 16.7

翻转后的窗口为 widget 程序设置窗口。在本例中可设置欲查看天气情况的城市

在文本输入栏中输入数据后，务必按回车键确认输入，单击“完成”按钮，widget 程序翻转显示正常窗口

16.8　widget 程序使用体验

由于各种各样的用户创建了大量功能各异的 widget 程序，所以在此无法详述每个 widget 程序的使用方法，但你可以通过程序界面中的各种图标或标志来判断其使用方法。

如果在图 16.8 所示的 iTunes 的 widget 程序界面中的圆点标志，拖动该圆点可调整 iTunes 的播放音量。

图 16.8

而界面中的字母 i 标志是设置按钮，单击该按钮翻转程序，显示其设置窗口。本例中可以在设置窗口中，选择 iTunes 播放的播放列表。

在图 16.9 所示的词典 widget 程序界面中，同样可以看到类似的提示图标或标志。

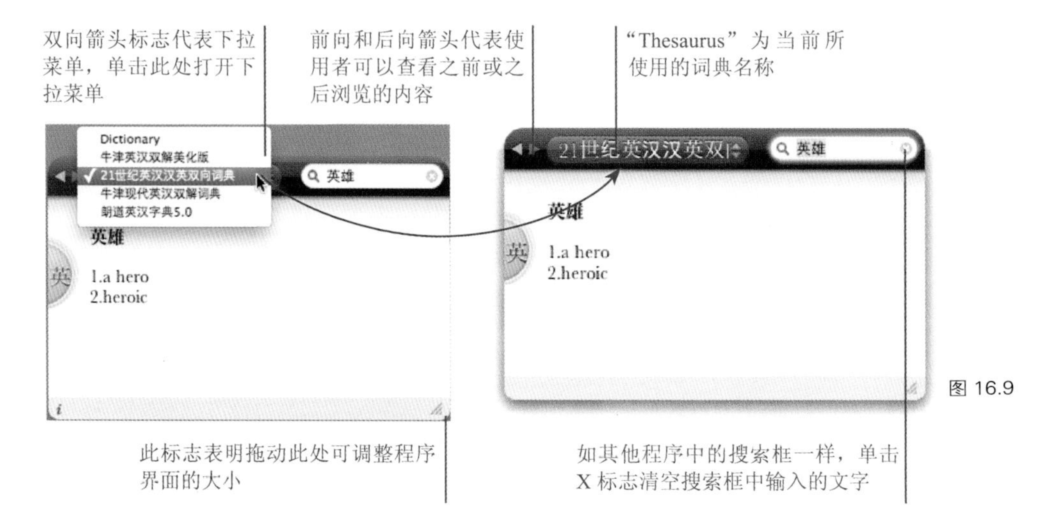

图 16.9

16.9　打开同一 widget 程序的多个副本

在 Dashboard 中，你可以同时打开某个 widget 程序的多个副本。例如，可同时查看多个地区的天气情况、多架航班的飞行路线，通过多个词典对比单词词义或同时进行多个计量单位的换算。

打开同一 widget 程序的多个副本　打开 widget 程序工具条（启动 Dashboard 后，单击屏幕左下方的“加号”按钮），每单击 widget 图标一次，即启动一个 widget 程序，多次点击同一 widget 程序图标，可以打开同一 widget 程序的多个副本。打开的 widget 程序副本都位于屏幕的中央，你可将其拖动到屏幕上的所需位置。

图 16.10

现在在一个屏幕中，可以查看各城市的天气情况（无论白昼或黑夜）

提示——更改“拼贴游戏”中的图片背景：启动 Dashboard，打开拼贴游戏 widget 程序，关闭 Dashboard。

在 Finder 窗口中，拖动用来替换背景的图片，拖动同时（不要松开鼠标键）按 F12 键（或自定义的 Dashboard 键盘快捷方式）启动 Dashboard，将拖动照片放在拼贴游戏 widget 程序窗口中即可。

现在拼贴游戏的图片背景已经替换成我的狗 Rosetta 的照片

16.10　更改 Dashboard 的键盘快捷方式

如果不喜欢系统默认启动 Dashboard 的键盘快捷方式，可以更改其键盘快捷方式。

1　在 Finder 窗口中，不要启动 Dashboard，然后在苹果菜单中选择“系统偏好设置”。

2　在设置窗口中单击“Expose 与 Spaces”图标。

Exposé 与 Spaces

3　在如图 16.11 所示的选项卡中，选择“Expose”标签（已选的标签会蓝色高亮显示）。

在图 16.11 红圈中所示的“隐藏和显示”下拉菜单中选择 F 功能键。

设定带有辅助键的键盘快捷方式：打开下拉菜单的同时，按住键盘上的辅助键。例如，如果希望将启动 Dashboard 的键盘快捷方式设置为 Control+F1 键，可以按住键盘上的 Control 键，接下来单击“隐藏和显示”的下拉菜单，然后选择“∧ F1”选项（∧代表 Control 键）。

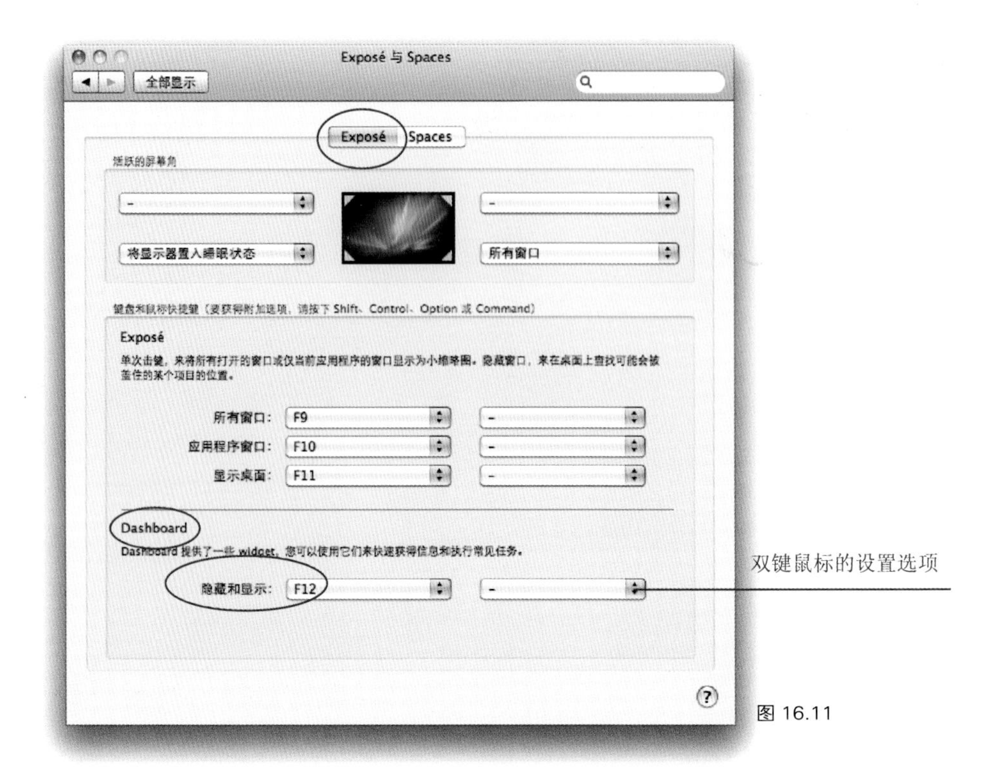

图 16.11

如果电脑连接了双键鼠标，则可以看见图 16.11 所示的第 2 个下拉菜单的选项。

在该下拉菜单中可以设置以“鼠标辅键”或“鼠标中键”（与 F 功能键结合使用）启动 Dashboard，或者在“隐藏和显示”的第一个下拉菜单中禁用 F 功能键（在下拉菜单中选择“-”选项），然后在第 2 个下拉菜单中设置仅以“鼠标辅键”或“鼠标中键”启动 Dashboard。单击设置的鼠标键即可马上启动 Dashboard。

16.11 管理 widget 程序

如果对 widget 程序感兴趣，并收集了大量的 widget 程序，则可能需要删除一些不需要的 widget 程序或至少在 widget 程序工具条中移除其程序图标。你无法删除苹果操作系统内置的 widget 程序，只能在工具条中隐藏其图标。打开 widget 程序工具条后，单击“管理 widget”按钮，如图 16.12 所示，打开 widget 程序管理窗口，如图 16.13 所示，取消 widget 程序前的勾选，将其图标在 widget 程序工具条中隐藏。第三方公司开发的 widget 程序图标的右侧显示有红色的“减号”

按钮，除可以按照刚说的方法隐藏程序图标以外，单击红色的“减号”按钮，从电脑中删除对应的 widget 程序。

单击图中红圈中所示的按钮或图标，出现图 16.13 所示的 widget 程序管理窗口

图 16.12

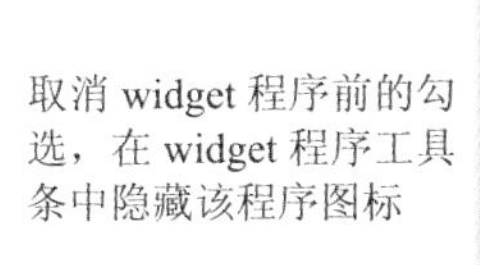

取消 widget 程序前的勾选，在 widget 程序工具条中隐藏该程序图标

图 16.13

在 widget 程序管理窗口中勾选 widget 程序前的白框，重新在 widget 程序工具条中显示该程序图标。

获得更多 widget 程序：单击“更动 widgets”按钮，自动登录苹果官方网站下载更多功能各异的 widget 程序。

17

课程目标

- 设置打印机
- 打印机的特殊设置
- 打印程序的特殊设置
- 与网络中联网的电脑共享打印机
- 使用电脑发送传真
- 在电脑上接收传真
- 常见问题的解决方法

第17课

打印和传真

随着苹果操作系统的每次升级，文件打印操作则越来越简单，也更加可靠。苹果电脑可以识别并对连接的打印机设备进行自动设置，通过打印程序设置更多的特殊选项以控制文件的打印，并一如既往地轻松支持与网络中的其他电脑共享打印机。目前最新的Snow Leopard操作系统可以自动完成以往打印过程中最麻烦的一项工作。当电脑连接新的打印机设备时，操作系统自动检查系统中是否安装了该打印机的驱动程序，如果没有安装，则系统自动连接因特网搜索该打印设备的最新驱动，下载并安装，还会定期检查所安装的驱动是否有更新，通过系统内置的软件更新程序（位于系统偏好设置中）可以自动下载最新的打印机驱动。

17.1 设置打印机

如果你已经可以正常使用打印机进行打印，则可以略过以下部分的内容，直接阅读打印机特殊设置的内容，以进一步了解你的打印机所能进行的操作。

如果打印时屏幕上出现“没有选择打印机”的提示信息，请参见后面“添加打印机”部分的内容。

17.1.1 请确认已安装了打印机随机所带的软件

如果购买了一台最新的打印机或其他类型的打印设备，请确认电脑中已经安装了随机所带的软件，尤其是需要安装该打印机的驱动。在过去，如果没有安装打印机的驱动，则需要你自己登录打印机生产厂商的官方网站，下载该打印机的最新版本驱动。但现在的苹果操作系统可以自动完成以上工作。当进行打印时，系统会检查已安装的打印机驱动，在需要时，系统自动下载并安装所需的驱动程序。

通常即使不安装最新版本的打印机驱动也可以正常进行文件的打印。如果没有安装最新驱动，就无法使用打印机的新功能。对于多数的打印设备来说，Snow Leopard 操作系统中自带的驱动就足够了。可以试着打印文件，然后看一下打印效果。

17.1.2 添加打印机

苹果操作系统可以自动检测与电脑直接相连接的打印机或局域网中的打印机设备。如果为购买的价格昂贵的打印机已经安装了相应的驱动或所拥有的是普通的打印机，则添加打印机的过程非常容易。

首先尝试进行第一次的打印操作（按 Command+P 键，或在程序的菜单栏上选择“文件→打印”）。如果在打开的打印对话窗口中（如图 17.1 所示），显示有自己的打印机名称则系统已经自动设置好了打印机。

但一般第一次打印时，对话窗口中显示的是下图所示的“没有选择打印机”，需要你手动添加打印机。

1 确认打印机已经正确连接到电脑上，打开打印机的电源。

2 单击“没有选择打印机”，在其下拉菜单中选择“添加打印机”。

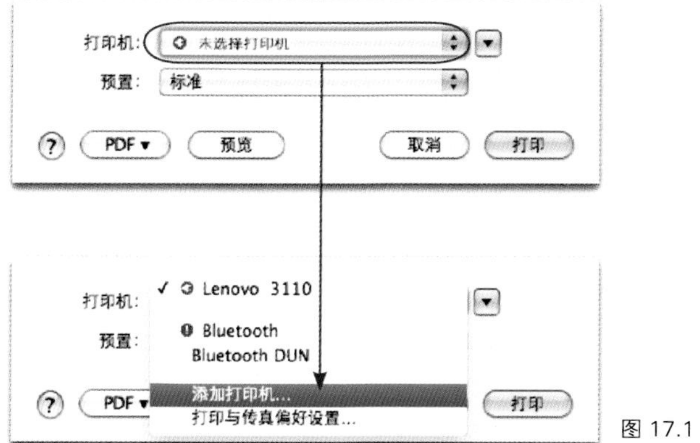

图 17.1

3 在打开的窗口中列出了该电脑检测到的的所有打印机的名称（如图 17.2 所示），如果打印机已经正确与电脑相连并打开了打印机的电源，此时应该可以在列表中看到打印机的名称。单击选择打印机的名称。

4 当窗口下方中出现所选择打印机的名称后，单击“添加”按钮，重新出现图 17.1 所示的打印对话窗口，现在可以开始进行打印了。

图 17.2

17.2 打印与传真偏好设置

正常情况下，通过前面所说方法添加打印机后即可开始打印文件了，但有时可能需要在“打印与传真”设置窗口中对打印机进行设置或通过该窗口解决打印过程中出现的问题。

1 确认打印机已经正确连接到电脑上，并已经打开了打印机的电源。

2 在苹果菜单中选择“系统偏好设置”。

3 在设置界面中单击“打印与传真”图标，出现图 17.3 所示的设置界面。

图 17.3

4 如果在界面左侧窗口中没有看到自己打印机的名称，单击界面中的“加号”按钮（同时再次检查打印机是否已经正确连接到电脑上，连接线两头是否紧密相连，确认打印机的电源已经打开）。

单击“加号”按钮打开“添加打印机”窗口。窗口列出该电脑所检测到的所有打印设备。

如果在列表中显示有自己的打印机，单击选择其名称，然后单击“添加”按钮。

如果列表中没有显示自己的打印机，则很可能是连接问题，如果确认连接线有松动情况，那么建议换不同的连接线进行测试。另一个原因可能是没有安装随机所带的打印机软件，安装随机所带的软件后，重复以上步骤。

单击图17.3所示的“加号”按钮打开此窗口，在列表中选择打印机后，单击“添加”按钮

图 17.4

添加传真设备　打开系统偏好设置，在设置界面中单击“打印与传真”图标。系统检测到的传真设备显示在该选项卡左侧的列表中（位于“传真”分类中）。如果列表中没有显示自己的传真设备，单击窗口中的“加号”按钮，选择使用连接线或通过蓝牙相连的传真设备。在窗口中的“传真号码”栏中输入传真接收方的传真号码。

在图17.5例中，列表中选择“External Modem”是连接在我笔记本电脑上的外置USB调制解调器。如果电脑中内置了调制解调器，则列表上显示的名称是“Internal Modem”。

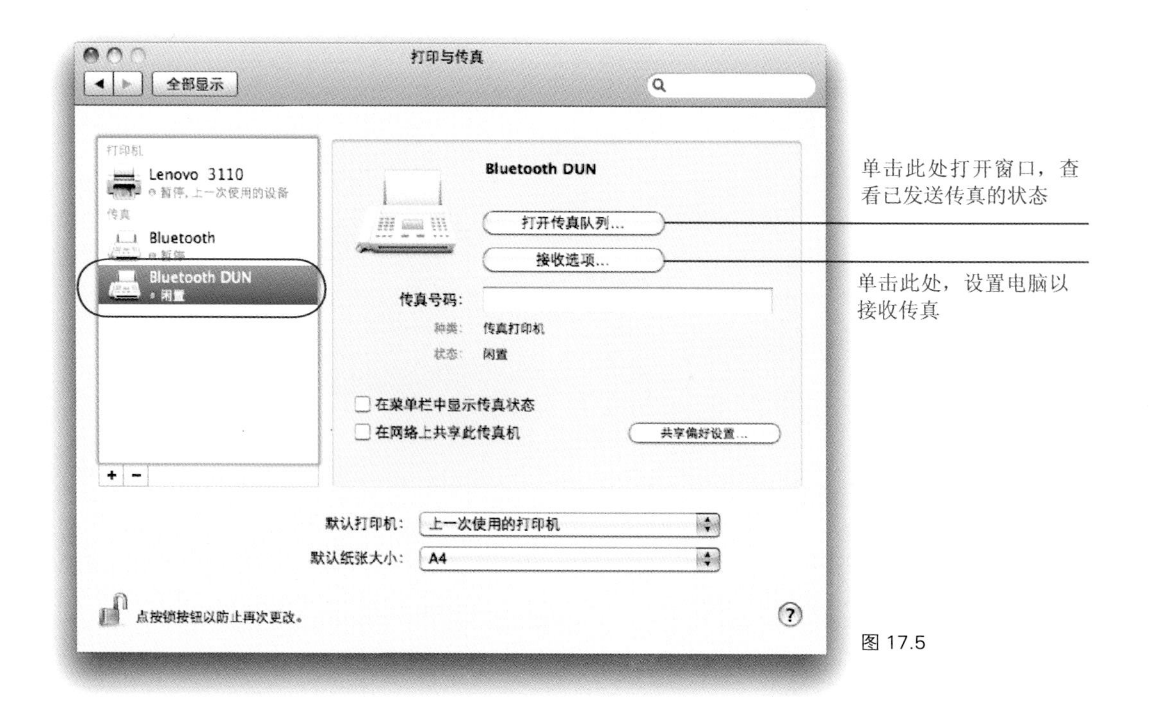

图 17.5

17.3　打印机的特殊设置

如果安装了随打印机所带的应用程序，你可能可以在打印时进行一些特殊设置，如选择打印指定的页面，设置打印质量，调节打印的颜色等。同样的设置在光面相纸上打印与在喷墨打印机所用的纸张上打印，其打印出来的质量差距相当明显。

打印机的特殊设置

1　开始打印（按 Command +P 键）。

2　如果出现简易打印对话窗口，单击图 17.6 所示的蓝色三角按钮，显示完整的对话窗口。

3　在完整的打印对话窗口中，单击图 17.6 红圈中所示的菜单。

根据所使用的打印机，下拉菜单中会显示如“打印布局”或“图片质量”等多个选项。不同的选项适用于不同的打印机，有些打印机允许你选择打印所使用的纸张（当然，需要先在打印机中放置对应的打印用纸）。

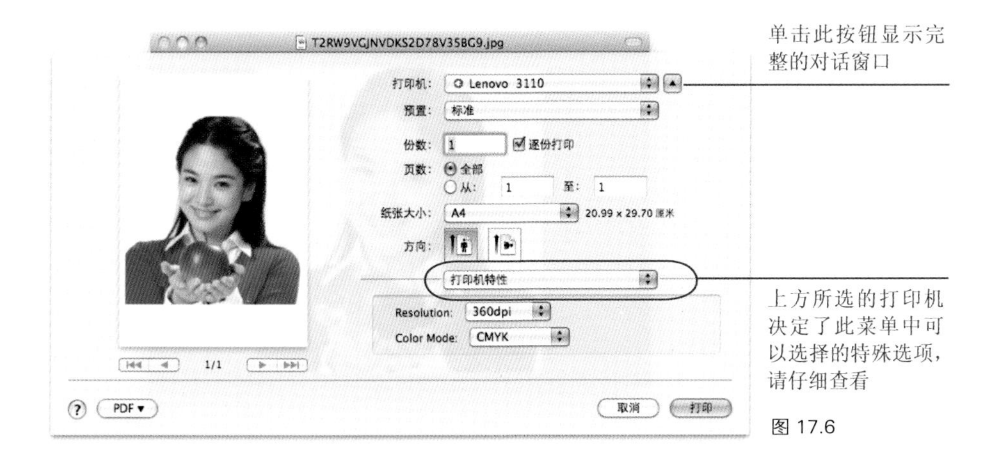

图 17.6

17.4 打印程序的特殊设置

不但所使用的打印机提供了特殊的打印选项，多数的打印程序同样也提供了一些特殊的打印设置。

请务必在打印对话窗口中，检查图 17.5 红圈中所示的下拉菜单的选项，看是否有打印程序所提供的特殊打印选项。

图 17.7 所示的是 Keynote 程序提供的打印选项，Keynote 程序是苹果公司出品的专用于创建多媒体演示的程序。

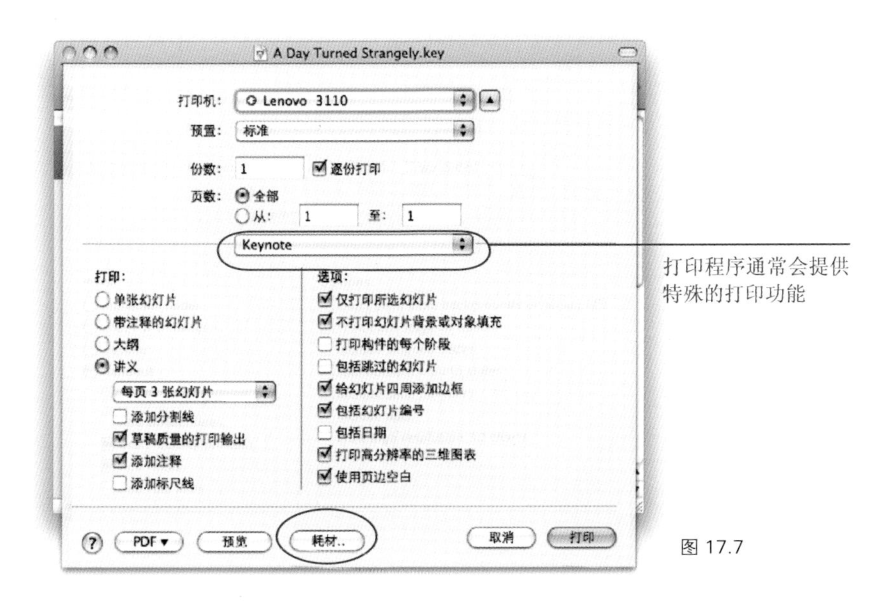

图 17.7

17.5 如果打印过程中出现问题

1 如果进行打印时，打印机没有反应，请在苹果菜单中，选择“系统偏好设置”，在设置界面中单击“打印与传真”图标。

2 确定选择的是正确的打印机，其名称应该高亮显示在左侧列表中。

3 在右侧窗口，单击“打开打印队列”按钮，打开如图 17.8 所示的窗口，窗口中显示的是等待进行打印的任务列表。列表中所有的文件排队等待使用该打印机进行打印。

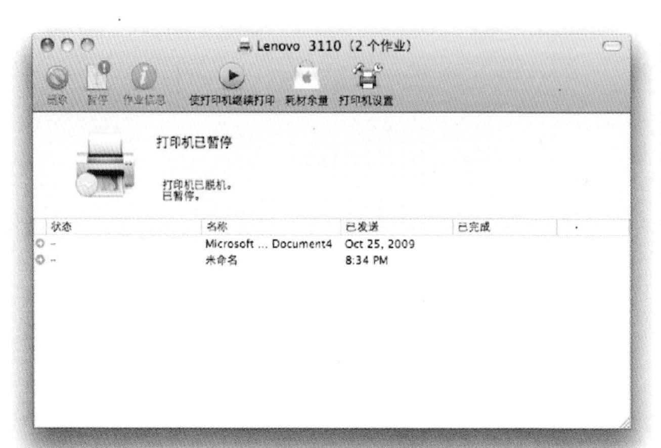

打印文件时，随时可单击出现在 Dock 上的打印机图标打开该窗口。我通常将该图标添加到 Dock 上，让其一直显示在 Dock 中

图 17.8

4 检查打印队列列表中的任务，确认没有暂停或停止打印任务。窗口中的按钮应该与图 17.8 中显示的一样。当单击“暂停打印机”按钮暂停打印任务时，该按钮下方的名称变为“恢复打印”。

如果暂停了任务，在列表中选择暂停的任务，然后单击“恢复打印”按钮继续打印该文件。或选择一个打印任务后单击“删除”按钮，删除该任务。

提示——如果开始打印后，打印机没有反应，通常人们会不断的继续选择“打印”命令，而当打开打印队列窗口时，你会发现因为打印机已经暂停，而列表中出现了多个重复的打印任务。所以当选择打印后，如果打印机没有反应，切记不要重复下达打印命令，而应该打开“打印队列”窗口查看问题的根源。如果列表中出现了多个重复的打印任务，选择每个重复任务，然后将其删除。

17.6 同其他电脑共享打印机

所有的打印机都可以通过设置进行共享，即办公室或局域网的电脑都可以通过共享的打印机进行文件的打印，而无需与打印机直接相连。这是非常棒的一个功能，在 Mac OS X 操作系统出现之前，你不得不购买特殊的网络打印机才可以实现此功能，而现在办公室里只需购买一台打印机，则所有电脑都可以利用它进行文件的打印。

如果共享的打印机直接连接在网络的路由器或交换机上，则所有电脑，无论其他电脑是否开机都可以打印文件，此类打印机通常为以太网打印机或激光打印机。

如果共享的打印机连接在网络中的一台电脑上，则必须该电脑出于开机状态时，其他人才可以使用共享的打印机进行打印。

共享打印机

1 打开欲共享打印机的电源，与此打印机相连的电脑必须处于开机状态。

2 在与打印机直接相连的苹果电脑上，在菜单栏上的苹果菜单中选择“系统偏好设置”。

3 在打开的设置界面中单击“共享”图标。

4 在左侧列表中勾选“打印机共享”的选项，此时与电脑相连的打印机会出现在右侧的窗口中，勾选需要共享打印机的名称前的复选框。

5 在共享窗口的右侧单击“打开打印偏好设置”按钮。

6 出现图 17.10 所示的“打印与传真”设置窗口，选择左侧列表中共享的打印机，在右侧窗口中应该可以看到“在网络上共享此打印机”选项已经被勾选。

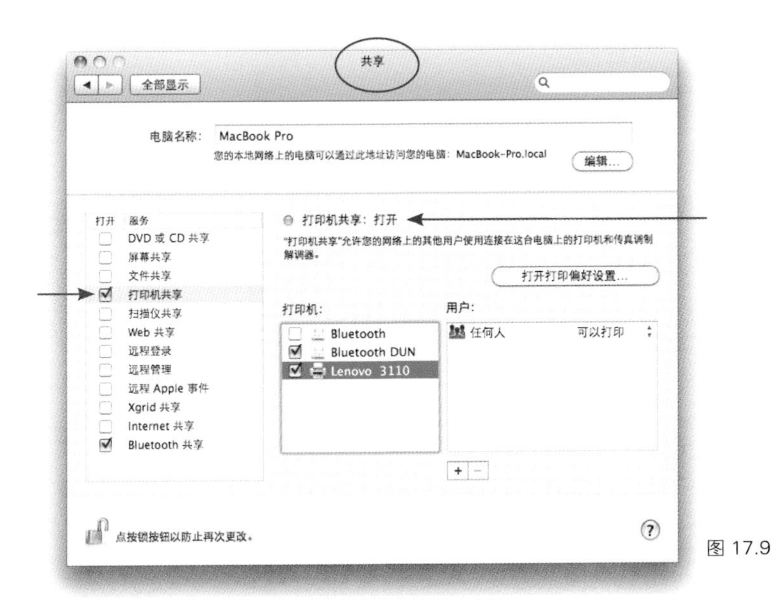

图 17.9

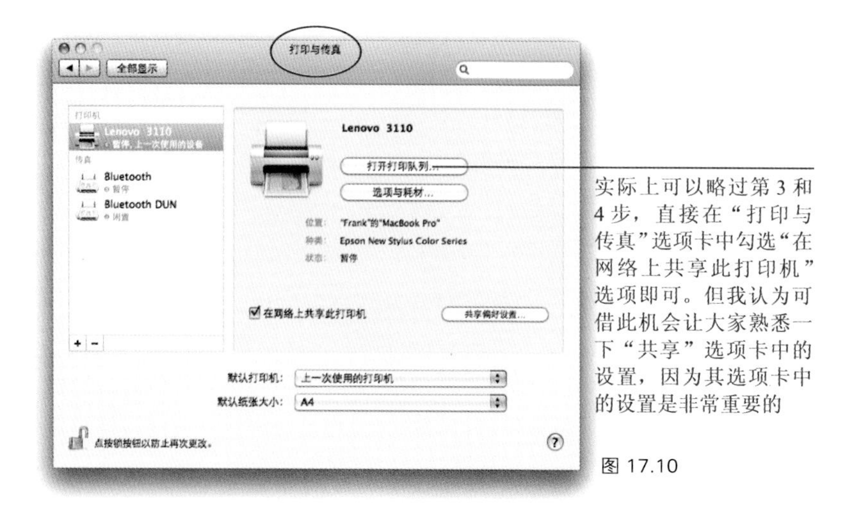

图 17.10

使用共享打印机进行打印

1 前提是与共享打印机直接相连的苹果电脑出于开机状态，该电脑中已经设置了共享打印机和打开了打印机的电源。

2 在其他的苹果电脑中，打开文档，按 Command+P 键打开打印对话窗口。

3 在“打印机”的下拉菜单中，选择共享的打印机名称，即可使用共享的打印机进行打印。如果共享的打印机的名称没有出现在下拉菜单中，请参见下面内容。

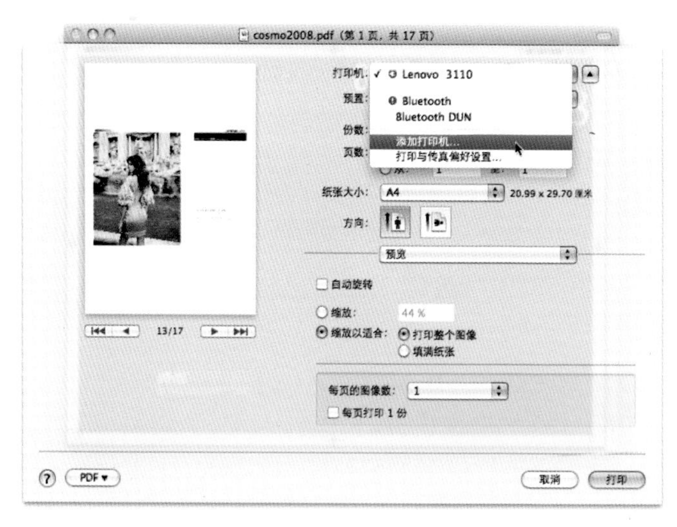

图 17.11

如果共享的打印机的名称没有出现在下拉菜单中：在该下拉菜单中，选择“添加打印机”。

如果下拉菜单中没有显示“添加打印机”选项 如以上介绍的方法打开“打印与传真”选项卡，然后添加共享的打印机。添加打印机后，可能需要退出当前打印的程序，然后重新启动该程序，才可以在打印时看见添加的打印机。

一旦添加了某打印机后，当该打印机和与打印机相连的电脑都处于开机状态时，该打印机会自动出现在打印对话窗口的列表中。

4 选择共享的打印机后，单击“打印”按钮开始打印文件。

17.7 使用电脑发送和接收传真

如果你的苹果电脑中内置有调制解调器或连接了外置的调制解调器，则可以在电脑上通过任意程序发送或接收传真。

如果使用的是宽带网络连接，必须先将电话线（普通电话使用的标准 RJ11 电话线）一端连接在苹果电脑的电话线接口上（如果电脑上配置了该接口），将另一端连接在墙上的电话线接口中。电脑无法通过宽带网络发送传真，只能通过最原始的电话线发送或接收传真。如果电脑中没有配置 RJ11 规格的接口，可以使用 USB-RJ11 接口转换器，将其连接在电脑的 USB 接口上，然后将电话线连接在该转换器的 RJ11 接口中。

17.7.1 使用电脑发送传真

1 确认电话线正常工作，并已经与电脑正确相连（本例中假定电脑中内置了调制解调器）。

2 打开需要传真的文档。

3 在程序的菜单栏上选择“文件→打印”。

4 在苹果操作系统标准的打印对话窗口中，单击窗口左下角的“PDF”按钮，在弹出的菜单中选择“传真 PDF”。

5 出现图 17.12 所示的窗口，在该窗口中输入收件人的名称，随着输入，地址簿程序自动搜索符合的联系人。

如果需要，在“拨号字冠”栏中输入连接公司外线电话所需的号码，通常是数字 9。如果需要在拨号前，连接外线时暂停等待外线电话接通，需要在“拨号字冠”的号码后输入一到两个逗号，拨号时每个逗号代表暂停 2 秒钟时间。

未命名
打印机：Lenovo 3110
预置：标准
份数：1
逐份打印
页数：全部
从：1 至：1
纸张大小：A4
20.99 x 29.70 厘米
方向：
文本编辑
打印页眉和页脚
1/2
PDF ▾
取消
打印
在"预览"中打开 PDF
存储为 PDF...
存储为 PostScript...
传真 PDF...
邮寄 PDF
存储为 PDF-X
将 PDF 存储至 iPhoto
将 PDF 存储至 Web Receipts 文件夹
Save PDF to Filed Documents
Together
编辑菜单...
如果使用的程序有自己的打印对话窗口，如 Adobe InDesign 程序，则需要在对话窗口下方点击类似"打印机"这类名称的按钮，单击该按钮后，应该可以找到"传真 PDF"按钮

图 17.12

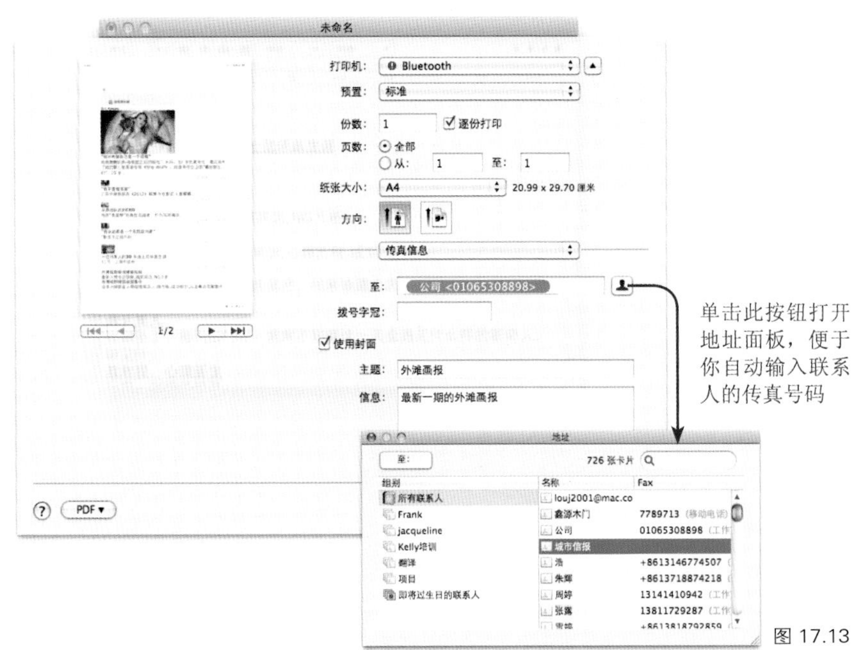
未命名
打印机：Bluetooth
预置：标准
份数：1
逐份打印
页数：全部
从：1 至：1
纸张大小：A4
20.99 x 29.70 厘米
方向：
传真信息
至：公司 <01065308898>
拨号字冠：
使用封面
主题：外滩画报
信息：最新一期的外滩画报
1/2
PDF ▾
地址
至：
726 张卡片
组别
名称
Fax
所有联系人
Frank
jacqueline
Kelly培训
翻译
项目
即将过生日的联系人
louj2001@mac.co
鑫源木门 7789713
公司 01065308898
城市信报
浩 +8613146774507
朱辉 +8613718874218
周婷 13141410942
张骞 13811729287
单击此按钮打开地址面板，便于你自动输入联系人的传真号码

图 17.13

6　勾选“使用封面”选项，为传真的文件添加封面。在“主题”和“信息”栏中输入所需内容。在左侧的窗口中预览传真的文件。

7　单击“传真”按钮开始发送文件。此时，传真程序的图标会出现在 Dock 上。

提示——如果你和传真文件的收件人的电脑都可以连接因特网，建议最好通过电子邮件发送 PDF 文档来代替传真。因为发送的 PDF 文档的质量，色彩都更好。如果需要，收件人还可以直接通过 PDF 文档打印高质量的文本。

17.7.2　在地址簿程序中添加传真号码

你必须先在地址簿程序中添加传真号码后，才可以通过地址面板快速输入收件人的传真号码。

在地址簿中添加传真号码

1　启动地址簿程序。

2　选择需要添加传真号码的联系人。

3　单击图 17.14 所示窗口下方的“编辑”按钮。

4　联系人卡片上方预置有两个电话信息栏，在此栏中输入传真号码。如果两个电话信息栏中已经输入信息，可单击绿色的“加号”按钮添加新的电话信息栏。

5　单击信息栏（即欲输入传真号码的信息栏）名称右侧的箭头标志。

6　在其下拉菜单中选择“家庭传真”或“工作传真”。

7　再次单击“编辑”按钮保存所做的修改。现在在传真设置窗口中单击地址面板图标即可快速输入联系人的传真号码。

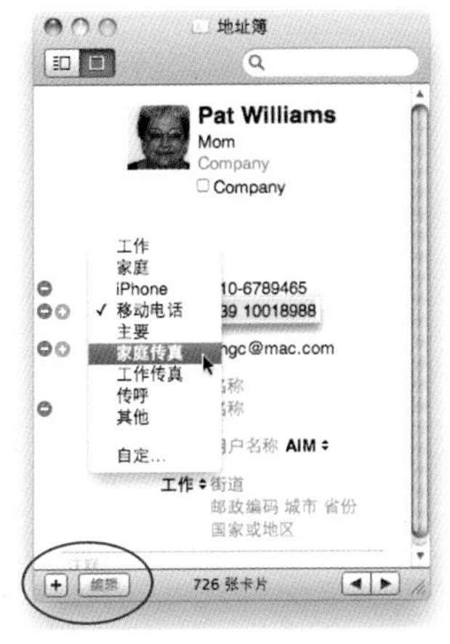

图 17.14

17.7.3 通过电脑接收传真

在系统偏好设置的“打印与传真”选项卡中（如图17.15所示），进行设置以通过电脑接收传真。

在窗口左侧列表中选择调制解调器，然后输入“传真号码”。单击“接收选项”按钮，接下来勾选“在这台电脑中接收传真”选项（如图17.16所示）。设定接收选项后，单击“好”按钮即可。

记住，在发送或接收传真前，必须将电话线连接到电脑上。

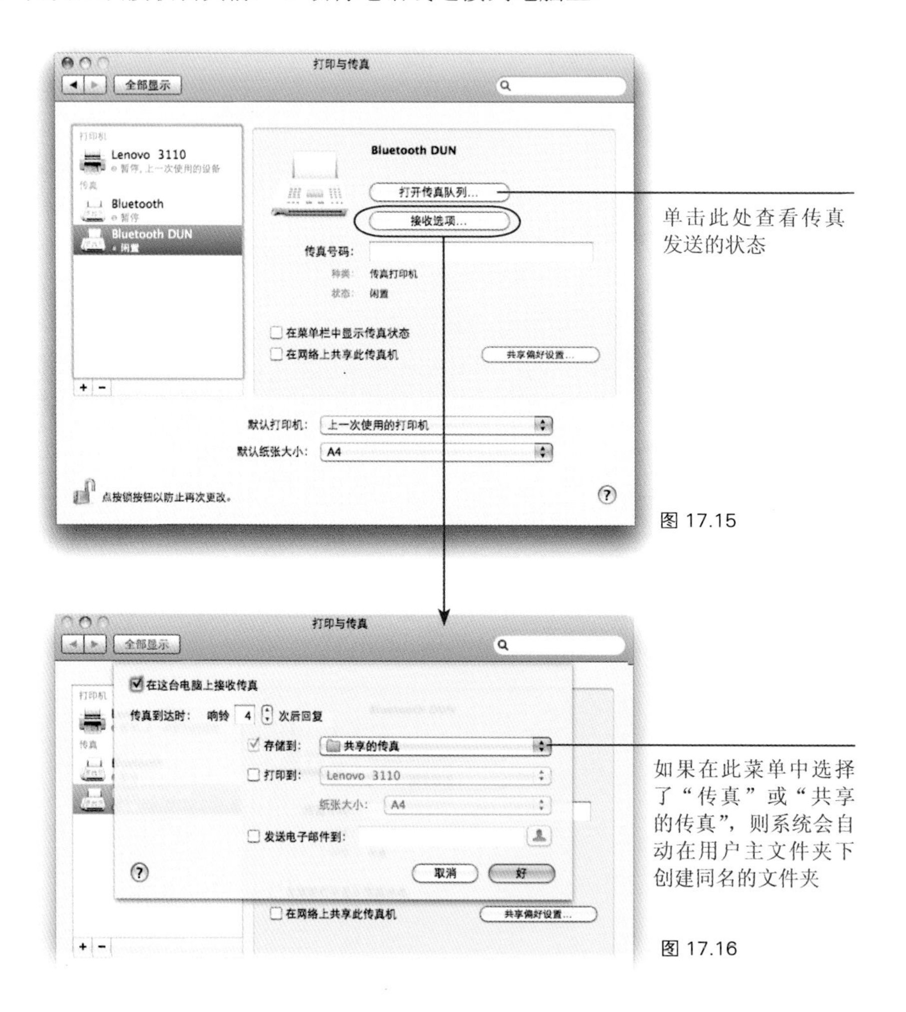

图 17.15

图 17.16

18

课程目标

- 了解在电脑中创建多个账户的优点
- 掌握如何创建新账户的方法
- 学会通过账户登录和注销电脑
- 启用快速用户切换功能
- 为其他账户授予管理员权限
- 调整自己账户的部分设置
- 与其他账户共享文件

第18课

多人共用一台电脑

Mac OS X 操作系统特意为多用户共用电脑的环境进行了精心设计，苹果公司的设计人员认为无论是在学校、办公室还是家中，都可能出现多人共用一台电脑的情况，你可以通过设置禁止其他账户的用户随意浏览个人信件、更改电脑音量、翻看财务信息、更改桌面壁纸或其他电脑的设置。

如果你的电脑仅为个人使用，而且不会出现其他人使用的情况，那么你可以略过本课内容。但你确定其他人不会使用你的电脑吗？有可能你的亲戚过来看望你的时候，需要使用一下你的电脑，或你的伴侣时不时地会使用你的机器，再或者朋友过来暂住一个星期，需要使用你的电脑接收电子邮件，而作为一名教师，你不希望学生在使用你的电脑时乱翻文件。如果这样，那么你需要在电脑中创建其他的账户。

18.1 多用户账户概述

首先介绍一下多用户账户的概念及多用户账户的优点，以便你决定是否创建多个电脑账户。

系统在第一次启动时会自动创建一个初始账户，即你自己的账户，称为管理员账户，并使用该账户完成系统的初始设置，系统第一次启动时或安装操作系统时设置的密码为管理员密码。

你可能没有意识到自己也是一个账户用户，因为系统统默认在开机时无需输入密码即可直接“登录”进系统中。但如果你在电脑中又设置了其他账户，并更改了系统默认的开机设置，则所有人在开机时必须输入密码才可以进入系统中。如果其他账户用户仅是偶尔使用你的电脑，你可以依然采用系统默认方式，每天开机时无需输入密码即可自动进入系统，而当其他人需要使用电脑时，在菜单栏上的苹果菜单中，选择“注销［账户名］”，然后其他人再使用自己的账户登录系统，由于其他账户的用户无权查看你的账户文件，从而可以保护你的文件的安全。

第一次启动电脑时，你创建的初始账户是用来进行电脑管理的管理员账户。如果使用的账户是电脑中的唯一账户，则该账户即为管理员账户。

18.1.1 其他账户用户所受的限制

你所用的账户为管理员账户，其他创建的账户为标准账户或被管理账户。除管理员账户以外的其他账户都为受限账户。

- 可以为所有账户用户安装同一应用程序，也可以仅为个别账户安装程序。比如可以仅为儿童账户安装一个游戏程序，该程序安装在儿童账户的主文件夹中，而该游戏不会出现在你的应用程序文件夹中。如果该游戏程序更改了屏幕的分辨率，颜色数，而且该账户用户习惯将声音调大，但当其他账户用户登录系统时，这些都不会对其他账户造成任何影响。你在主文件夹中为自己账户安装的财务软件，将只有你可以使用，其他人即无法使用该软件也无法访问这些文件。

  你可以为自己的孩子创建被管理账户，你可以自定义该账户用户的 Dock，从而限制此账户用户所能使用的应用程序，并可以严格限制该账户用户聊天和通信的对象以及可以访问的网页。

- 每个账户用户可以自行设定为所有账户用户安装的应用程序，因为程序的设置都单独存储在每个账户的资源库文件夹中。

  每个账户用户可以单独设置 Mail 程序，并且每个账户的电子邮件安全存储在各自账户的资源库文件夹中。

■ 每个账户的用户可以设定自己的屏幕效果、字体、Finder 窗口与桌面背景、侧边栏、Dock 的位置和 Spaces 空间，所有设置仅适用于各自的用户。另外如键盘、鼠标、因特网浏览器的网页书签、语言与文本，登录自动启动的程序项目和 QuickTime 的设置也可以由各个账户用户自行设置。

■ 每个账户的用户可以自行设置那些专门为使用电脑有困难的人设计的功能，如万能辅助、全键盘控制、语音功能和 VoiceOver 功能（电脑发出声音，提示当前所做的操作）等。

■ 如需要在“语音与文本”系统偏好设置中设置日期、时间和数字的格式，或需要使用其他语言输入法的用户可以自行进行设置，而不会影响到其他账户用户的使用。如果你旅游时随身携带笔记本电脑，则可以为自己另创建一个账户，如“在巴黎的卡门”，然后根据当前所在国家的习惯，使用此账户自行设置，所作设置不会影响自己另外一个账户的设置。

■ 标准账户用户除了可以设置在菜单栏上显示的日期和时间以外，无法更改电脑系统的日期和时间，也无法更改“节能器”、文件共享，网络或启动磁盘的设置。该类型账户的用户无权添加新的账户和更改部分登录设置，也无权安装应用程序。

■ 受管理账户除受到以上账户所受同样限制以外，还受到“家长控制”中设定的限制。

■ 客人账户是一类特殊的暂时性账户。系统会在该类型账户注销时，完全清除该账户使用电脑的痕迹。这对那些仅需使用电脑查收一下电子邮件的人来说是非常方便的，他们可以通过客人账户登录电脑，在用 Safari 查看电子邮件后注销账户即可。

18.1.2　多个管理员账户

拥有管理员账户的用户可以授予其他类型账户管理电脑的权限，当授权的账户登录后，该账户用户可以更改标准账户无法更改的系统偏好设置，或创建或删除其他的账户等只有管理员账户才可以进行的大多数操作。即便账户被授予了管理员的权限，该账户依然无法访问管理员账户的文件。

18.2　系统内置的客人账户

在苹果操作系统中，系统已经默认创建了一个客人账户。该类型账户是特殊的暂时性账户，适用于需要使用电脑查看一下电子邮件或使用文本编辑程序写一封简短报告的访客。当该账户注销后，该账户在电脑中所做的所有操作都会被完全清除。

客人账户登录时无需输入登录密码。只要电脑使用者启用了客人账户，所有人都可以使用客人账户登录电脑，但该账户的用户无权访问使用者的文件。

使用客人账户登录：在菜单栏上的苹果菜单中注销当前的账户。在登录窗口中单击“客人账户”即可。

注销客人账户：在菜单栏上的苹果菜单中，选择“注销客人账户”即可。注销时系统会提示该账户创建的所有文件都会被删除。

图 18.1

1. 单击锁头图标以对窗口中的选项进行修改。如果没有启用客人账户，则客人账户可以从其他电脑中访问此电脑中公共文件夹中的文件，但无法远程登陆到此电脑中
2. 在左侧的列表中选择“客人账户”，然后勾选右侧窗口中的“允许客人登录到这台电脑”的选项
3. 再次单击锁头图标，保存并锁定所做的修改

图 18.2

18.3　创建新账户

作为管理员账户，你可以创建标准或受管理账户。在系统偏好设置的“账户”选项卡中，你可以创建新账户，设置账户的登录密码及账户的代表图片，而在“登录选项”（单击锁头标志上方的房子图标）中，你可以对登录界面进行设置。

创建新账户

1　在菜单栏上的苹果菜单中选择“系统偏好设置”。

2　在设置界面中单击“账户”图标，出现图 18.3 所示的选项卡，你的选项卡中可能只显示有两个账户：你的账户和客人账户。你所使用的账户为管理员账户。

3　单击窗口左下角的锁头图标，在出现的窗口中输入管理员密码（第一次启动新电脑。系统初始设置时设定的密码），然后单击“好”按钮。此时窗口左下角的锁头图标变为如图 18.3 所示的打开锁头的图案。

4　单击窗口中的“加号”按钮添加新账户。在出现的下拉表格中输入新账户的信息。

图 18.3

5 在“全名”输入栏中输入新账户的全名（或任意描述型的名称），系统自动创建账户名称，但你可以在该窗口中重新命名账户名称，而一旦设置完成保存后，将再也无法修改该名称。唯一的修改方法是删除该账户，然后重新创建。

账户名称应该尽量短小，名称中不能使用空格，应尽量避免使用非字母类的字符（像 * ！？或 / 这样的字符）。

Mac OS X 操作系统允许你使用全名或账户名称登录电脑。但如果用户使用 FTP，Telnet 或其他程序从其他位置远程登录电脑时，则必须使用账户名称。

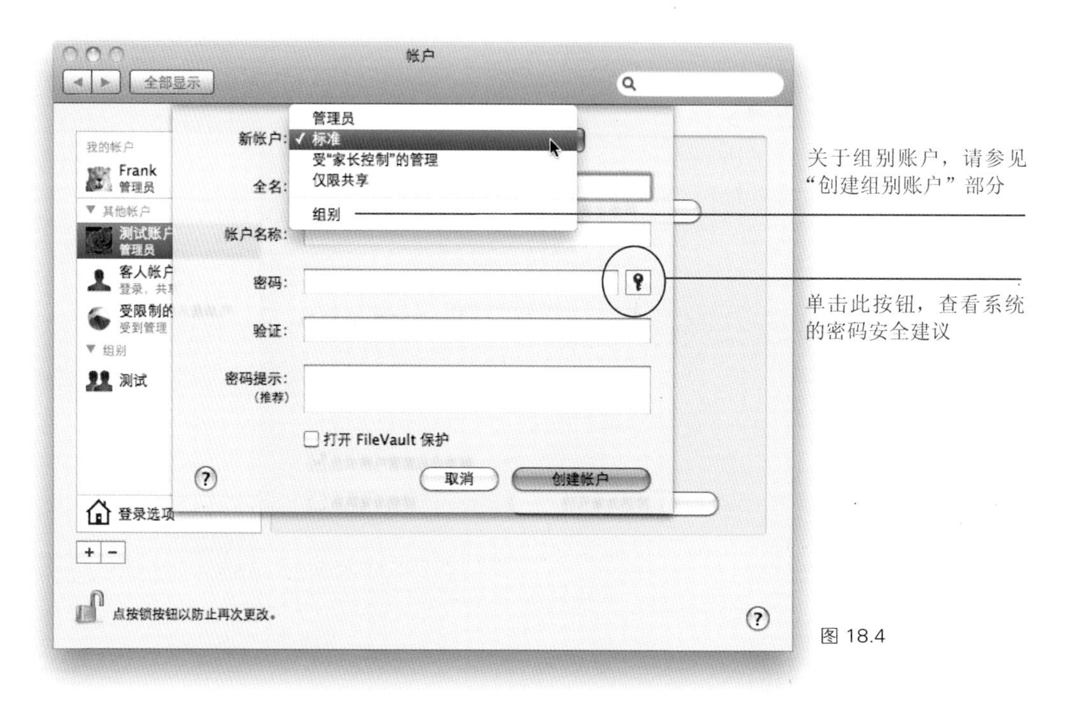

图 18.4

6 输入该账户的登录密码。建议将此密码记录下来以免忘记密码。如你曾经见过的一样，因为在输入密码时是无法看见输入的字符的，所以需要输入两遍密码以确认密码输入正确。另外，你可单击小钥匙按钮查看系统的密码安全建议。

密码区分大小写，如密码“CHoCHo”不等同于密码“chocho”，所以在记录密码时一定要区分密码的大小写。

也可以选择不设置任何密码，但这样其他人比较容易使用该账户登录到电脑中，出于保护隐私的考虑，建议设置登录密码。

如果愿意，还可以输入密码提示信息。如果在登录输入密码时，出现 3 次输入错误后，屏幕上显示带有密码提示信息的信息。

7 如果知道如何使用 FileVault 保护功能，可以在窗口中勾选“打开 FileVault 保护”选项，反之则不要勾选该选项。

8 单击“创建账户”按钮完成操作。继续设置“自动登录”的选项，“自动登录”是指开机时无需输入登录密码，自动进入系统。如为了电脑的安全，建议关闭“自动登录”功能。

9 通过以下几种方法可以为账户设置账户代表图片。

- 单击当前账户的代表图片，在出现的列表中选择所需图片。
- 或者重复以上所说的步骤（单击当前账户的代表图片），然后在出现的列表中选择“编辑图片”，接下来请阅读下面的“编辑图片”步骤。
- 或者将 Finder 窗口中的照片或其他图片，拖放在当前账户的代表图片上。
- 编辑图片：调整图片大小，裁剪图片，拍摄照片或选择不同的图片。此外，你可以在以后任何时候对图片进行编辑。

10 如果账户用户拥有 MobileMe 账户，可以在“MobileMe 用户名称”栏中输入 MobileMe 账户的名称。

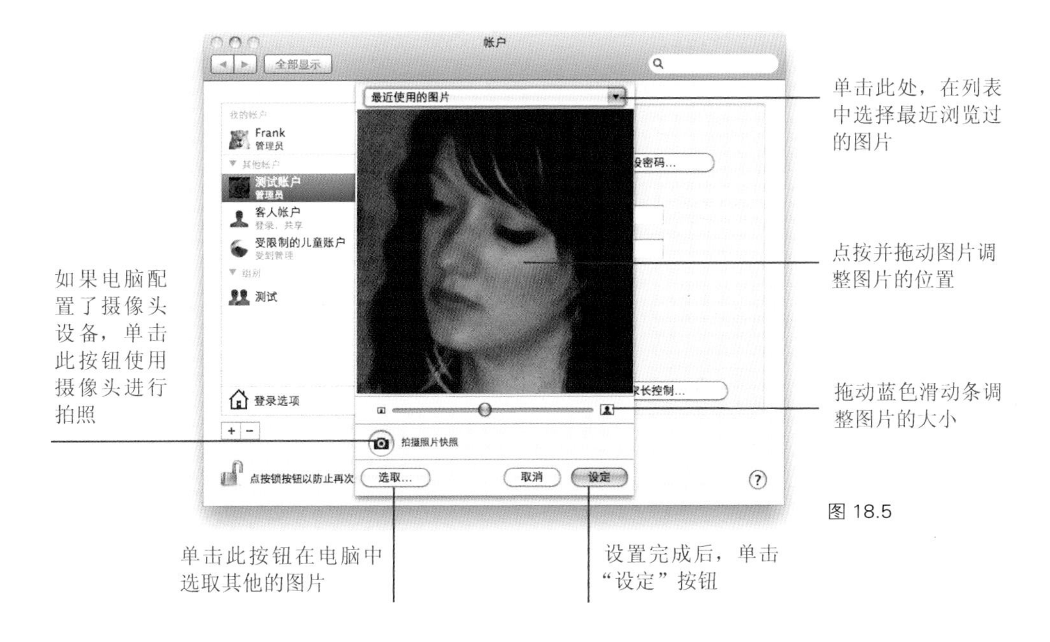

图 18.5

勾选“允许用户管理这台电脑”选项授予该账户管理员权限，从而该账户可以更改系统偏好设置，安装程序等。

11 勾选“启用家长控制”选项启用家长控制功能，然后单击选项后“打开家长控制”按钮进行设置。

12 在账户设置窗口中，单击“登录选项”对该账户登录电脑进行设置，如图 18.6 所示。仅管理员账户可以更改登录的相关设置（即标准账户和受管理账户的用户无权更改登录设置）。

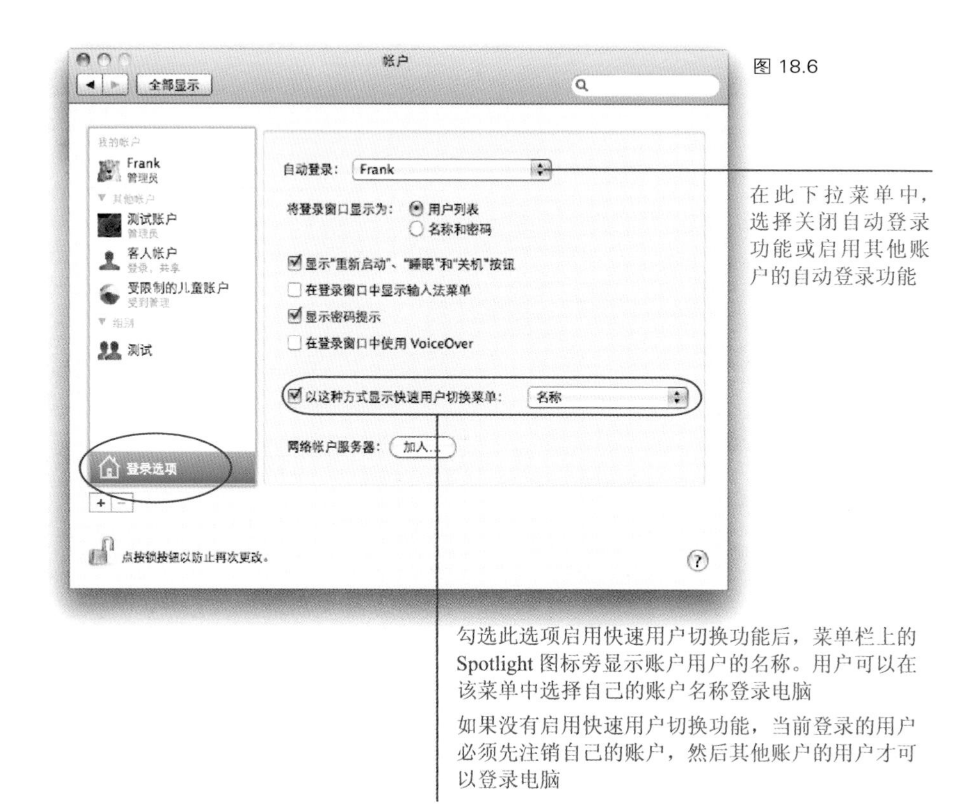

图 18.6

虽然我电脑中设置了多个账户，但电脑开机或重新启动时，我的账户“robin”可以自动登录，即屏幕上不会出现登录窗口要求我输入账户名称和登录密码。这对我来说非常方便，因为办公室中只有我一个人使用苹果台式电脑，而我随身携带的笔记本电脑则禁用了自动登录功能。

仅可设定一个账户启用自动登录功能。随时可单击“登录选项”按钮，在其选项的下拉菜单中选择一个账户名称以启动该账户的自动登录功能。

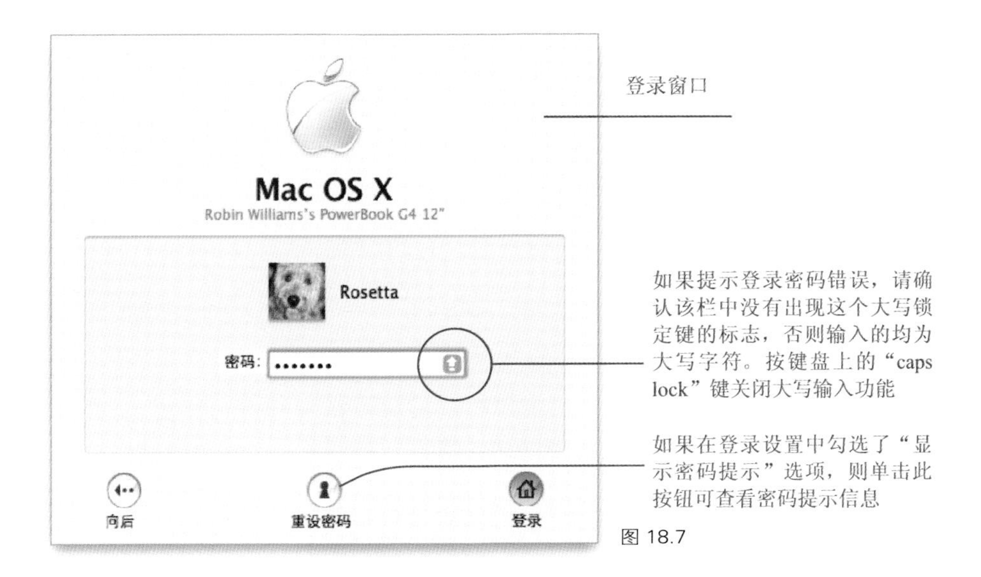

图 18.7

“将登录窗口显示为”：“用户列表”以列表方式在登录窗口中显示账户，包括每个账户的代表图片。使用此方式在登录时，单击账户图片，输入登录密码即可（如果过于幼小的儿童用户无法使用键盘输入，而且不会有陌生人使用该电脑，可以不用为此用户设置登录密码，用户只需单击自己账户的图片即可登录）。

“名称和密码”：登录窗口中显示两个文本输入栏，登录用户需分别输入登录账户名称和密码才可以登录。此登录方式更加安全。

显示“重新启动”、“睡眠”和“关机”按钮：你可以取消该选项前的勾选，从而让电脑更加安全。因为当你注销账户后，电脑不会关机，而是显示登录窗口以便你可以随时重新登录系统，如果在设置中选择了该选项，则登录窗口中会显示“重新启动”、“睡眠”和“关机”按钮。如果电脑启用了自动登录功能，则此时任何人都可以单击“重新启动”按钮，电脑重启后自动登录进系统。或单击“关机”按钮，然后在光驱中插入系统光盘，重新启动电脑后即可以获得管理员权限，访问整个电脑中的文件。

但是即便不选择此选项也无法防止其他人按电脑上的关机按钮关闭电脑，所以如果你不希望其他人使用你的电脑，建议禁用自动登录功能并将系统光盘安全保存起来。

在登录窗口中显示输入法菜单：通过登录窗口中的输入法菜单，你可以调用在系统设置的“语言与文本”选项卡中设置的输入法。

显示密码提示：系统在用户输入登录密码出现 3 次错误时，自动提示账户设置时的密码提示信息，或者单击窗口下方的按钮，可马上查看密码提示信息。

在登录窗口中使用 VocieOver：启用苹果系统内置的语音提示辅助功能，便于视觉上有障碍的用户顺利登录系统。启用该功能后，系统会朗读登录窗口中的所有内容，并当项目高亮选择时发出声音提示，便于用户输入登录名称和登录密码。取消该选项前的勾选，关闭 VoiceOver 功能。

以这种方式显示快速用户切换菜单：用户切换功能是一项非常酷的功能，可以允许多个账户用户同时登录使用电脑，并在切换到不同用户时，保留每个用户当前打开的文件和应用程序，而且各个账户间互不影响。在该选项中设置菜单栏中切换菜单的显示格式：名称、短名称和图标。

设置完成后，关闭“账户”选项卡。以后可随时再进行修改，更改其他账户设置前必须先注销欲设置的账户。

18.4 创建组别账户

你可以创建包含多个单独账户的组别账户。该类型账户可以方便那些使用同一网络设置的用户，如学生或同事之间共享文件。

在创建账户的窗口中，从“新账户”的下拉菜单中选择“组别”，命名组别，然后在出现的窗口中选择添加电脑中已有的账户。

为增加更多的文件共享功能，还可以在系统偏好设置的“共享”选项卡中勾选所需的共享项目，然后在共享的用户列表中，添加所创建的组别账户。

18.5 登录和注销

启用自动登录功能后，用户无需输入登录密码即可进入系统。在自动登录的用户注销后（非重新启动或关机），其他用户才可以登录系统，因为重新启动电脑后，系统依然会使用启动自动登录功能的账户自动进入系统。

如果没有启用自动登录功能，则关机的方式不会影响账户的登录，因为任何账户即使管理员账户在每次开机后都需要在登录窗口中输入密码才可以登录。

注销账户后，系统会关闭该账户所有打开的文档和应用程序。

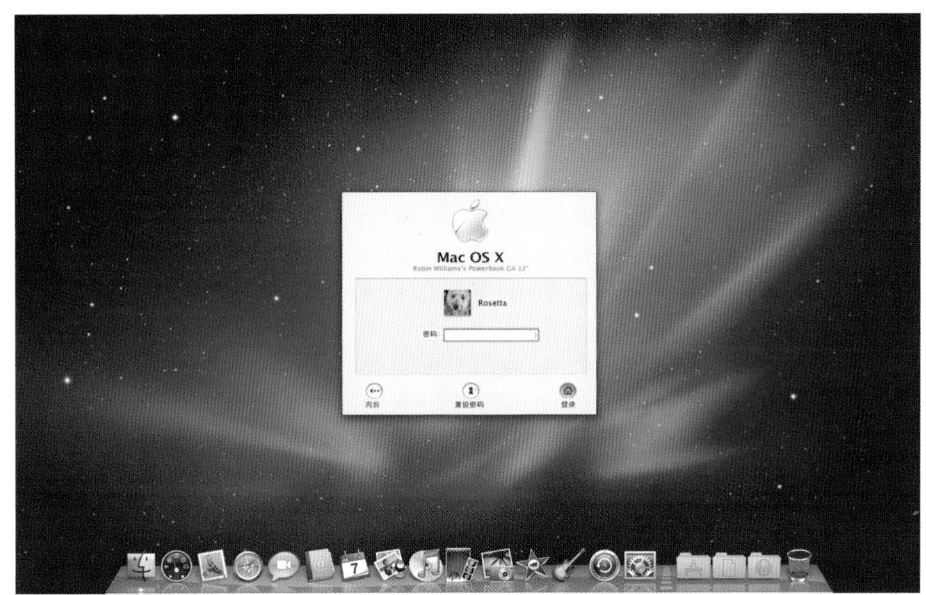

图 18.8

注销　在菜单栏上的苹果菜单中选择“注销［当前账户名称］”，该账户所有打开的程序自动关闭，屏幕上显示登录窗口，便于其他账户的用户登录。

登录　在登录窗口中单击账户名称，输入登录密码。如果输入错误的登录密码，登录窗口会左右震动提示出现错误。连续 3 次输入错误后，屏幕上显示密码提示信息或单击“忘记密码”按钮立刻查看密码提示信息。

18.6　一键快速切换用户

苹果操作系统的快速切换用户功能允许多个账户用户同时登陆使用电脑，并在切换到不同用户时，保留每个用户当前打开的文件和应用程序，而且各个账户间互不影响。启用该功能后，在注销账户时无需关闭文档或应用程序。

启用该功能后，系统在菜单栏的右上角，菜单栏时钟旁以下拉菜单方式显示所有的电脑用户。菜单栏上显示的名称为当前账户的名称。

启用快速切换用户功能　在系统偏好设置的“账户”选项卡中，单击“登录选项”按钮，然后在右侧窗口中勾选“以这种方式显示快速用户切换菜单”选项（如图 18.9 所示）。

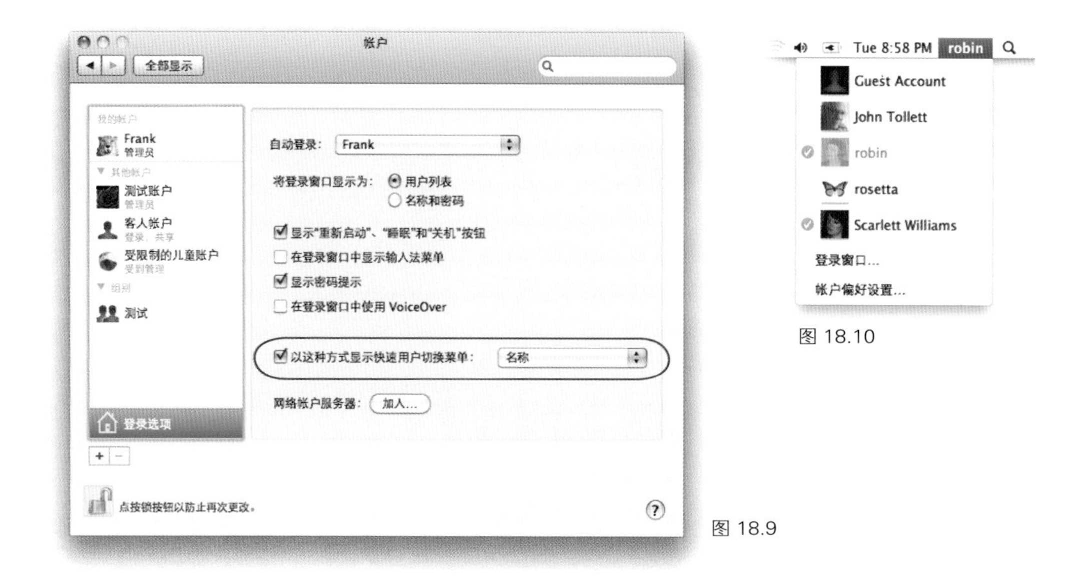

图 18.10

图 18.9

快速切换用户　在用户下拉菜单中，选择用户名以使用该用户的账户登录系统。如果管理员在创建该账户时设置了登录密码，则切换用户后需要在出现的登录窗口中，输入登录密码以进入系统。

如果没有为切换的用户设置登录密码，切换用户后直接进入系统，屏幕上不会出现要求输入登录密码的登录窗口。切换用户时的效果与普通电脑不同，当前账户桌面翻转，然后出现切换用户的桌面，如同一个翻转的立方体。

打开登录窗口　在用户下拉菜单中，选择“登录窗口”。如果电脑中创建了多个账户，可以在需要离开电脑时，使用此方法。其他用户可以在登录窗口中，单击自己的账户名称，登录系统使用电脑（工作或娱乐）。

提示——如果切换用户时没有显示翻转桌面的特效，可能是电脑中的显卡无法支持该特效。此时依然可以快速切换用户，只是无法欣赏切换时的神奇效果。

18.7　授予其他账户管理员权限

管理员可以通过设置，授予电脑中的其他账户管理员的权限。在系统偏好设置的“账户”选项卡中，勾选图 18.11 红圈中所示的“允许用户管理这台电脑”的选项。

如果标准账户的用户知道管理员账户的登录名称和登录密码，可以在系统偏好设置的“账户”

选项卡中，单击窗口下方的锁头图标，输入正确名称和密码后即可更改该选项卡中的设置，从而为自己授予管理员权限。

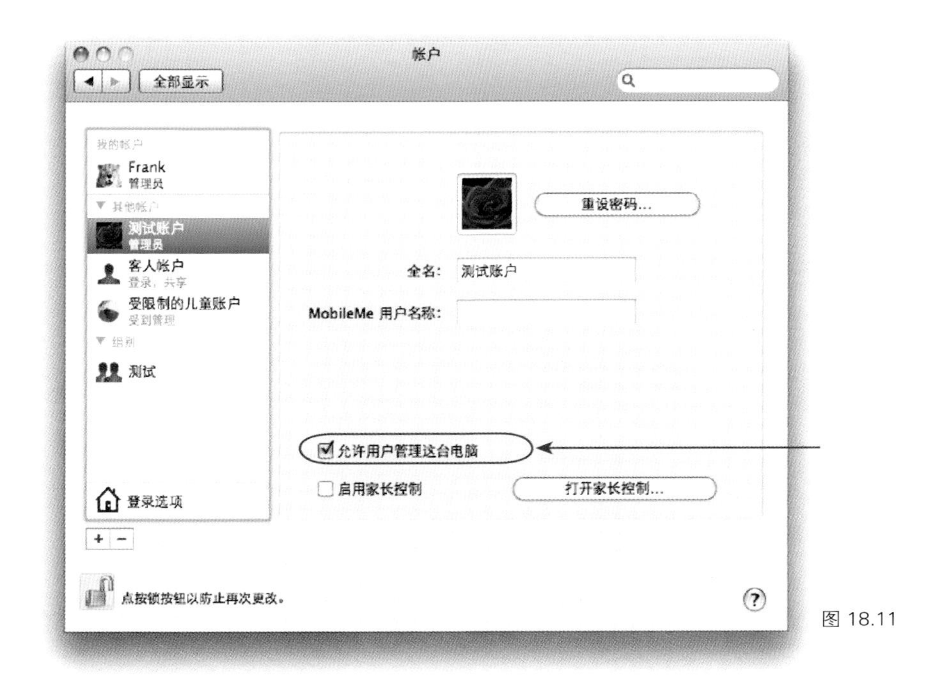

图 18.11

18.8　更改用户的设置

作为管理员在更改某用户的账户设置时，必须先注销欲修改的用户，否则无法更改其账户的设置。

18.9　用户自行更改其账户的设置

使用标准账户登录后，虽然该类型账户的用户不具备管理员权限，但可以更改其登录设置中的部分设置，如更改登录密码（设置新的登录密码时必须知道当前的登录密码），更改代表账户的图片，选择登录时自动启动的应用程序。

图 18.12 所示的是 Scarlett 账户登录我的电脑时，自动启动的应用程序。

图 18.12

18.10 登录项的设置

在“登录项”设置窗口中，任何标准账户或管理员账户的用户（包括电脑使用者本身）可以选择在登录系统时，系统自动启动哪些项目，如自己常用的程序、工具、文档甚至可以是电影或音乐。如果设置了在登录时打开一个文档，则系统在登录时需启动创建该文档的程序，即使该程序并没有被设置成启动项目，即在登录系统时，系统自动启动创建该文档的程序以打开所选的文档。

“登录项”窗口中的设置仅适用于当前账户。当前账户的用户无权访问和更改其他账户用户的“登录项”设置。

添加登录项目：单击图 18.13 红圈中所示的“加号”按钮，在出现的对话窗口中选择添加任意文件或程序。多次单击该按钮以添加多个登录项目。

登录项目按照设置窗口列表上的排列顺序依次启动。上下拖动列表中的登录项目调整其排列顺序。

在该列表中勾选登录项目前的复选框，即可登录系统后自动隐藏该项目，即在登录系统时，系统虽然会自动启动该项目，但却会隐藏该项目的窗口。如果选择隐藏的是应用程序项目，当你登录后，可以看见该程序在Dock上的图标下方显示有一个蓝色的圆点，表明该程序已经启动，并可随时使用该程序。

当前登录的用户永远显示在列表的最上方

将登录项目添加到此列表中的另一个方法是：在Dock上，点按欲添加项目的图标，然后选择“选项”，在其子菜单中选择“登录时打开”，设置完成后，菜单中“登录时打开”选项旁显示有勾选标记

重复以上步骤，再一次选择“登录时打开”选项，取消“登录时打开”选项的勾选，将所选项目从登录项目列表中移除

图 18.13

在登录项目列表中选择一个项目，然后单击“减号”按钮将登录项目从列表中删除。

18.11　与其他账户用户共享文件

创建了多个账户后，每个账户用户只能访问其他用户的“公共”文件夹及其文件夹中的“投件箱”文件夹和“站点”文件夹中的文件。但所有用户都可以访问“共享”文件夹中的文件（该文件夹位于磁盘根目录下的“用户”文件夹中），以下为各个文件夹的使用方法。

- 可以将需要与其他用户共享的文件放入自己的“公共”文件夹中，其他用户可以查看、复制或打印该文件夹中的文件，但前提是用户需要打开你的“公共”文件夹。
- 其他用户可以将与你分享的文件放入使用者“公共”文件夹下的“投件箱”文件夹中。由于除你以外，其他用户无法打开“投件箱”文件夹，所以用户即使想查看欲分享的文件是否成功存储在该文件夹中也没有办法。

- 你可以将与所有用户共享的文件存放在“共享”文件夹中。这样无需将共享文件复制后，再分别存储在每个用户的“投件箱”文件夹中了。
- 其他人可以通过网络访问存放在“站点”文件夹中的网站或文件。

另外，你还可以为自己主文件夹中的任意文件夹设置共享权限，如可以关闭“公共”文件夹和“投件箱”文件夹的共享权限，让其他用户无法访问该文件夹中的内容，还可以为任意文件夹或全部文件夹设定不同级别的共享权限。

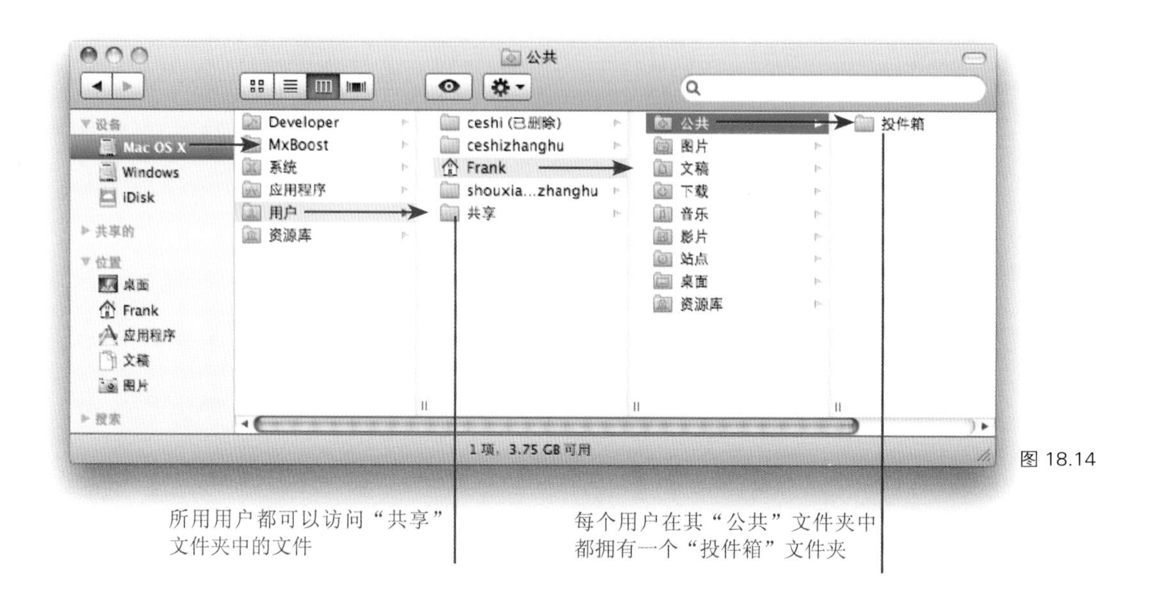

图 18.14

18.12 设置文件权限

电脑中的每个文件都有自己的权限设置，你可以更改文件的部分共享权限。例如，希望将备忘录与电脑其他用户共享，但又不希望其他用户更改该备忘录的内容，则可以选择该文件，然后将其权限设置为“只读”。或不希望任何人访问你的“站点”文件夹，则可以将该文件夹的权限设置为“无访问权限”。再如可以共享你的“影片”文件夹以方便其他用户将电影直接存储在该文件夹中，选择“影片”文件夹后，将其文件夹权限更改为“读与写”或“只写”（其他用户可以将文件存储在你的文件夹中，但是却无法查看该文件夹中的内容）。

更改文件或文件夹的权限

1 单击选择一个文件或文件夹。

2 按 Command+I 键打开如图 18.15 所示的文件简介窗口。

3 单击“共享与权限”旁的三角形标志。

4 单击窗口右下角的锁头标志，在弹出的窗口中输入管理员密码，然后单击“好”按钮。

5 单击用户名称对应的“权限”，在下拉菜单中更改权限。

6 设置完成后，关闭简介窗口。

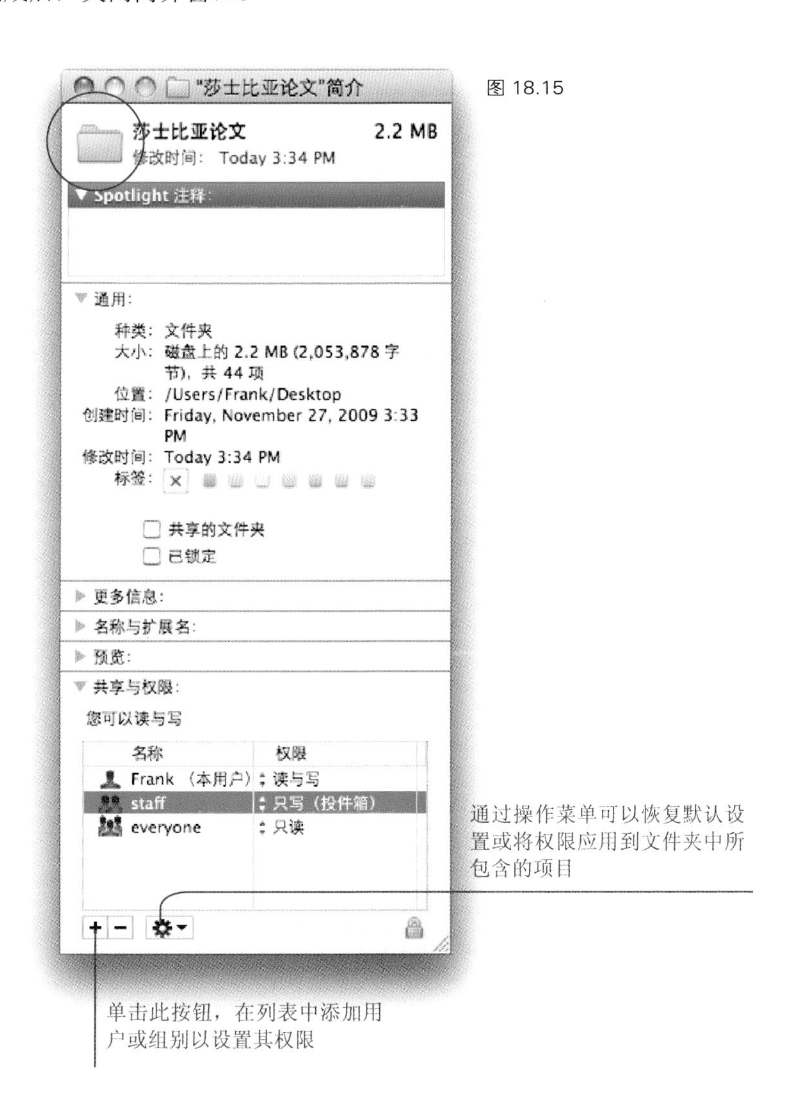

图 18.15

18.13 删除账户

所有的管理员账户都可以删除已创建的账户。删除账户时，处理所删除账户的文件有以下 3 种方式。

在磁盘映像中存储个人文件夹：系统将所删除账户的个人文件夹压缩为磁盘映像格式（.dmg）文件，并将其存储在“用户”文件夹下的“已删除的用户”文件夹中，以便以后查看该用户的文件。双击后缀名为 .dmg 的文件，其显示为一个磁盘的图标，单击该图标即可浏览删除账户的所有文件。

不更改个人文件夹：删除账户的个人文件夹保存在“[账户名称]（已删除）”的文件夹中。除该账户的“公共”和“站点”文件夹以外，其他文件是不允许访问的。但你作为管理员可以打开文件简介窗口，更改文件的权限以访问文件。

删除个人文件夹：如果确定不需要删除账户的任何文件时，可以选择该方式。该账户及其个人文件夹中的所有文件会被马上删除。

删除账户

1 在菜单栏上的苹果菜单中选择“系统偏好设置”，然后在打开的设置界面中，单击“账户”图标。

2 如果打开的窗口中，其右下角的锁头图标为锁死状态，先单击该锁头图标，在出现的窗口中输入管理员密码，然后单击“好”按钮。

3 单击选择欲删除的账户。如果该账户名称为灰色不可选状态说明当前账户已经登录。必须先注销该账户，然后才可以进行删除操作。

4 选择账户后，单击账户列表下方的“减号”按钮。

5 弹出如图 18.16 所示的表单，询问如何处理该删除账户的文件。按照刚介绍的内容，选择所需的选项。

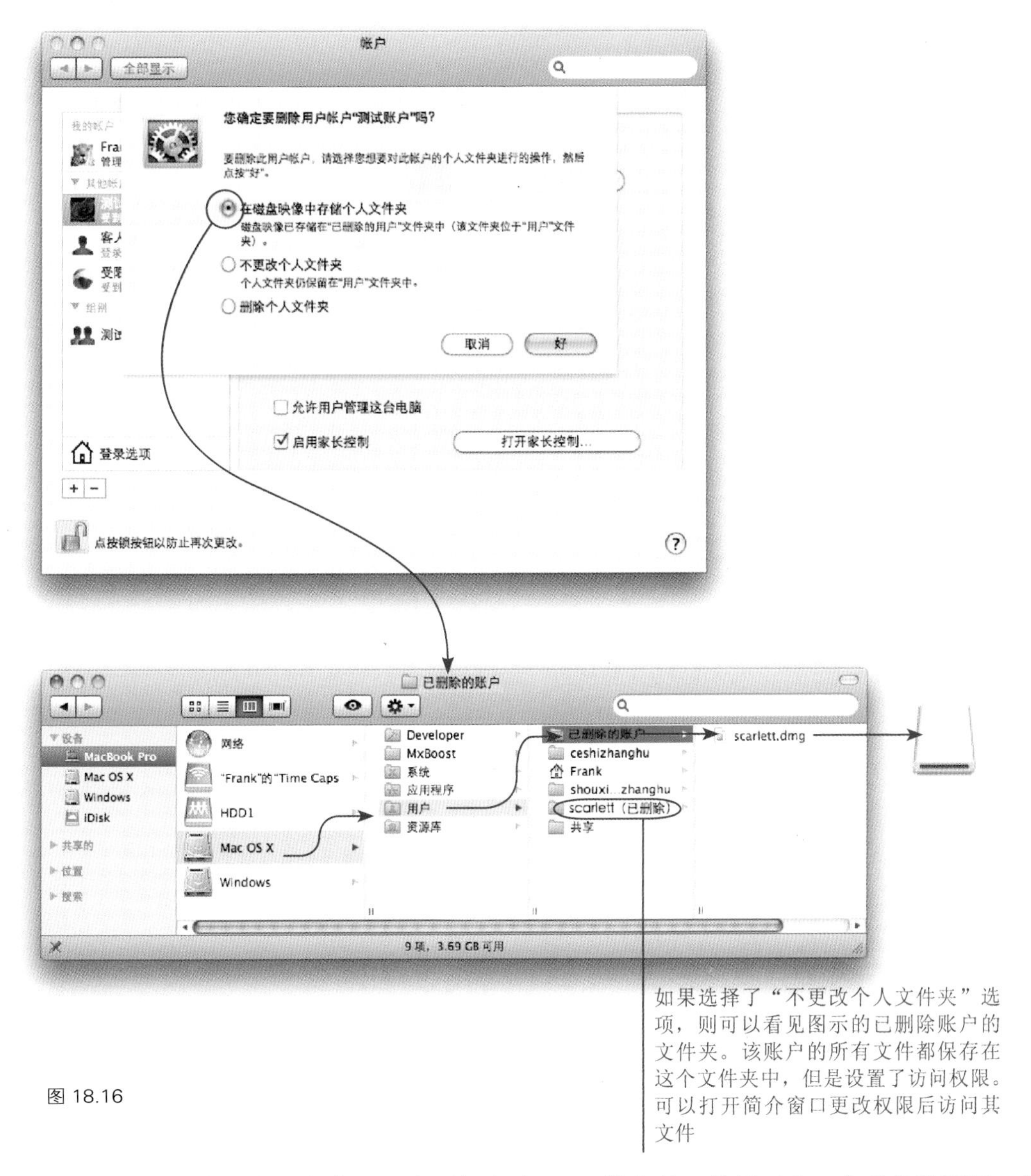

图 18.16

访问保存的已删除账户的文件：双击后缀名为 .dmg 的文件，其显示为一个磁盘的图标，单击该图标即可浏览删除账户的所有文件。

19

课程目标

- 使用 Spotlight 搜索的多种方式
- 选择或更改搜索的分类
- 设定禁止搜索的文件夹
- 通过文件属性扩展搜索范围
- 为文件添加用来搜索的关键字
- 创建智能文件夹
- 其他程序中内置的 Spotlight 搜索功能

第19课

Spotlight 搜索——快速定位所需文件

Spotlight 不仅仅是一个搜索引擎，更是苹果电脑中的一种工作方式。其特点是搜索速度快，用途广泛和功能实用，一旦掌握了 Spotlight 的这些特性，你就会发现在日常操作中会更多的使用 Spotlight 来取代打开或关闭文件夹和 Finder 窗口的操作。

如果经常进行固定项目的搜索，你可以选择将搜索存储为智能文件夹，此类文件夹可以根据设定的条件自动收集符合的文件，并随着文件的创建或更改而随时更新。

19.1　Spotlight 的多面性

Spotlight 共计有 5 种工作方式。在日常操作中，你要根据时间和使用环境的不同，采用不同的工作方式，建议你熟悉这 5 种工作方式，以便在工作中选择最适合的方式。在以下内容中将详细介绍 Spotlight 的 5 种工作方式。

19.1.1　Spotlight 菜单

在菜单栏右上角单击 Spotlight 菜单图标，或通过键盘快捷方式 Command+ 空格键打开 Spotlight 菜单。

在出现的搜索框中输入搜索的关键字，随着输入，Spotlight 马上开始进行搜索，并显示符合的搜索结果，随着输入的关键字增多，搜索结果不断更新，并更精确，如图 19.1 所示。

无论在哪个程序界面中，你都可以通过 Spotlight 菜单进行搜索，而无需返回到 Finder 窗口中再开始搜索。

图 19.1

19.1.2　Spotlight 窗口

打开如图 19.2 所示的 Spotlight 窗口，以查看搜索结果的更多信息。

通过 Spotlight 菜单进行搜索后，单击菜单上方的“全部显示”。

或通过键盘快捷方式

如果当前位于 Finder 窗口中，按 Command+F 键。

如果当前位于程序窗口中，按 Command+Option+ 空格键。

图 19.2

19.1.3　Finder 窗口内置的 Spotlight

在 Finder 窗口的搜索框中输入关键字，Spotlight 马上开始进行搜索并将简单的搜索结果显示在该 Finder 窗口中。通过此方式进行搜索时，Spotlight 默认在使用者最后选择的位置中进行搜索（本例中搜索的位置为“这台 Mac”，如图 19.3 所示）。

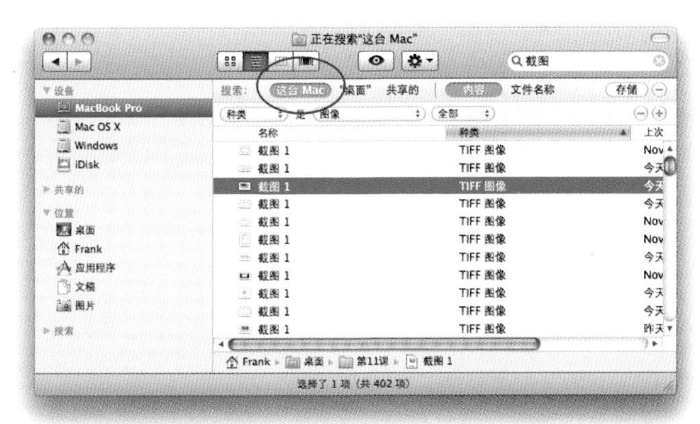

图 19.3

19.1.4 侧边栏中的搜索

在 Finder 窗口侧边栏名称为“搜索”区域中，系统默认为用户创建了几个预置的搜索。例如，如果希望查看昨天使用过的文件，但不记得文件的名称时，可以在侧边栏该区域中单击“昨天”，窗口中会显示所有昨天所使用过的文件。

你无法更改预置搜索的参数，但如果不需要这些搜索，可以将其拖出 Finder 窗口，伴随着烟雾特效，将预置的搜索从侧边栏中移除。如果希望在侧边栏中重新显示预置的搜索，可以在 Finder 的偏好设置中进行设置：在 Finder 的菜单栏中选择“Finder →偏好设置”，在设置窗口中单击“边栏”图标，然后勾选希望重新显示在侧边栏中的预置搜索，如图 19.4 所示。

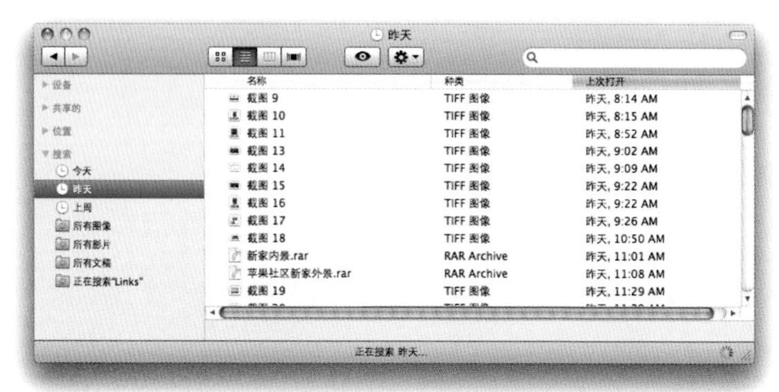

图 19.4

19.1.5 多数程序中内置的 Spotlight

在许多程序的界面中，你都可以看到内置 Spotlight 的搜索框。一些程序还允许你创建其他形式的智能文件夹。

- Mail 程序和智能邮箱
- 地址簿程序和智能组别
- 在文档中使用 Spotlight 进行搜索
- 打开和存储为对话窗口
- Safari 程序

19.2 开始搜索前需要了解的一些内容

在开始使用 Spotlight 进行搜索前，你需要了解以下几点内容：在 Spotlight 的系统设置中，你可以设定 Spotlight 搜索的项目类别，以及可以禁止任何使用该电脑的用户通过 Spotlight 搜索特定磁盘和文件夹以保护个人隐私。以下为可以帮助你提高搜索效率的一些技巧。

19.2.1　设定搜索项目的类别

1　在菜单栏上的苹果菜单中，选择“系统偏好设置”。

2　然后在打开的设置界面中，单击“Spotlight”图标，如图 19.5 所示。

图 19.5

3　如“搜索结果”标签没有高亮显示，先单击选择该标签，如图 19.6 所示。

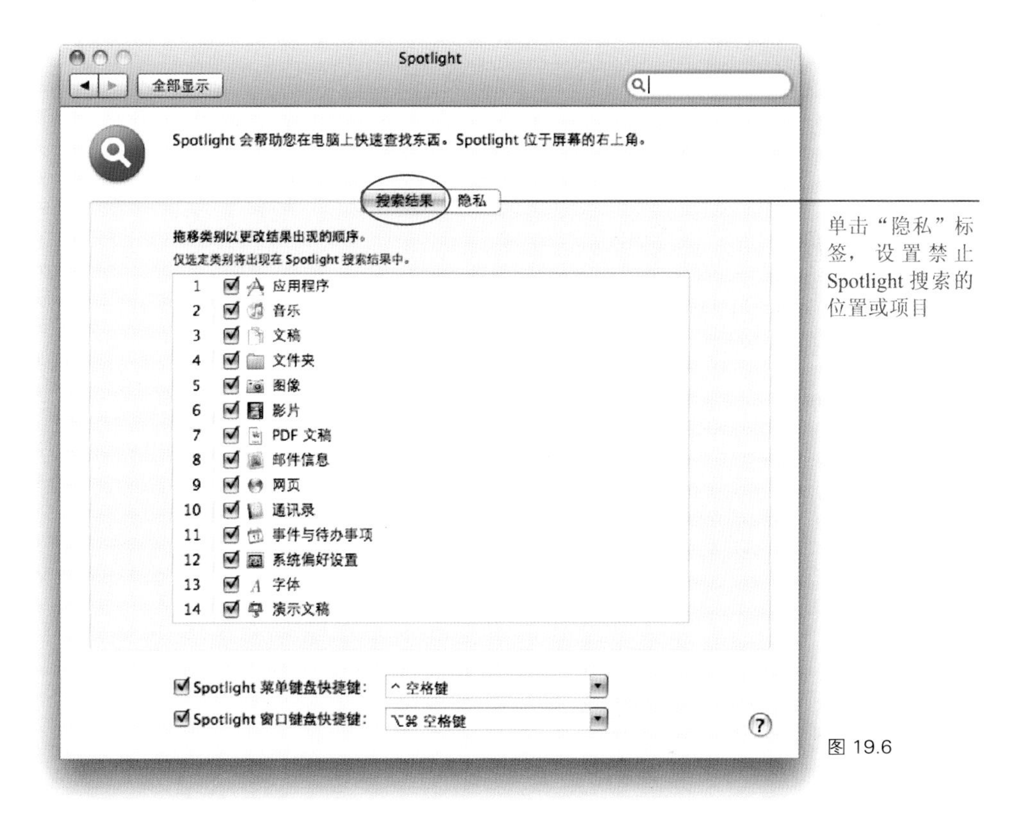

图 19.6

4 取消项目类别前的勾选，则 Spotlight 不会再搜索该类别的项目。

5 拖动项目类别可以调整该项目在 Spotlight 搜索结果中的排列顺序。

19.2.2 保护个人隐私

1 如当前没有打开 Spotlight 的设置窗口，请按照上面所述方法打开系统偏好设置的 Spotlight 选项卡。

2 单击“隐私”标签。

图 19.7

3 在窗口中单击“加号”按钮选择禁止 Spotlight 搜索的任意磁盘或文件夹。

或从 Finder 窗口中将任意磁盘或文件夹图标拖放到该窗口中。

注意，此方法无法安全地保护个人的隐私，因为任何使用该电脑的用户都可以打开 Spotlight 选项卡，然后更改其中的设置。

19.2.3 Spotlight 的键盘快捷方式

在图 19.7 所示的 Spotlight 设置窗口中，系统提供了可以更改或禁用（取消对应键盘快捷方式选项前的勾选）当前启动 Spotlight 的键盘快捷方式的选项。一些应用程序中使用的键盘快捷方式可能会与 Spotlight 的键盘快捷方式发生冲突，此时系统将禁用程序中与 Spotlight 冲突的键盘快捷方式，如果出现这种情况，可以在设置窗口中更改键盘快捷方式。

19.2.4　不仅局限于文件名称的搜索

通过 Spotlight 进行搜索时，不仅可以搜索文件的名称，还可以搜索文件的内容，如可以搜索电子邮件的内容和发件人信息，地址簿程序中的联系人信息、图片和照片、日历、事件和待办事项列表、系统偏好设置、PDF 文档的文本内容、文本编辑程序的文档内容（无法搜索文本剪辑的内容），甚至 iChat 的聊天记录（前提是已设置了保存 iChat 的聊天记录）。

19.2.5　以类别方式进行搜索

不但可以对文件中可能出现的关键字进行搜索，在 Finder 窗口的内置 Spotlight 中，你还可以通过系统内置的参数搜索特定类型的文件。例如，可以在“种类”后的下拉菜单中选择“音乐”以查找所有的音乐文件，或者可以在选择“图像”后，在侧边栏中选择“今天”以查找今天打开或添加的所有图像文件。

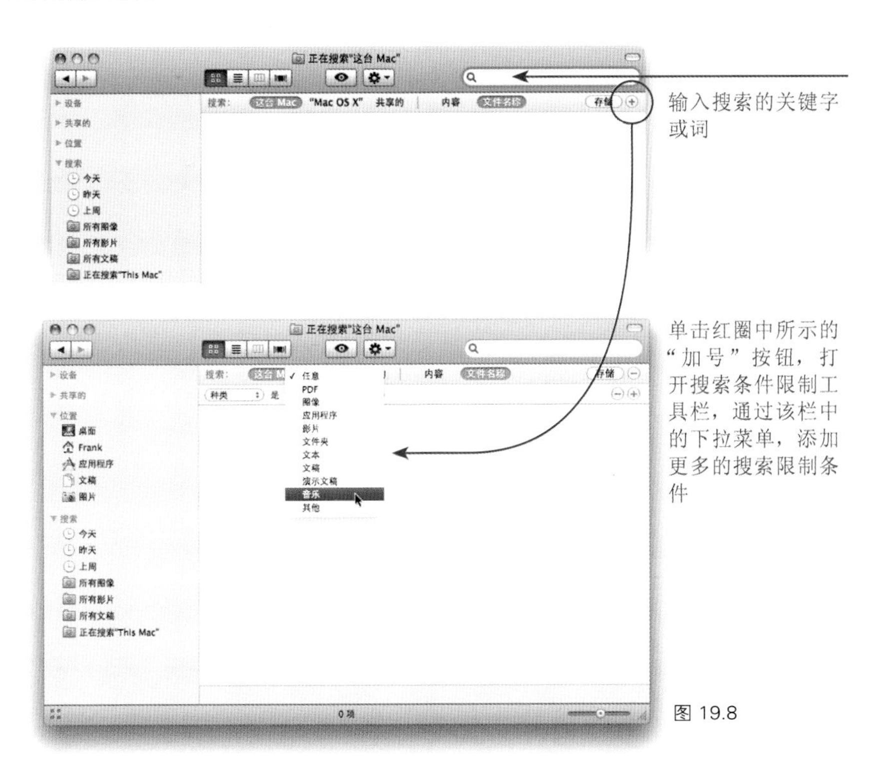

图 19.8

19.2.6 通过文件属性进行搜索

Spotlight 在搜索时可以搜索文件属性中的信息。文件属性的信息包含文件创建人的名称，文件的创建和修改时间，版权日期，文件类型，图片和照片的颜色空间，甚至拍摄该图片或照片文件所用的照相机的名称等。不同类型的文件包含特定的属性信息。

在搜索种类的下拉菜单中，添加更多的文件属性：在搜索条件限制工具栏中单击“种类”，在其下拉菜单中选择“其他”，在弹出的表单中勾选需要的文件属性名称后“在菜单中”分栏中的复选框。

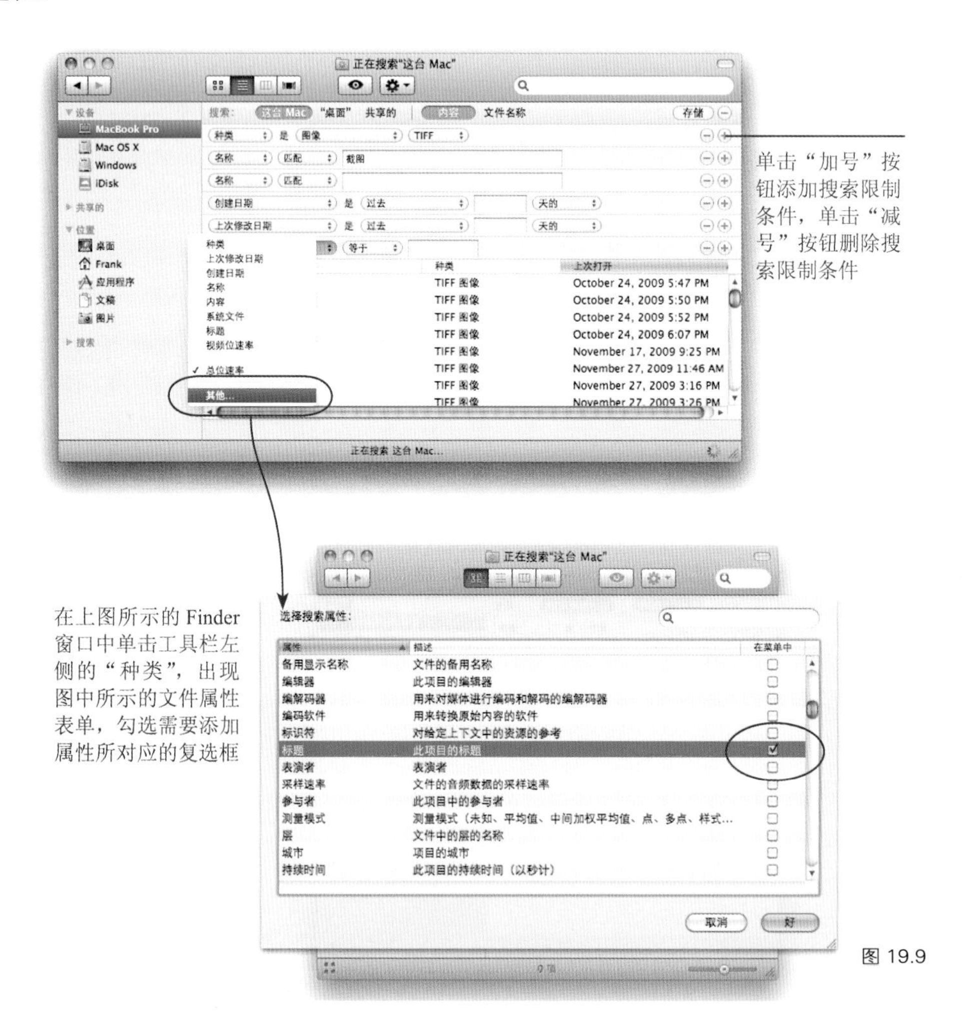

图 19.9

19.2.7　为文件添加用来搜索的关键字

有时候，即使通过 Spotlight 进行搜索时，设置了各种参数，但依然无法找到部分文件，这是因为这些文件中没有包含任何 Spotlight 可以识别的信息。对于这类文件，你可以自行为文件添加用来搜索的关键字。例如，图 19.10 中所示的是 16 世纪所创作的一首伊丽莎白时期的歌曲，如果我搜索“音乐”、“Hecate”和其他数据可以搜索到此文件，但如果我使用“伊丽莎白”作为关键字进行搜索，却搜索不到该文件。所以我在该文件和所有伊丽莎白时期歌曲文件的简介窗口中，添加了一些我会使用的关键字，以便使用 Spotlight 通过这些关键字搜索到此类文件。

为文件添加关键字

1　单击选择一个文件。

2　按 Command+I 键打开文件简介窗口。

3　在“Spotlight 注释”栏中，添加用来搜索的关键字。

图 19.10

为多个文件添加关键字：选择一个文件后，按 Command+Option+I 键打开文件查看器窗口，此时选择其他文件，检查器窗口中会自动显示所选文件的简介信息。

19.3 Spotlight 菜单

无论位于任何程序的窗口中，你都可以通过 Spotlight 菜单进行文件的搜索（非程序内置的 Spotlight，程序内置的 Spotlight 只能搜索文件内部的信息，如在当前浏览的网页或文字处理程序的窗口中搜索关键字）。

打开 Spotlight 菜单

1 单击菜单栏右上角的 Spotlight 菜单或按 Command+ 空格键。

2 出现搜索框，在该框中输入关键字开始搜索，如图 19.11 所示。

图 19.11

搜索的结果马上出现在如图 19.12 所示的 Spotlight 菜单中。输入的关键字越多，搜索到的结果越精确。

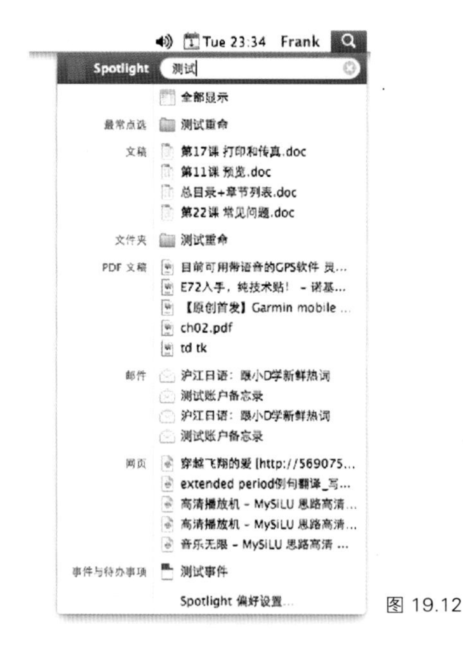

图 19.12

使用 Spotlight 菜单

图 19.13 标出了 Spotlight 菜单中各个部分的详解。通过 Spotlight 菜单可以快速搜索比较容易找到的文件。

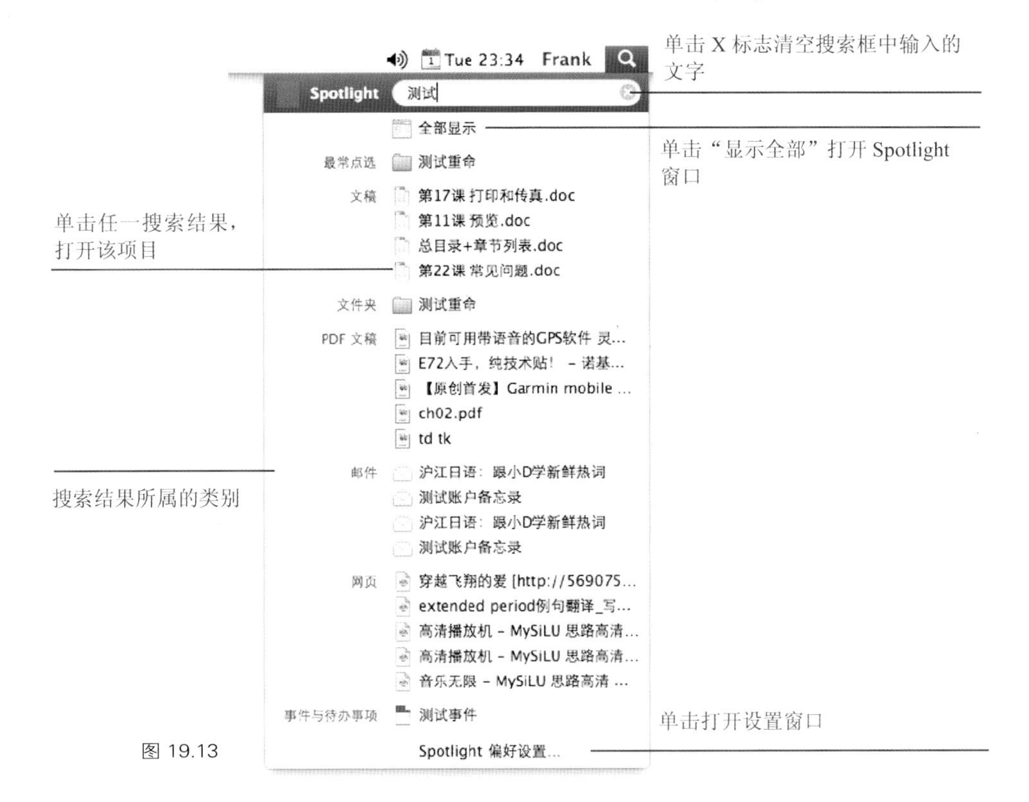

图 19.13

19.4 在 Finder 窗口中进行 Spotlight 搜索

通过以下两种方式可以在 Finder 窗口中进行 Spotlight 搜索，一是直接在位于每个 Finder 窗口右上角的搜索框中，输入关键字开始快速搜索，或者在 Finder 界面中，按 Command+F 键打开显示有搜索选项的 Finder 窗口，你可设定搜索条件后进行精确搜索。

19.4.1 在 Finder 窗口中进行快速 Spotlight 搜索

图 19.14 显示的是通过 Spotlight 快速搜索关键字“小”得到的搜索结果，随着在搜索框中的输入，窗口中即可实时显示搜索到的结果，同时窗口上方出现的工具条中标明了当前 Spotlight 所搜索的位置。图 19.14 中，搜索的范围是“这台 Mac”的文件中的内容（工具栏中深灰色高亮显示的内容）。

在此窗口中单击工具栏上的其他位置即可轻松切换 Spotlight 搜索的位置（单击“这台 Mac”

或工具栏中显示的任意位置。如果在搜索前，在工具栏中选择了搜索位置，则 Spotlight 将只在所选位置中进行搜索。

另外，还可以单击图 19.14 中红圈中所示的“加号”按钮，设置更多的搜索限制条件，以使搜索结果更精确。

图 19.14

查看文件存储的位置：单击选择任一搜索结果，该文件的文件路径（即所在文件夹的目录）横向显示在窗口的最下方。

打开所选文件所在的文件夹：按 Command+R 键或 Control + 单击（或右键单击）搜索结果，在弹出的快捷菜单中或在“操作”按钮弹出的菜单中，选择“打开上层文件”。

双击即可打开搜索到的文件。

快速预览搜索结果：选择搜索结果后，单击快速查看按钮（工具栏上眼睛图案的按钮）或按键盘上的空格键。

19.4.2　在 Finder 窗口中进行精确搜索

在桌面上按 Command+F 键则当前的 Finder 窗口变为图 19.15 所示的窗口。如果当前屏幕上没有打开 Finder 窗口或正在使用的 Finder 窗口，则系统自动打开一个新的 Finder 窗口。窗口中显示有搜索框和带有搜索选项的工具栏。

单击工具栏上的“加号”按钮添加更多的限制条件以搜小搜索范围，而单击“减号”按钮可删除对应的搜索限制条件。

更改限制条件：如图 19.15 所示，单击“种类”在其下拉菜单中选择其他的限制条件，同时该条件的参数菜单会出现在“种类”菜单的右侧，而且还可能出现文本输入框，以让用户输入数据，见图 19.15 红圈中所示。

而你只可以设定搜索的范围是在“内容”或“文件名称”中。

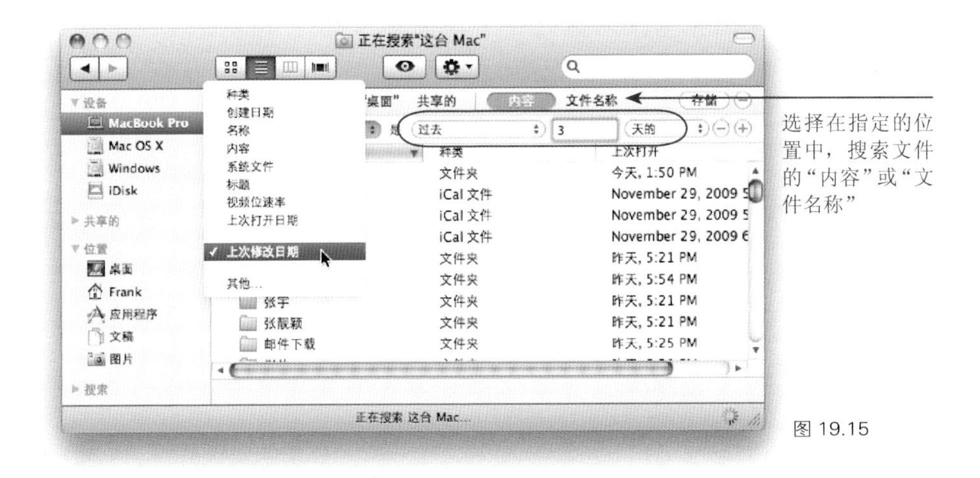

图 19.15

另外，通过布尔搜索可以进一步地精确搜索，其实际使用起来并不像感觉中那么复杂。

19.4.3　按特定条件查看搜索结果

单击工具栏中的“操作”按钮（齿轮图案），在其菜单中选择“保持整齐的方式”，然后在子菜单中选择一种排列方式（名称、修改日期、创建日期、大小、种类或标签）。如果无法选择部分排列方式的选项，可以在“操作”按钮弹出的菜单中选择“查看显示选项”，然后在其窗口中勾选需要在“保持整齐方式”菜单中出现的排列方式选项。

19.4.4　布尔搜索

简单地说，布尔搜索就是通过布尔运算符 AND（和）、OR（或）和 NOT（不包括）限定结果的 Spotlight 搜索。如图 19.16 中所示，搜索“诺基亚”查找到 3 个文件，但如果搜索“诺基亚 AND e72”则仅找到一个文件，该文件正是我需要的文件。

布尔运算符（AND、OR 和 NOT）必须是大写输入，否则运算符无效。

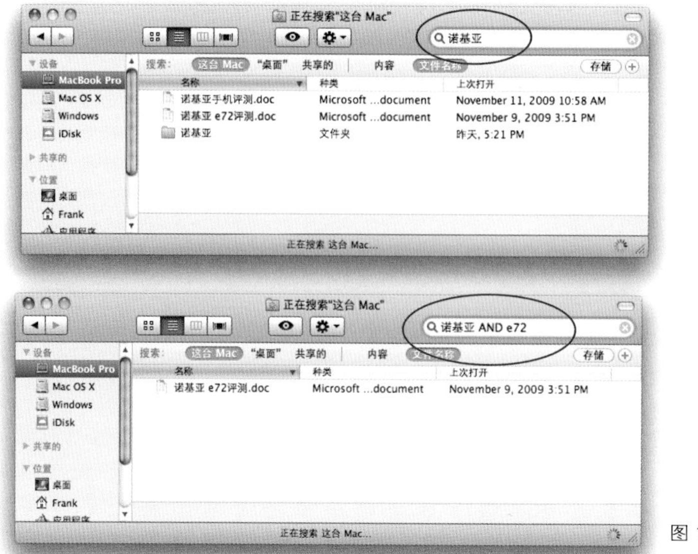

图 19.16

另外，还可以如在因特网上搜索一样，使用引号来限定搜索结果。例如，如果搜索的关键字为苹果手机，则可以查找到所有内容中包含“诺基亚”或“e72”的文档，但如果你搜索“苹果 AND 手机”（用引号扩起关键字），则只会搜索到内容中包含与引号内的关键字一模一样的文档。

19.5 智能文件夹

如果使用 Spotlight 在 Finder 窗口中成功找到所需的文件，那么可以通过该搜索创建智能文件夹，智能文件夹可以根据搜索所设定的条件自动更新文件夹中的文件。此类型的文件夹并不会将符合条件的文件移动到该文件夹中，源文件依然存储在文件的原位置中，智能文件夹中只是提供符合条件的文件列表，便于你访问所需文件。

例如，你可以创建一个包含所有演示文档的智能文件夹，从而不需为了寻找自己所需的演示文件，而打开多个文件夹进行寻找。

或者可以使用苹果系统的“标签”功能，为同一项目的文件添加统一的颜色标签。例如，你的时报中可能包括 Pages 程序创建的文档，最近事件的图片，作者发送给你的文字处理程序创建的文件和苹果电子表格程序 Numbers 制作的表格，你可以为这些分散在不同文件夹中的文件添加“橘色”颜色标签，然后通过创建的智能文件夹自动收集所有“橘色”标签的文件。智能文件夹还可以根据文件颜色标签的变化，如为新文件添加颜色标签或移除现有文件的颜色标签，而自动更新文件夹中的文件。

创建智能文件夹

1　在 Finder 窗口中，按 Command+F 键打开 Spotlight 窗口。

2　设定搜索条件。图 19.17 所示为在我个人文件夹中，搜索所有演示文件的一个例子。注意因为我是要搜索所有的演示文件，而不是特定名称的演示文件，所以在 Finder 窗口右上角的搜索框中没有输入任何关键字。

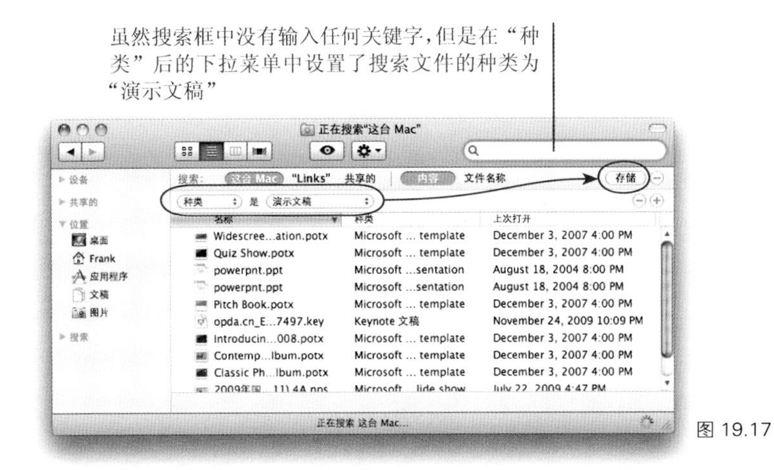

图 19.17

3　单击搜索框下方的“存储”按钮，在出现的对话窗口中，命名智能文件夹的名称并选择文件存储位置。如图 19.18 所示，我将创建的智能文件夹存储在我的“文稿”文件夹中。勾选“添加到边栏”选项，则创建的智能文件夹会添加到 Finder 窗口的侧边栏上。

图 19.18

4 创建完成后，双击创建的智能文件夹即可查看符合该文件夹设定条件的所有文件（如果智能文件夹被添加到 Finder 窗口侧边栏上，在侧边栏上单击即可）。

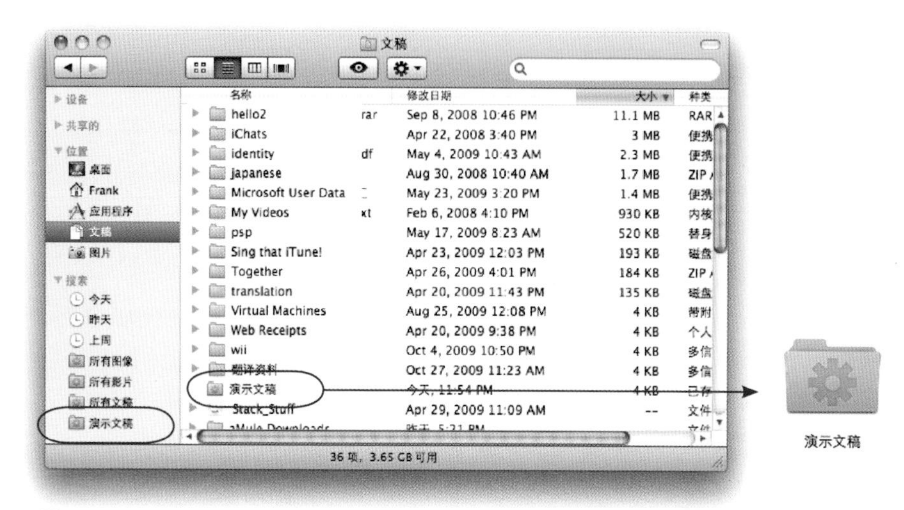

图 19.19

你可以随时在 Finder 窗口中 Control + 单击（或右键单击）侧边栏上的智能文件夹，在弹出的快捷菜单中选择“显示搜索标准”，在窗口中显示该智能文件夹的搜索条件，然后更改其搜索条件，修改完成后单击右上角的“存储”按钮即可。

19.6 系统偏好设置

在第 15 课中，我们曾介绍过如何通过 Spotlight 搜索所需的系统偏好设置。这种方法对那些需要对某种系统功能进行设置，但不确定该在哪项系统偏好设置进行设置的用户来说是非常实用的功能。

搜索系统偏好设置：在系统偏好设置界面的搜索框中输入关键字。随着用户的输入，Spotlight 高亮显示符合条件的系统偏好设置。

在搜索框下方出现的列表中单击搜索结果，Spotlight 高亮显示最符合条件的系统偏好设置（如图 19.20 所示），并自动打开该设置的窗口。

图 19.20

在此设置中可以限制因特网的访问，符合上方列表中的选择“限制 internet 访问”

19.7 在时间机器中进行 Spotlight 搜索

如果通过系统的时间机器功能自动备份电脑中的文件，则即使所需的文件已经被删除，也可以在时间机器中使用 Spotlight 在备份的文件中找到所需文件。

19.8 通过 Spotlight 搜索关联文件

在某些程序界面中，你可以选择字词后，通过 Spotlight 搜索电脑中与所选字词相关的所有文件。这可是一项非常实用的功能，例如当你在浏览网页时碰到一个人名，你可能会说“啊，这个人好像在上个月给我发过一封电子邮件”或在使用文字处理程序写一篇论文时，需要查找早些时候存储的与论文相关的文章时，都可以使用 Spotlight 搜索相关的文件。

在 Safari 或文本编辑程序中

1 在打开的网页中，点按并拖动鼠标选择一个字或词。

2 Control + 单击（或右键单击）所选的字或词。

3 在弹出的快捷菜单中选择“在 Spotlight 中搜索”。注意，Spotlight 会在你的电脑中，而不是在因特网上，搜索与所选内容相关的文件。

图 19.21

19.9 Mail 程序中的 Spotlight 搜索

在 Mail 程序的搜索框中输入关键字，可以在大量的电子邮件中搜索所需的邮件。在 Mail 程序的侧边栏上，选择一个邮箱可限制搜索的范围。

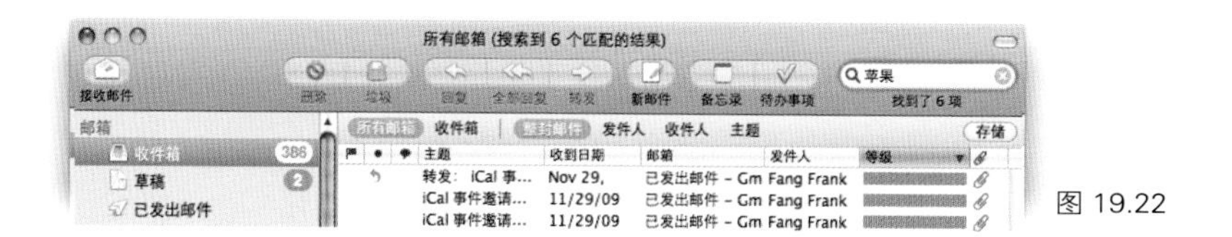

图 19.22

19.10 “打开”文件对话窗口中的 Spotlight 搜索

在如图 19.23 所示的“打开”文件对话窗口中，在搜索框中输入所需文件的名称，Spotlight 将在对话窗口中搜索即符合搜索条件，并且该对话窗口所需程序可以打开的文件和名称包含关键字的所有文件夹（Spotlight 不但搜索文件名称，还会搜索文件的内容）。添加到侧边栏上的智能文件夹也显示在该窗口中。

图 19.23

19.11 “存储为”对话窗口中的 Spotlight 搜索

在“存储为”对话窗口中，你可以通过 Spotlight 搜索用来存储文件的文件夹。添加到侧边栏上的智能文件夹也显示在该窗口中。双击欲存储的文件夹，然后单击“存储”按钮进行文件的保存。

图 19.24

20

课程目标

- 了解时间机器
- 备份整个硬盘的数据
- 查找并恢复文件
- 通过 Spotlight 搜索时间机器的备份文件

第 20 课

时间机器——备份数据的神奇宝盒

我们清楚地知道，在日常电脑的使用过程中，应该每天都对重要的文件进行备份，但这实在是太麻烦了。而且即使多日后再进行备份，通常也不会出现问题，但如果多月后终于有时间可以进行备份时，却发现需要备份的文件已经不见踪影，或源文件发生了误修改。此时，如果有一台时间机器该多好啊！驾驶时间机器可以穿越时空，重新找到需要的文件，当然如果只需打开时间机器的电源，不需要人为操作，时间机器就能够自动完成此工作那就更好了。

等等，你认为这是痴人说梦？你错了，苹果公司已经为苹果操作系统开发出了这样的程序，就叫做“时间机器”。

20.1 关于时间机器

一旦在系统中设置并启用了时间机器（Time Machine）功能后，电脑定期自动备份硬盘中的数据。第一次进行备份时，时间机器将备份整个硬盘中的所有文件，包括系统文件夹和应用程序等。第一次备份完成后，时间机器将只备份发生修改的文件。每小时的备份数据会在硬盘中保存24小时，每天的备份数据保存一个月，每星期的备份数据只有在硬盘没有磁盘空间时才会被删除。由于备份的数据是按照备份时间存储在硬盘中，所以你可以按照文件存在的时间点准确定位文件，并对文件、文件夹（或整个操作系统）进行恢复。

当用来备份的硬盘磁盘空间不足时，时间机器自动删除最早的备份为新的备份提供磁盘空间，当然这需要比较长的备份时间才会出现这种情况，当备份磁盘的空间所剩无几时，你可以准备另一个磁盘继续进行备份或让时间机器自行删除早期备份文件以继续进行备份。

虽然使用时间机器功能备份数据是一种不错的暂时性备份方式，并可以神奇地恢复你已经删除丢失或更改的文件，但时间机器无法永久性的对文件数据进行备份。如果仅使用一个硬盘进行数据备份，时间机器会在磁盘空间不足时自动删除早期的备份以继续保存新的备份，所以建议最好使用其他的备份方法以永久性备份电脑中重要的文件或文件夹（如将数据刻录到CD或DVD光盘中，将文件存储到iDisk中或外置的硬盘中）。注意，最安全的备份方法是为重要文件创建多个备份，并将备份文件分别保存在不同的地方，因为如果办公室发生火灾或水灾，即便你在办公室里保存了16个备份文件也没有用，它们都会被损坏而无法通过备份恢复数据。

备份硬盘的选择

时间机器无法使用电脑中当前所用的硬盘进行备份。外置硬盘或再为电脑中加入另外的内置硬盘都可以用来作为时间机器的备份磁盘。用来备份的硬盘的容量应大于需备份的电脑中硬盘的容量，并最好将此硬盘仅用来做为备份，如果还使用备份的硬盘存储其他文件，将减少时间机器用来备份的磁盘空间。

无论是FireWire（火线）接口还是USB接口的硬盘，包括局域网中可以使用的多数硬盘。都可以用来作为时间机器的备份硬盘。备份硬盘必须格式化为Mac OS扩展（日志式）格式，并启用ACLS（Access Control Lists），时间机器可以自动抹掉并格式化用来作为备份的硬盘。

20.2 创建时间机器备份

设置时间机器非常简单，请确认已经将备份硬盘连接到电脑上。

设置时间机器

1　在电脑中安装了另外的内置硬盘或正确连接了外置硬盘后，打开时间机器的系统偏好设置：单击 Dock 上的时间机器图标后，单击“设置 Time Machine”按钮，或在苹果菜单中选择“系统偏好设置”，在打开的设置界面中，单击“Time Machine”图标。

2　单击“选择磁盘”按钮，在出现的可以用来作为备份的硬盘列表中选择所需硬盘，然后单击“用做备份”按钮。

如果电脑上仅连接了一块外置硬盘，时间机器可能会自动提示是否使用此外置硬盘作为备份硬盘。

图 20.1

3　选择备份硬盘后，系统自动启用时间机器功能，并显示备份硬盘的相关信息及第一次开始备份的时间。

4　单击“选项”按钮，在出现的窗口中（如图 20.2 所示），你可以在列表中添加时间机器备份时，不需要备份的项目。

图 20.2

5　在列表中，添加备份时不需要备份的项目：单击图 20.3 红圈中所示的“加号”按钮，从标题栏向下滑出文件选择窗口，在该窗口中选择备份时需排除的项目（硬盘、硬盘分区、文件或文件夹），选择后单击“排除”按钮，再次出现第一次出现的窗口，如图 20.3 所示。

从该窗口的列表中移除备份时排除的项目：选择项目后，单击图 20.3 窗口下方的“减号”按钮。

图 20.3

6　单击“完成”按钮。

时间机器开始备份整个电脑硬盘中的数据（如图 20.4 所示），取决于电脑中的文件夹、文件和安装程序的多少，第一次备份需要较长时间。第一次备份完成后，时间机器将只备份出现更改的文件，所需备份时间缩短。

图 20.4

备份失败?

如果时间机器提示最新的备份出错（如图 20.5 所示），单击红色的信息按钮（i）查看错误信息。出错的原因可能是硬盘容量太小，硬盘空间不足或技术原因，通常只需在菜单栏上单击时间机器的图标，在弹出的菜单中选择“立即备份”即可重新开始备份。

图 20.5

更换备份硬盘：单击“更换硬盘”按钮，选择将其他与电脑连接的硬盘做为备份硬盘。

如果时间机器提示必须抹掉新硬盘中的数据才可以使用该硬盘进行备份，如图 20.6 所示，单击“抹掉”按钮，该操作将删除硬盘中所有的数据。如果希望保存硬盘中的数据，请连接其他的硬盘后，单击“选择其他硬盘”按钮。

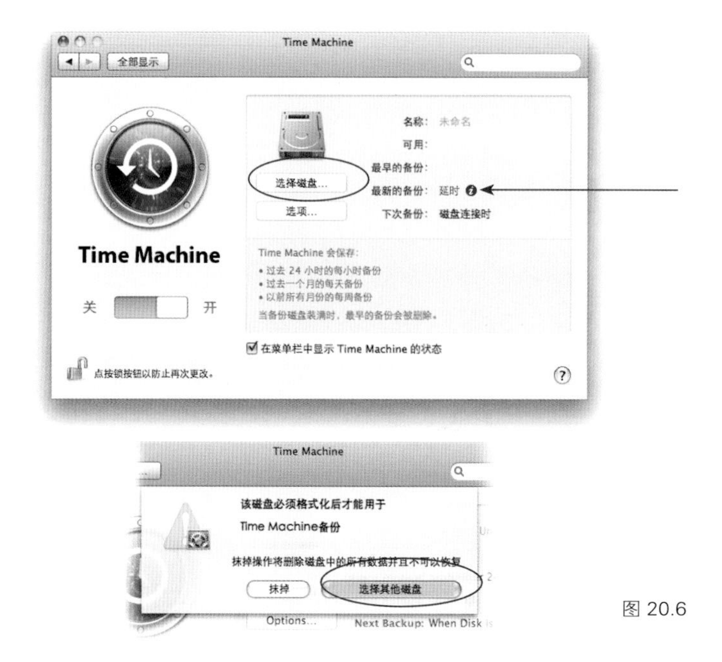

图 20.6

20.3 时间机器的使用方法

按照以上介绍的方法启用时间机器备份后，你可以通过不同的方式在备份中查找已经更改或丢失的文件。

查找并恢复文件

1 在桌面上单击选择 Finder 窗口中的文件或文件夹。

2 单击 Dock 上的时间机器图标启动时间机器，此时桌面背景切换为时间机器的时空背景，屏幕中间为刚选择文件的 Finder 窗口在不同时间内的备份，Finder 窗口中间分别以 Cover Flow 方式和列表方式显示所选的文件，Finder 窗口下方的列表中，所选文件以高亮显示。

注意，此时时空背景下方的工具条上显示的是“今天（现在）”，即当前窗口中显示的文件或在此窗口中访问的文件都是当前电脑中的文件。

3 查找备份的文件：单击图 20.7 中标示的时间箭头，查看在不同时间该窗口中文件的备份，直到出现所需文件。

单击“取消”或按键盘上的Esc键退出时间机器界面

时间箭头，可向前或向后查看不同时间的备份文件

图 20.7

所选的文件显示在窗口中间，如图 20.8 所示。注意，此时时空背景下方的工具条上显示的是“今天 11：51 AM”，该时间比当前时间早了约 12 个小时，此时窗口中备份文件的文本格式与当前电脑中文件的文本格式不同。

如果此备份文件不是所需文件，继续通过时间箭头查找备份文件或在屏幕右侧竖向显示的时间线上，单击选择备份的时间或日期，直接跳转浏览所选时间的备份。

4　恢复所需文件：确认已经选择需要恢复的备份文件，单击窗口下方工具条上的“恢复”按钮。

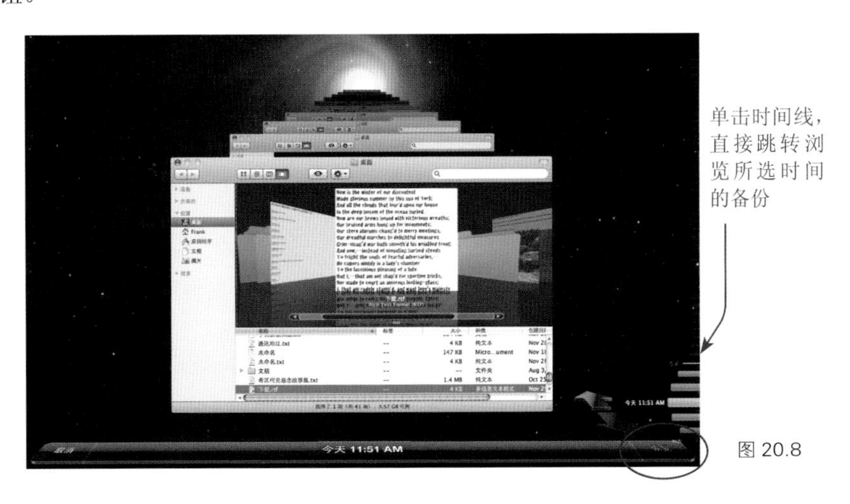

图 20.8

5 屏幕上出现提示信息，提示是否保存当前电脑中的文件（而不是备份的文件），可以选择两者都保留或使用备份文件替换当前文件。

如果选择“保存两者”，则系统复制欲恢复的备份文件，然后将其恢复到该文件存储的原位置，而电脑中当前的文件名称中会自动添加“源文件”以进行区分。

图 20.9

20.4 通过 Spotlight 搜索时间机器的备份文件

在电脑中通过 Spotlight 进行搜索时，其搜索的是当前电脑中的文件。但如果你的电脑中丢失或删除了文件时，可以在时间机器的备份中，使用 Spotlight 搜索所需文件在各个时间内的备份。

搜索时间机器内的备份文件

1 通过 Spotlight 在 Finder 窗口中进行搜索，如果没有搜索到所需的文件，单击 Dock 上时间机器的图标，启动时间机器。

此时屏幕上出现时间机器的时空画面，及该 Finder 窗口在各个时间所做的备份。窗口最前端显示的是当前电脑中的 Finder 窗口，窗口下方工具栏上显示的是“今天（现在）”，搜索的关键字显示在窗口右上角的搜索框中（图 20.10 红圈中所示）。

2 单击时间箭头查看备份文件，直到窗口中出现 Spotlight 搜索结果。如需查找更早时间的备份文件，继续单击时间箭头或在屏幕右侧的时间线中，单击选择备份时间。注意屏幕下方工具条上会显示所选文件备份所创建的时间和日期。

3 找到所需文件后，在屏幕下方工具条上单击图 20.10 红圈中所示的“恢复”按钮。

另外，你也可以先启动时间机器（单击 Dock 上时间机器的图标），然后在窗口最前端显示的 Finder 窗口中，在搜索框中输入关键字开始 Spotlight 搜索。

确认在窗口中选择某项目后，按键盘上的空格键启用快速查看功能预览文件

按空格键或点击快速查看窗口左上角的X标志关闭快速查看

在此Finder窗口的搜索框中，输入搜索关键字

图 20.10

附录

课程目标

- 解决问题的简单方法
- 强制退出程序
- 了解应该何时和如何重新启动电脑
- 删除应用程序的配置文件
- 以安全模式重新启动电脑
- 修复磁盘权限
- 检查应用程序的更新
- 创建新账户以测试程序的问题
- 强制取出光盘的方法

附录

常见问题与解决方法

即使是以安全可靠诸称的苹果电脑在日常使用的过程中也会出现一些问题，但很多问题你自己就可以解决，所以在联系售后技术人员为你服务前不妨先试试本部分中介绍的解决方法。即使当前电脑运转正常，也建议你阅读以下介绍的一些技巧，以免系统真的出现问题时手足无措。

Robin 和 John 解决电脑问题的方法

以下是当电脑出现故障时，我们解决问题的操作步骤，我们会按照列表中的步骤，依次进行检查直到能够解决问题为止。

- 确认硬盘有足够充裕的磁盘空间，硬盘中应该至少保留 1G 的磁盘空间。否则，先清理磁盘空间，然后重新启动电脑。
- 关闭并重启出现问题的应用程序。如果程序出现严重问题，无法正常退出，强制退出程序后，再重新启动该程序。
- 如发现桌面显示不正常，重新启动 Finder 程序。
- 重新启动电脑，或在出现更严重问题的情况下，关机后，再重现启动电脑。
- 接下来修复磁盘权限，看问题能否解决。
- 通过“安全模式”重新启动电脑，看问题是否解决。
- 删除造成系统故障的程序的配置文件后，重新启动电脑。

多年来，在不同型号的苹果电脑上，以上方法屡试不爽。但如果电脑出现故障时，电脑硬盘发出异声，建议停止操作，并联系专业的售后人员进行维修。

强制退出应用程序

有些时候，系统的故障仅是由某程序的运行问题引起的，例如程序失去响应，即你无法对程序进行任何操作，鼠标在该程序界面上显示为一个旋转的彩轮图案，无法通过正常手段关闭程序，此时可以通过以下介绍的两种方法强制关闭出现问题的程序，这些方法适用于所有的应用程序。强制退出应用程序对其他程序和系统运行没有任何影响。强制关闭程序后，重新启动程序，程序应该会恢复正常运行。

- 按住键盘上的 Option 键后，点按（不是点击）程序在 Dock 上的图标，在弹出的菜单中选择“强制退出”。

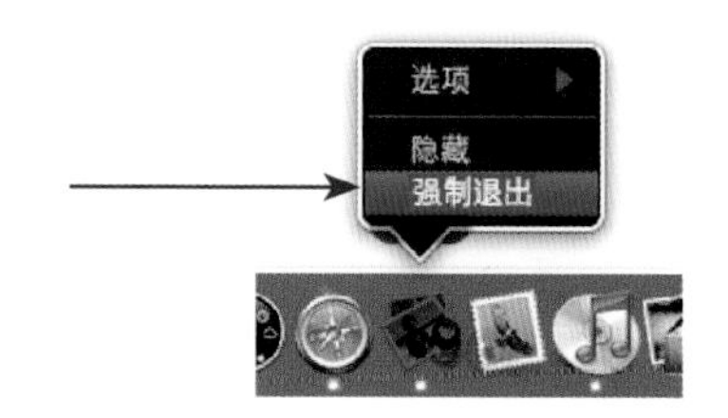

■ 或者按 Command+Option+Esc 键，打开如下图所示的“强制退出程序”窗口。在窗口的列表中，选择需要关闭的程序（如果所需程序当前没有被选择）后单击“强制退出”按钮。

重新启动 Finder

如果无法强制退出 Finder 程序，但感觉电脑屏幕上的操作或显示看起来有点不正常，可以重新快速启动 Finder 程序。重新启动 Finder 程序对电脑运行没有任何影响。

■ 按住键盘上的 Option 键后，点按（不是点击）Finder 程序在 Dock 上的图标，在弹出的菜单中选择“重新开启”。

■ 或者按 Command+Option+Esc 键，打开 “强制退出程序”窗口。在窗口的列表中，选择 Finder 程序后，单击“强制退出”按钮，系统不会退出 Finder 程序，而是重新启动 Finder 程序。

重新启动电脑

你会惊讶一次简单的重启电脑的操作竟然可以修复多数的系统运行故障，尤其是多日或更长时间不关机时（比如我的电脑），系统运行会有点不太正常，如系统无法找到已经正常使用几个月的打印机设备，或无法显示新建文件的图标等问题，重新启动电脑即可解决。

■ 重新启动电脑：在菜单栏上的苹果菜单中，选择“重新启动”。

■ 在多数的笔记本电脑上，按住键盘上的电源键一秒钟后，屏幕上显示带有“重新启动”按钮的提示信息。

如果无法正常重新启动电脑，请参见后面“关机”的内容。

关机

有些时候关机可以解决重新启动电脑无法解决的问题，尤其是可以解决网络连接的问题。

- 关闭电脑：在菜单栏上的苹果菜单中选择“关机”。
- 有些电脑系统故障比较严重，甚至无法通过菜单栏上的苹果菜单关闭电脑，此时至少按住电脑主机上的电源键（与启动电脑时的按键相同）五秒钟，强制关闭电脑。

删除应用程序的配置文件

解决应用程序运行时出现问题的另一个方法是删除该程序的配置文件，此方法不会对系统造成任何影响，当再次启动该程序时，程序自动生成程序默认的配置文件，你原来对程序所作的所有设置会恢复成程序默认设置。此方法虽然会使你的设置重置，但可以彻底解决程序运行时的各种问题。

1. 退出应用程序。
2. 打开一个 Finder 窗口，将该窗口的显示方式设定为“分栏”显示方式，如下图所示。
3. 在侧边栏上单击主文件夹的图标。
4. 在右侧出现的分栏中单击“资源库”。
5. 在接下来出现的分栏中单击选择“Preferences”文件夹。
6. 在右侧继续出现的分栏中，找到出现问题的应用程序的配置文件，配置文件是以应用程序名称命名，后缀名为“.plist”的文件。部分第三方公司出品的应用程序的配置文件的命名方式比较特殊，而以其他格式进行命名。
7. 将应用程序的配置文件拖放到废纸篓中后，清空废纸篓。
8. 重新启动应用程序，查看程序是否可以正常运行。

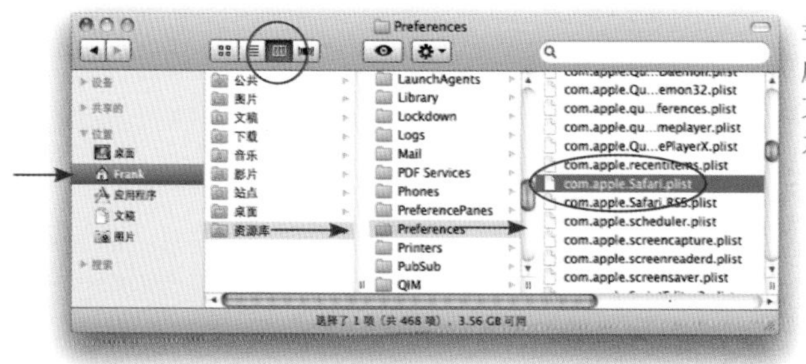

苹果公司出品的应用程序的配置文件的后缀名为 .plist

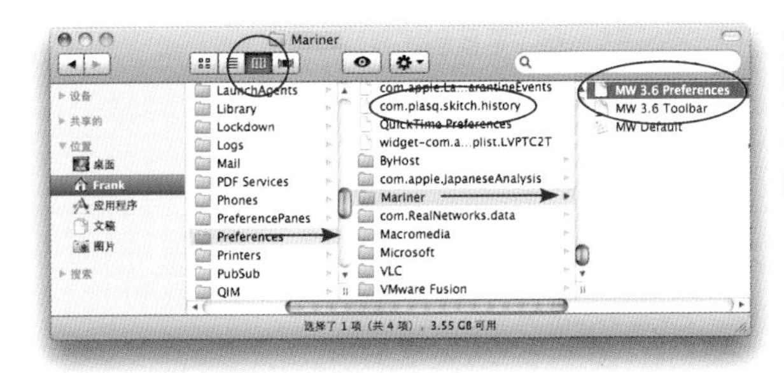

第三方公司出品的应用程序的配置文件的名称可能为特殊的格式。图中所示的都是文字处理程序 Mariner 的配置文件

以安全模式启动电脑

这是我最喜欢的诊断系统问题的方法之一。启动电脑进入系统的安全模式后，可以解决由于长时间积累的轻微文件损坏所造成的系统故障等问题。如果你曾经使用过“终端”程序，了解如何使用 fsck 命令修复磁盘，那么你一定会知道，“安全模式”有同样的功效。

此方法安全，简单易用，可解决大量未知的系统问题。

1 在菜单栏上的苹果菜单中选择“重新启动”。如果系统问题严重，无法通过苹果菜单进行此操作，可以按住电脑上的电源键五秒钟，关闭电脑。再按电源键重新启动电脑。

2 听到电脑启动的开机声音时，马上按住键盘上的 Shift 键，并一直按住不放，电脑开始以安全模式启动。安全模式启动时间可能较长，需要五分钟或更长时间，你要耐心等待，期间一直保持按住键盘上的 Shift 键。成功以安全模式启动电脑后，屏幕上显示的登录窗口上，以红色字体显示“安全模式”。如果没能成功以安全模式启动电脑，可能是开机时没有及时按下 Shift 键，请按照以上步骤，重新操作。

3 以安全模式启动电脑后，看到桌面或在登录窗口界面时，马上重新启动电脑（单击屏幕上显示的重新启动按钮，或在菜单栏上的苹果菜单中选择“重新启动”）。因为系统在安全模式下仅运行操作系统必需的文件，而关闭其他一切的程序，所以你需要重新启动电脑，让系统重新加载正常工作所需的文件和程序，恢复到正常的系统环境。重新启动电脑后，查看问题是否能够解决。

修复磁盘权限

由于文件个别时候会损坏，造成磁盘“权限”出错，从而影响到系统的运行，此时你可以通过修复磁盘权限解决这个问题。

1 启动磁盘工具：在 Finder 程序的菜单栏中选择“前往→实用工具”打开“实用工具“文件夹，在该文件夹中双击“磁盘工具”程序图标。出现下图所示的窗口。

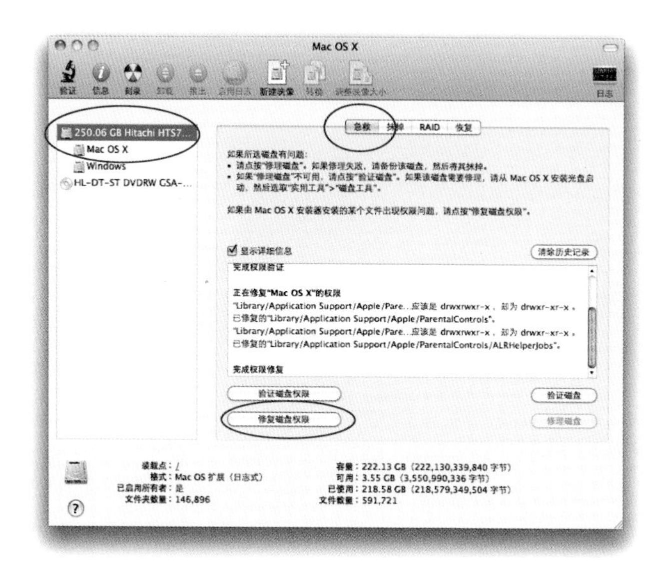

2 在窗口左侧的列表中选择电脑的硬盘。确认当前已经选择“急救”标签。

3 单击“修复磁盘权限”按钮。

修复磁盘权限的时间需要 20 分钟或更长的时间，取决于硬盘中存储文件的多少。磁盘工具找到任何权限问题后，自动进行修复。

如果磁盘工具无法修复查找到的权限错误，如上图所示，你需要进一步验证和修理磁盘。

验证和修理磁盘

首先，参照前面介绍的方法修复磁盘的权限，修复权限后，暂不要退出磁盘工具程序。

如果觉得需要修复硬盘，或仅是希望检查硬盘看是否有问题，单击磁盘工具窗口中的“验证磁盘”按钮，磁盘工具开始检查电脑中的硬盘。

如果显示硬盘需要修理：由于磁盘工具无法修复其程序运行所在的硬盘，所以你需要使用系统安装光盘或设置为启动磁盘的外置硬盘（硬盘中安装有可以启动电脑的苹果操作系统）重新启动电脑。

1 在电脑光驱中放入系统安装光盘或系统升级光盘。如重新安装系统一样，双击屏幕上出现的“安装”图标。

2 在出现的安装界面中不要重新安装操作系统，而是在屏幕上方的菜单栏上选择“实用工具→磁盘工具”。

3 出现上图所示的磁盘工具程序窗口。单击窗口中的“修理磁盘”按钮开始修理硬盘。修理硬盘可能需要半个小时或更长的时间，请耐心等待。

4 修理硬盘结束后，屏幕上会提示已经完成修理。如果提示无法修理，则硬盘问题很严重，使用者需要联系专业的售后人员进行维修。

5 退出磁盘工具，结束安装程序。

6 此时系统可能要求你选择启动电脑的硬盘，因为如果不选择，系统重新启动后默认使用系统安装光盘启动电脑。出现选择界面时，单击选择电脑的硬盘后，单击“重新启动”按钮。

或者不需选择启动磁盘，直接重新启动：按住鼠标键退出安装光盘（如使用的是笔记本电脑，需要按住触控板上的按键），则系统无法使用安装光盘启动，电脑重启时，自动使用电脑的磁盘进行启动。

检查软件更新

通过苹果操作系统内置的软件更新程序，你可以更新所用的应用程序，以保证自己当前使用的是最新版本的应用程序。按照以上曾介绍的方法打开系统偏好设置后，在偏好设置系统偏好设置中的“软件更新”选项卡中，启动“软件更新”程序，即可查看当前软件是否为最新版本。尤其是当操作系统升级后，如从其他版本的苹果操作系统升级到Snow Leopard操作系统时，更需要通过软件更新程序来查看是否有最新的软件升级。

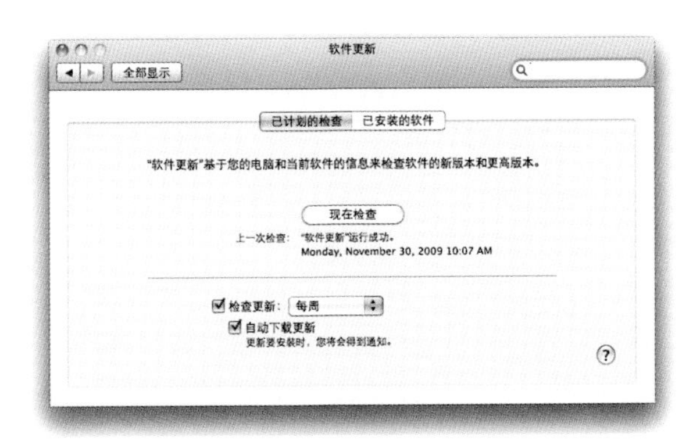

提示——如果你是通过电话线拨号连接因特网，不要在系统偏好设置的“软件更新”选项卡中勾选“检查更新：[每天 / 每周 / 每月]”和“自动下载更新”的选项，因为拨号网络速度慢，选择这些选项会严重影响到网络的使用，建议在选项卡中，通过单击“现在检查”按钮，手动检查软件更新。

创建新的电脑账户，测试程序

如果安装的程序无法正常工作，或甚至根本无法启动，最好的诊断问题的方法是在电脑中创建一个新的电脑账户，在新的账户中安装出现问题的程序，如果问题依旧说明该程序本身有问题，请查看软件的说明书或和厂家联系看该程序是否为操作系统能够使用的正确版本。

而如果在新的电脑账户中，程序可以正常运行，说明程序本身没有问题，而是系统和程序之间有冲突。使用程序无法工作的账户重新登录后，删除该程序的配置文件，如果问题依旧存在，请联系程序生产商咨询与该程序可能出现冲突的原因。

如果忘记了系统登录密码

如果忘记了第一次对电脑进行初始设置，或安装新系统时所设置的登录密码（称为管理员密码），你可以使用系统安装光盘重新设置密码（我想应该有人提醒过你将电脑的登录密码写下来，妥善保存好以防出现这种情况）。

如果电脑中创建了多个账户，可以通过以下方法更改所有账户的登录密码。

1 将电脑中系统的安装光盘放入光驱中，双击屏幕上出现的“安装”按钮，按照屏幕提示重新启动电脑。但注意不需要重新安装系统。

2 你只需等待屏幕上出现欢迎界面后，在屏幕上方的菜单栏上选择“实用工具→重置密码”

3 输入两次新的密码后，按回车键重设系统登录密码，将新的密码记录下来妥善保存后单击“好”按钮。

4 从菜单栏上的“安装”菜单中选择退出安装程序。电脑自动重新启动（如系统提示使用者选择启动磁盘，请选择电脑的硬盘）。

如果在新电脑的系统初始设置过程中，没有设置任何的登录密码，在登录系统时无需在密码栏中输入任何内容，直接单击“好”按钮或“继续”按钮即可（如没有设置登录密码，系统的安全性无法得到保证）。没有设置登录密码的问题是你可能会忘记根本没有设置过登录密码，而当系统要求输入密码时，会花费几个小时去猜测到底是什么密码，而最后还是白费力气，我就曾经出现过这种情况。

向苹果公司报告出现的问题

通常当应用程序出现问题，自动关闭后，屏幕上出现提示信息询问你是否需要向苹果公司发送该问题的报告。苹果公司的技术人员不会给你任何的回复，所发送的报告为匿名发送，苹果公司根据你发送报告的数量来判断是否需要对某个经常出现的问题进行研究，从而解决影响你的问题。建议出现问题时，发送问题报告。

目标磁盘模式

在日常的使用过程中，通常不需要将一台电脑中的大量文件移动到另一台的电脑中，而且如果两台电脑都可以正常工作，可以通过多种方式进行文件的共享。

但有些时候，如果一台电脑无法正常工作或无法从休眠模式中恢复，你可以采用目标磁盘模式将出现问题的电脑中的数据快速转移到另一台电脑中。使用者需要使用 FireWire 连接线将两台电脑相连，通常使用的是连接线两端为 6 针接头的火线，但请在购买火线连接线前，检查一下两台电脑的 FireWire 接口，以免购买的连接线无法使用。

- 将需要连接的两台电脑上已连接的火线设备断开。
- 如果可以，请关闭需要移出数据的电脑上的 FileVault 功能。
- 如果两台电脑都是笔记本电脑，最好连接电脑的电源适配器。
- 数据转移到的电脑称为主电脑，转出数据的电脑称为目标电脑。

在转移数据的过程中，目标电脑在主电脑的桌面上显示为硬盘图标，你可以随意向该电脑中复制数据或从该电脑中移出数据。

1　关闭目标电脑（可能该电脑已经出现故障），主电脑可以保持开机状态。

2　使用火线连接两台电脑。

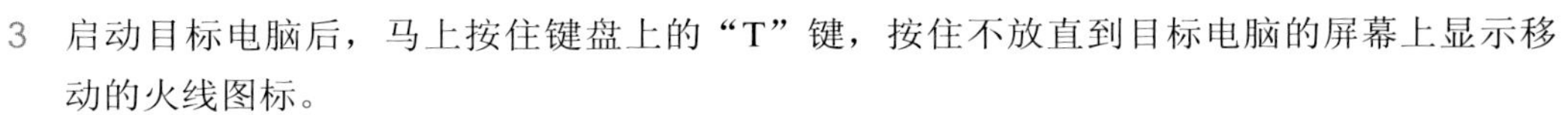

3　启动目标电脑后，马上按住键盘上的“T”键，按住不放直到目标电脑的屏幕上显示移动的火线图标。

4　此时目标电脑在主电脑的桌面上显示为硬盘图标，你可以随意向该电脑中复制文件或从该电脑中移出文件。

　如果在主电脑的桌面上没有看到目标磁盘的硬盘图标，请确认连接线正确连接后，重新启动主电脑。

5 数据转移结束后，将桌面上目标磁盘的硬盘图标拖放到废纸篓中或选择该图标后，在Finder程序的菜单栏中选择“文件→推出”，推出目标磁盘。

6 按住目标电脑上的电源键，关闭目标电脑。

7 断开连接电脑的火线。

强制推出 CD 或 DVD 光盘

如果CD或DVD光盘卡在电脑的光驱中无法取出，下面介绍的方法通常会很管用。

1 首先确认已经推出光盘：单击屏幕上的“推出”按钮，将光盘图标拖放到废纸篓中或Control + 单击（或右键单击）光盘图标后，在弹出的快捷菜单中选择“推出”光盘。

但想必你阅读本页内容时，应该是已经在系统中推出光盘，但是光盘卡在光驱中，所以……

2 重新启动电脑，一听到电脑开机的声音时，马上按住鼠标左键不放，直到光盘从光驱中推出。

在笔记本电脑上，如果没有连接鼠标，可以按住触控板上的长条按键。

如果以上介绍的方法无效，请查看电脑的光驱旁是否有一个小洞，并不是所有的苹果电脑的光驱旁都有这个用来强制推出光驱的小洞，如果有的话，使用曲别针用力插入小洞内即可强制推出光驱。

造成光驱无法推出的另一个原因是由于光盘上的标签粘在了电脑上，如果光盘上的标签出现翘角情况，则很可能在使用时，翘角的部位会粘在电脑内部，从而光驱无法正常推出，这样不但无法取出光盘，还有可能损坏电脑的光驱，所以建议你不要购买自己打印的粘贴纸类型的光盘标签，也不要将带有粘贴纸的光盘标签的光盘放入光驱内。

最后需要提醒的是，千万不要将迷你光盘放入吸入式的光驱中。如果你的电脑光驱是普通的托盘式光驱，可以正常使用迷你光盘，但最保险的方法还是仅使用标准大小的光盘。

图书在版编目（C I P）数据

苹果Mac OS X 10.6 Snow Leopard超级手册 / (美)
威廉姆斯，(美) 托列特著 ; 房小然等译. -- 北京 : 人民
邮电出版社，2010.6
ISBN 978-7-115-22413-2

Ⅰ. ①苹… Ⅱ. ①威… ②托… ③房… Ⅲ. ①操作系
统，Mac OS X Ⅳ. ①TP316.84

中国版本图书馆CIP数据核字(2010)第038654号

版权声明

Mac OS X10.6 Snow Leopard: Peachpit Learning Series
(ISBN: 0 321 63538 8)
Robin Williams and John Tollett
Copyright © 2010
Authorized transiation from the English language edition published by
Peachpit Press
All rights reserved.

本书中文简体字版由美国 Peachpit Press 授权人民邮电出版社出版。未经
出版者书面许可，对本书任何部分不得以任何方式复制或抄袭。
版权所有，侵权必究。

苹果 Mac OS X 10.6 Snow Leopard 超级手册

◆ 著 [美] 罗宾 • 威廉姆斯 约翰 • 托列特
译 房小然 杨 飏 冯慧林
责任编辑 李 际
执行编辑 赵 轩

◆ 人民邮电出版社出版发行 北京市崇文区夕照寺街 14 号
邮编 100061 电子函件 315@ptpress.com.cn
网址 http://www.ptpress.com.cn
北京精彩雅恒印刷有限公司印刷

◆ 开本：880×1230 1/24
印张：16
字数：513 千字 2010 年 6 月第 1 版
印数：1– 3 500 册 2010 年 6 月北京第 1 次印刷

著作权合同登记号 图字：01-2009-5744 号

ISBN 978-7-115-22413-2

定价：79.00 元

读者服务热线：(010)67132705 印装质量热线：(010)67129223
反盗版热线：(010)67171154